Wissenschaftliche Reihe Fahrzeugtechnik Universität Stuttgart

Herausgegeben von
M. Bargende, Stuttgart, Deutschland
H.-C. Reuss, Stuttgart, Deutschland
J. Wiedemann, Stuttgart, Deutschland

Das Institut für Verbrennungsmotoren und Kraftfahrwesen (IVK) an der Universität Stuttgart erforscht, entwickelt, appliziert und erprobt, in enger Zusammenarbeit mit der Industrie, Elemente bzw. Technologien aus dem Bereich moderner Fahrzeugkonzepte. Das Institut gliedert sich in die drei Bereiche Kraftfahrwesen, Fahrzeugantriebe und Kraftfahrzeug-Mechatronik. Aufgabe dieser Bereiche ist die Ausarbeitung des Themengebietes im Prüfstandsbetrieb, in Theorie und Simulation.

Schwerpunkte des Kraftfahrwesens sind hierbei die Aerodynamik, Akustik (NVH), Fahrdynamik und Fahrermodellierung, Leichtbau, Sicherheit, Kraftübertragung sowie Energie und Thermomanagement – auch in Verbindung mit hybriden und batterieelektrischen Fahrzeugkonzepten.

Der Bereich Fahrzeugantriebe widmet sich den Themen Brennverfahrensentwicklung einschließlich Regelungs- und Steuerungskonzeptionen bei zugleich minimierten Emissionen, komplexe Abgasnachbehandlung, Aufladesysteme und -strategien, Hybridsysteme und Betriebsstrategien sowie mechanisch-akustischen Fragestellungen.

Themen der Kraftfahrzeug-Mechatronik sind die Antriebsstrangregelung/Hybride, Elektromobilität, Bordnetz und Energiemanagement, Funktions- und Softwareentwicklung sowie Test und Diagnose.

Die Erfüllung dieser Aufgaben wird prüfstandsseitig neben vielem anderen unterstützt durch 19 Motorenprüfstände, zwei Rollenprüfstände, einen 1:1-Fahrsimulator, einen Antriebsstrangprüfstand, einen Thermowindkanal sowie einen 1:1-Aeroakustikwindkanal.

Die wissenschaftliche Reihe „Fahrzeugtechnik Universität Stuttgart" präsentiert über die am Institut entstandenen Promotionen die hervorragenden Arbeitsergebnisse der Forschungstätigkeiten am IVK.

Herausgegeben von
Prof. Dr.-Ing. Michael Bargende
Lehrstuhl Fahrzeugantriebe,
Institut für Verbrennungsmotoren und
Kraftfahrwesen, Universität Stuttgart
Stuttgart, Deutschland

Prof. Dr.-Ing. Jochen Wiedemann
Lehrstuhl Kraftfahrwesen,
Institut für Verbrennungsmotoren und
Kraftfahrwesen, Universität Stuttgart
Stuttgart, Deutschland

Prof. Dr.-Ing. Hans-Christian Reuss
Lehrstuhl Kraftfahrzeugmechatronik,
Institut für Verbrennungsmotoren und
Kraftfahrwesen, Universität Stuttgart
Stuttgart, Deutschland

Daniel Görke

Untersuchungen zur kraftstoffoptimalen Betriebsweise von Parallelhybridfahrzeugen und darauf basierende Auslegung regelbasierter Betriebsstrategien

Daniel Görke
Stuttgart, Deutschland

Zugl.: Dissertation Universität Stuttgart, 2015
D93

Wissenschaftliche Reihe Fahrzeugtechnik Universität Stuttgart
ISBN 978-3-658-14162-2   ISBN 978-3-658-14163-9 (eBook)
DOI 10.1007/978-3-658-14163-9

Die Deutsche Nationalbibliothek verzeichnet diese Publikation in der Deutschen Nationalbibliografie; detaillierte bibliografische Daten sind im Internet über http://dnb.d-nb.de abrufbar.

Springer Vieweg
© Springer Fachmedien Wiesbaden 2016
Das Werk einschließlich aller seiner Teile ist urheberrechtlich geschützt. Jede Verwertung, die nicht ausdrücklich vom Urheberrechtsgesetz zugelassen ist, bedarf der vorherigen Zustimmung des Verlags. Das gilt insbesondere für Vervielfältigungen, Bearbeitungen, Übersetzungen, Mikroverfilmungen und die Einspeicherung und Verarbeitung in elektronischen Systemen.
Die Wiedergabe von Gebrauchsnamen, Handelsnamen, Warenbezeichnungen usw. in diesem Werk berechtigt auch ohne besondere Kennzeichnung nicht zu der Annahme, dass solche Namen im Sinne der Warenzeichen- und Markenschutz-Gesetzgebung als frei zu betrachten wären und daher von jedermann benutzt werden dürften.
Der Verlag, die Autoren und die Herausgeber gehen davon aus, dass die Angaben und Informationen in diesem Werk zum Zeitpunkt der Veröffentlichung vollständig und korrekt sind. Weder der Verlag noch die Autoren oder die Herausgeber übernehmen, ausdrücklich oder implizit, Gewähr für den Inhalt des Werkes, etwaige Fehler oder Äußerungen.

Gedruckt auf säurefreiem und chlorfrei gebleichtem Papier

Springer Vieweg ist Teil von Springer Nature
Die eingetragene Gesellschaft ist Springer Fachmedien Wiesbaden GmbH

Vorwort

Die vorliegende Arbeit entstand während meiner Tätigkeit als wissenschaftlicher Mitarbeiter am Institut für Verbrennungsmotoren und Kraftfahrwesen der Universität Stuttgart. Die Forschungsarbeiten hierfür wurden im Rahmen des Promotionskollegs HYBRID in Kooperation mit der Daimler AG durchgeführt. Der Daimler AG und dem Ministerium für Wissenschaft, Forschung und Kunst Baden-Württemberg möchte ich für die Förderung des Projekts herzlich danken.

Mein besonderer Dank gebührt Herrn Prof. Dr.-Ing. Michael Bargende für seine Unterstützung und die wissenschaftliche Betreuung sowie die Übernahme des Hauptreferates. Darüber hinaus möchte ich Herrn Prof. Bargende für seine Initiative und sein Engagement im Rahmen des Promotionskollegs HYBRID danken.

Herrn Prof. em. Dr.-Ing. Günter Hohenberg danke ich herzlich für das entgegengebrachte Interesse an dieser Arbeit und die Übernahme des Korreferates.

Des Weiteren möchte ich seitens des Kooperationspartners Daimler AG den Mitarbeitern der Abteilung RD/PGH für die Anregungen und vielen interessanten Gespräche danken. Ein besonderer Dank gilt dabei Herrn Stefan Schmiedler, Herrn Dr.-Ing. Uwe Keller und Herrn Norbert Ruzicka für die Unterstützung und industrieseitige Betreuung.

Zudem danke ich meinen beiden Doktorandenkollegen Philipp Bergmeir und Andreas Haag sowie allen anderen des Promotionskollegs HYBRID für die vielen interessanten Diskussionen und die schöne Zeit.

Abschließend möchte ich meiner Familie, meiner Freundin Susanne und allen meinen Freunden danken, die mich während dieser oft sehr arbeitsintensiven Zeit in jeglicher Hinsicht unterstützt haben.

Stuttgart   Daniel Görke

Inhaltsverzeichnis

Abbildungsverzeichnis IX

Tabellenverzeichnis XVII

Abkürzungs- und Symbolverzeichnis XIX

Kurzfassung XXV

Abstract XXVII

1 Einleitung und Zielsetzung 1

2 Grundlagen der Hybridfahrzeuge 5
   2.1 Hybride Antriebsstrangstrukturen 5
   2.2 Vorteile bezüglich des Kraftstoffverbrauchs 10

3 Stand der Technik der Betriebsstrategien 15
   3.1 Einteilung der Betriebsstrategien 17
   3.2 Optimierungsbasierte Betriebsstrategien 18
   3.3 Regelbasierte Betriebsstrategien 28

4 Modellbildung und Berechnung der optimalen Betriebsweise ... 41
   4.1 Verwendeter Hybridantriebsstrang 41
   4.2 Simulationsmodelle 43
      4.2.1 Rückwärtsgerichteter Modellansatz 44
      4.2.2 Vorwärtsgerichteter Modellansatz 46
      4.2.3 Modellierung der Antriebsstrangkomponenten 48
   4.3 Berechnung der optimalen Betriebsweise mittels Dynamischer Programmierung 54

5 Untersuchungen zur kraftstoffoptimalen Betriebsweise 61
   5.1 Betriebspunktabhängige Effizienzanalyse der Hybridbetriebszustände .. 61
      5.1.1 Spezifische Energiekosten und Kraftstoffersparnisse 62
      5.1.2 Analyse der Lastpunktverschiebung 65

5.1.3 Analyse der elektrischen Fahrt 71
5.1.4 Einfluss verschiedener Verbrennungsmotoren 74
5.2 Kraftstoffoptimale Lastpunktverschiebung 79
   5.2.1 Untersuchung und Herleitung der Zusammenhänge 80
   5.2.2 Abbildung in Form von Kennfeldern 86
5.3 Kraftstoffoptimale elektrische Fahrt 88
   5.3.1 Untersuchung und Herleitung der Zusammenhänge 89
   5.3.2 Grenzlinien kraftstoffoptimaler elektrischer Fahrt 97
5.4 Einfluss verschiedener Randbedingungen 99
   5.4.1 Einfluss auf der Leistungsebene 100
   5.4.2 Einfluss auf der Energieebene 104

6 Regelbasierter Betriebsstrategieansatz 109
6.1 Implementierung und Auslegung der Regeln 109
6.2 Bestimmung der Eingangsgröße Lambda 114
   6.2.1 Vergleich verschiedener Ansätze und Auslegung der Anpassung 116
   6.2.2 Berücksichtigung weiterer Einflussgrößen 124
6.3 Global optimale Entscheidung zwischen elektrischer Fahrt und Hybridbetrieb 126
   6.3.1 Ansatz über äquivalenten Kraftstoffmassenstrom 130
   6.3.2 Ansatz über statistische Analysen 137

7 Bewertung und Vergleich mit anderen Betriebsstrategieansätzen 145
7.1 Vergleich mit der global optimalen Betriebsweise 145
7.2 Vergleich mit kausalen Betriebsstrategien 150
   7.2.1 Vergleich mit einer auf spezifischen Kosten und Ersparnissen basierenden Betriebsstrategie 151
   7.2.2 Vergleich mit der ECMS 154

8 Zusammenfassung und Ausblick 159

A Anhang 163

Literaturverzeichnis 173

Abbildungsverzeichnis

Abbildung 2.1: Schematische Darstellung der drei Grundstrukturen hybridelektrischer Antriebsstränge (seriell, parallel und leistungsverzweigt) 6

Abbildung 2.2: Lastpunktverschiebung beim parallelen Hybridantriebsstrang 8

Abbildung 2.3: Unterscheidung des parallelen Hybridantriebsstrangs nach dem Einbauort der E-Maschine (P1 bis P4) 9

Abbildung 3.1: Schematische Darstellung des Antriebsstrangmanagements mit Einbindung und Aufgaben der Betriebsstrategie in der Hybridsteuerung 15

Abbildung 3.2: Einteilung der Betriebsstrategien nach der Funktionsweise ... 17

Abbildung 3.3: Zusammensetzung der Hamiltonischen H und Verlauf über der Steuergröße $u = T_{VM}$ 23

Abbildung 3.4: Iterative Bestimmung der Adjungierten λ mit dem Ziel den Ladezustand SOC_f zum Zeitpunkt t_f zu erreichen 24

Abbildung 3.5: Schematische Darstellung einer typischen regelbasierten Betriebsstrategie eines Parallelhybridfahrzeugs, nach [19] und [43] 29

Abbildung 3.6: Prinzip der Berechnung der optimalen E-Fahrt-Grenze (links) und sich daraus ergebende E-Fahrt-Grenzen für zwei verschiedene E-Maschinen (rechts) [12] 31

Abbildung 3.7: Auswahl der Lade- und Entladekennfelder der regelbasierten Betriebsstrategie aus [32] 32

Abbildung 3.8: Ladewirkungsgrad über dem Lastpunktverschiebungsmoment für verschiedene Drehmomentanforderungen [32] ... 33

Abbildung 3.9: Wahl der Betriebszustände der auf spezifischen Kosten und Ersparnissen basierenden Betriebsstrategie [30] 36

Abbildung 4.1: Antriebsstranganordnung des verwendeten P2-Hybridantriebsstrangs 41

Abbildung 4.2: Schematische Darstellung des Prinzips des rückwärtsgerichteten Modellansatzes 44

Abbildung 4.3: Schematische Darstellung des Prinzips des vorwärtsgerichteten Modellansatzes 47

Abbildung 4.4: Ersatzschaltbild des statischen Batteriemodells 52
Abbildung 4.5: Ersatzschaltbild des dynamischen Batteriemodells 52
Abbildung 4.6: Schematische Darstellung der Berechnung der Cost-to-go der Dynamischen Programmierung 56
Abbildung 4.7: Kopplung der DPM-Funktion [111] mit dem rückwärtsgerichteten Simulationsmodell und Ablauf der Berechnung der optimalen Betriebsweise 57
Abbildung 5.1: Schematische Darstellung einer Lastpunktanhebung im Verbrennungsmotorkennfeld (links) und in Form der Willans-Linien (rechts) 62
Abbildung 5.2: Spezifische Energiekosten der Lastpunktanhebung über dem Lastpunktverschiebungsmoment für verschiedene Drehmomentanforderungen 66
Abbildung 5.3: Verlustleistung (links) und differentieller Wirkungsgrad (rechts) der zugrunde liegenden E-Maschine inkl. Leistungselektronik im generatorischen Betrieb 67
Abbildung 5.4: Spezifische Energiekosten der Lastpunktanhebung über der Drehzahl und dem Lastpunktverschiebungsmoment für eine Drehmomentanforderung von 100 Nm 68
Abbildung 5.5: Willans-Linien (oben) des zugrunde liegenden Verbrennungsmotors und deren Steigung (unten) für verschiedene Drehzahlen 69
Abbildung 5.6: Spezifische Kraftstoffersparnisse der Lastpunktabsenkung und spezifische Energiekosten der Lastpunktanhebung für verschiedene Drehmomentanforderungen 71
Abbildung 5.7: Spezifische Kraftstoffersparnisse der elektrischen Fahrt 72
Abbildung 5.8: Vergleich der spezifischen Kraftstoffersparnisse zwischen elektrischer Fahrt (einzelne Punkte) und Lastpunktabsenkung (Linien) 73
Abbildung 5.9: Vergleich der spezifischen Energiekosten der Lastpunktanhebung für drei verschiedene Verbrennungsmotoren (bei n = 1500 min^{-1}) 75
Abbildung 5.10: Vergleich der spezifischen Kraftstoffersparnisse der elektrischen Fahrt für drei verschiedene Verbrennungsmotoren 77

… XI

Abbildung 5.11: Spezifische Energiekosten der Lastpunktanhebung (graue Kurven) und spezifische Kraftstoffersparnisse der elektrischen Fahrt (farbige Linien) für verschiedene Drehmomentanforderungen 78

Abbildung 5.12: Ergebnis der Untersuchung der kraftstoffoptimalen Lastpunktverschiebung anhand von zwei verschiedenen Betriebspunkten 81

Abbildung 5.13: Schematische Darstellung des Unterschieds zwischen Lambda λ und den spezifischen Energiekosten b_{LPan} 82

Abbildung 5.14: Schematische Darstellung des Zusammenhangs zwischen Delta Kraftstoffmassenstrom und Delta Batterieleistung 82

Abbildung 5.15: Schematische Darstellung der Berechnung des optimalen Lastpunktverschiebungsmoments 86

Abbildung 5.16: Optimales Lastpunkverschiebungsmoment in Abhängigkeit von Drehmomentanforderung und Drehzahl für zwei verschiedene Lambda-Werte 88

Abbildung 5.17: Grafische Darstellung der kraftstoffoptimalen Betriebsweise im WLTC, berechnet mittels Dynamischer Programmierung 90

Abbildung 5.18: Grafische Darstellung und Erläuterung des verwendeten Duty-Cycle-Betriebs 91

Abbildung 5.19: Abhängigkeit des Kraftstoffverbrauchs vom Lastpunktverschiebungsmoment sowie den spezifischen Energiekosten und Kraftstoffersparnissen bei einem Duty-Cycle-Betrieb im zugrunde liegenden Betriebspunkt 93

Abbildung 5.20: Zusammenhang des minimalen Kraftstoffverbrauchs eines Duty-Cycle-Betriebs mit den Größen Lambda und spezifische Kraftstoffersparnisse 94

Abbildung 5.21: Kraftstoffoptimale Betriebsweise für eine kontinuierliche Verteilung an Betriebspunkten, berechnet mittels Dynamischer Programmierung 97

Abbildung 5.22: Grenzdrehmoment kraftstoffoptimaler elektrischer Fahrt über der Drehzahl für verschiedene Lambda-Werte 98

Abbildung 5.23: Einfluss der Temperatur der Hochvoltbatterie auf den Verlauf der E-Fahrt-Grenzen (links) sowie die Lastpunktverschiebungskennfelder bei einer Temperaturänderung von 25°C auf 5°C (rechts) 100

Abbildung 5.24: Einfluss der Nebenverbraucherleistung auf den Verlauf der E-Fahrt-Grenzen (links) sowie die Lastpunktverschiebungskennfelder bei einer Änderung der Nebenverbraucher von 0 W auf 4000 W (rechts) 102

Abbildung 5.25: Einfluss verschiedener Verbrennungsmotoren auf den Verlauf der E-Fahrt-Grenzen verschiedener Lambda-Werte 103

Abbildung 5.26: Einfluss verschiedener Verbrennungsmotoren auf die Lastpunktverschiebungskennfelder 104

Abbildung 5.27: Energiebilanz des Hochvoltsystems für die kraftstoffoptimale Betriebsweise im WLTC mit und ohne Nebenverbraucher 105

Abbildung 5.28: Darstellung des zweigeteilten Einflusses der Nebenverbraucher auf der Leistungs- und Energieebene anhand der optimalen E-Fahrt-Grenze 106

Abbildung 5.29: Einfluss verschiedener Randbedingungen auf den kraftstoffoptimalen Lambda-Wert im WLTC 107

Abbildung 6.1: Schematische Darstellung des Steuerungsprinzips des regelbasierten Betriebsstrategieansatzes 110

Abbildung 6.2: Funktionsweise des regelbasierten Betriebsstrategieansatzes in den ersten 200 Sekunden des NEFZ 111

Abbildung 6.3: Korrektur der optimalen E-Fahrt-Grenzen in Abhängigkeit der Nebenverbraucherleistung (links) und der Batterietemperatur (rechts) 113

Abbildung 6.4: Schematische Darstellung der sich durch die Rückführung des aktuellen Ladezustands (SOC) ergebenden Regelstruktur 115

Abbildung 6.5: Unterschied einer kubischen und tangensförmigen Anpassungsfunktion 117

Abbildung 6.6: Verlauf der kubischen Anpassungsfunktion für verschiedene Werte k_{p2} 117

Abbildung 6.7: Grafische Darstellung der Auslegung des Proportionalterms mit oberem und unterem Worst Case Lambda-Wert λ_{wco}, λ_{wcu} 119

Abbildung 6.8: Vergleich eines linearen und kubischen Proportionalterms anhand des Verlaufs des Ladezustands sowie der Lambda-Anpassung in einem Stadt-Umland-Fahrprofil 122

Abbildung 6.9: Auswirkung eines zusätzlichen I-Anteils der Lambda-Anpassung am Beispiel einer längeren Autobahnfahrt 124

Abbildung 6.10: Unterschied der Entwicklung des SOC-Verlaufs bei Berücksichtigung der Nebenverbraucherleistung in λ_0 am Beispiel des Zuschaltens der Klimaanlage 125

Abbildung 6.11: Einfluss der Nebenverbraucherleistung auf den optimalen Lambda-Wert in verschiedenen Fahrprofilen und gewählter mittlerer Wert 126

Abbildung 6.12: Darstellung der Entscheidung, ab wann sich ein Wechsel zwischen elektrischer Fahrt und Hybridbetrieb unter Einbeziehung der Kraftstoffmenge für den Verbrennungsmotorstart lohnt 127

Abbildung 6.13: Einfluss der Fahrzeugbeschleunigung auf die Drehmomentanforderung in verschiedenen Gängen 128

Abbildung 6.14: Drehmomentanforderung und E-Fahrt-Grenze eines Stadtfahrprofils 128

Abbildung 6.15: Verlauf des äquivalenten Kraftstoffmassenstroms der elektrischen Fahrt und des Hybridbetriebs im Zusammenhang mit der Drehmomentanforderung und der lokal optimalen E-Fahrt-Grenze 131

Abbildung 6.16: Schematische Darstellung des Ansatzes der Erweiterung der regelbasierten Betriebsstrategie zur global optimalen Entscheidung zwischen Hybridbetrieb und elektrischer Fahrt 134

Abbildung 6.17: Vergleich der Betriebsweise des erweiterten regelbasierten Betriebsstrategieansatzes mit idealer Vorausschau mit dem global optimalen Betrieb, berechnet mittels Dynamischer Programmierung 135

Abbildung 6.18: Vorgehensweise des „Ansatzes über statistische Analysen" zur Erweiterung der global optimalen Entscheidung zwischen elektrischer Fahrt und Hybridbetrieb 137

Abbildung 6.19: Delta äquivalenter Kraftstoff zwischen elektrischer Fahrt und Hybridbetrieb aller E-Fahrt-Phasen (rechts) und Hybridbetrieb-Phasen (links) der zur Analyse herangezogenen Fahrprofile 138

Abbildung 6.20: Korrelationen zwischen unrentablen Wechseln zwischen elektrischer Fahrt und Hybridbetrieb und verschiedenen, den Fahrzustand beschreibenden Kenngrößen 140

Abbildung 6.21: Implementierung der zusätzlichen Regeln des erweiterten Ansatzes, basierend auf den statistischen Analysen 141

Abbildung 6.22: Vergleich des erweiterten Ansatzes, basierend auf den statistischen Analysen mit der Basis-Betriebsstrategie anhand eines Histogramms der Dauer der E-Fahrt und Hybridbetrieb-Phasen 144

Abbildung 7.1: Vergleich der mit der regelbasierten Basis-Betriebsstrategie (Lambda iterativ bestimmt) erzielten Betriebsweise mit den Ergebnissen der Dynamischen Programmierung (ohne Berücksichtigung von Verbrennungsmotorstartkosten) im Stadt-Umland-Fahrprofil 146

Abbildung 7.2: Vergleich der mit der erweiterten regelbasierten Betriebsstrategie erzielten Betriebsweise mit dem Ergebnis der Dynamischen Programmierung im Artemis-Zyklus 147

Abbildung 7.3: Darstellung der einzelnen Schritte und der Auswirkungen im Kraftstoffverbrauch von der global optimalen Betriebsweise bis zu der der erweiterten regelbasierten Betriebsstrategie 149

Abbildung 7.4: Vergleich der regelbasierten Basis-Betriebsstrategie mit der auf spezifischen Kosten und Ersparnissen basierenden Betriebsstrategie in den ersten 200 Sekunden des NEFZ 152

Abbildung 7.5: Vergleich der regelbasierten Basis-Betriebsstrategie mit der ECMS im Stadt-Umland-Fahrprofil (Lambda und Äquivalenzfaktor iterativ bestimmt) 154

Abbildung A.1: Verlauf des Schleppmoments der verwendeten nassen Anfahrkupplung (NAK) über der Differenzdrehzahl für verschiedene Temperaturen 164

Abbildung A.2: Kraftstoffmassenstrom des verwendeten 6-Zylinder Ottomotors über dem effektiven Drehmoment für verschiedene Drehzahlen (Willans-Linien) 164

Abbildung A.3: Elektrische Leistung der verwendeten E-Maschine inkl. Leistungselektronik als Funktion des Drehmoments und der Drehzahl 164

Abbildung A.4: Verwendeter Verlauf der Ruhespannung über dem Ladezustand der Hochvoltbatterie 165

Abbildung A.5: Verwendeter Innenwiderstand der Hochvoltbatterie (10s-Werte) für Entladen (links) und Laden (rechts) 165

Abbildungsverzeichnis

Abbildung A.6: Willans-Linien des 2,0 Liter 4-Zylinder Ottomotors............ 166
Abbildung A.7: Willans-Linien des 2,2 Liter 4-Zylinder Dieselmotors.......... 166
Abbildung A.8: Darstellung des Unterschieds des differentiellen und effektiven Wirkungsgrads.. 167
Abbildung A.9: Geschwindigkeitsprofil des Artemis-Mix-Fahrprofils.......... 170
Abbildung A.10: Geschwindigkeitsprofil des Stadt-Umland-Fahrprofils........ 171
Abbildung A.11: Geschwindigkeitsprofil des Stadt-Autobahn-Fahrprofils..... 171
Abbildung A.12: Geschwindigkeitsprofil des vorausschauend gefahrenen Stadt-Fahrprofils... 171
Abbildung A.13: Geschwindigkeitsprofil des vorausschauend gefahrenen Überland-Fahrprofils.. 172
Abbildung A.14: Geschwindigkeitsprofil des dynamisch gefahrenen Überland-Fahrprofils.. 172

Tabellenverzeichnis

Tabelle 6.1: Einfluss verschiedener Regelparameter (P-Regler mit linearer Abhängigkeit) auf den Kraftstoffverbrauch und die Differenz des Ladezustands am Ende des Fahrprofils 118

Tabelle 6.2: Einfluss einer kubischen Abhängigkeit des P-Anteils auf den Kraftstoffverbrauch und Ladezustand am Ende des Fahrprofils 121

Tabelle 6.3: Einfluss verschiedener I-Anteile auf den Kraftstoffverbrauch und den Ladezustand am Ende des Fahrprofils (P-Anteil kubisch $k_{p2} = 0{,}02$) 123

Tabelle 6.4: Vergleich verschiedener Ansätze zur Vermeidung unrentabler Wechsel zwischen elektrischer Fahrt und Hybridbetrieb in verschiedenen realen Fahrprofilen 142

Tabelle 7.1: Vergleich des Kraftstoffverbrauchs und der Anzahl der Verbrennungsmotorstarts der erweiterten regelbasierten Betriebsstrategie mit dem globalen Optimum der Dynamischen Programmierung 149

Tabelle 7.2: Vergleich des Kraftstoffverbrauchs der regelbasierten Basis-Betriebsstrategie mit der auf den spezifischen Kosten und Ersparnissen basierenden Betriebsstrategie 153

Tabelle A.1: Fahrzeugdaten des zugrunde liegenden Hybridfahrzeugs [52], [97] 163

Tabelle A.2: Lambda-Wert, Kraftstoffverbrauch und Anzahl der Verbrennungsmotorstarts der global optimalen Betriebsweise .. 170

Abkürzungs- und Symbolverzeichnis

Abkürzungen

äquiv.	äquivalent
A-ECMS	adaptive ECMS
ASM	Asynchronmaschine
bspw.	beispielsweise
bzgl.	bezüglich
bzw.	beziehungsweise
Batt	Batterie
BS	Betriebsstrategie
dyn.	dynamisch
CAFE	Corporate Average Fuel Economy
CO_2	Kohlenstoffdioxid
d.h.	das heißt
DP	Dynamische Programmierung
eAC	elektrische Klimaanlage
erw.	erweitert
etc.	et cetera
ECMS	Equivalent Consumption Minimization Strategy
E-Fahrt	elektrische Fahrt
EKI	Energiekostenindikator
EM	elektrische Maschine
EU	Europäische Union
FP	Fahrprofil
konst.	konstant
kub.	kubisch
lin.	linear
LE	Leistungselektronik
LPV	Lastpunktverschiebung
Min	Minimum
NAK	nasse Anfahrkupplung

NEFZ	Neuer Europäischer Fahrzyklus
NV	Nebenverbraucher
OCV	Open-Circuit Voltage (Leerlaufspannung)
Pkw	Personenkraftwagen
PMP	Pontrjaginsches Minimumprinzip
PSM	permanent erregte Synchronmaschine
RB	regelbasiert
spez.	spezifisch
SOC	State of Charge (Ladezustand)
u.	und
USA	Vereinigte Staaten von Amerika
vgl.	vergleiche
voraus.	vorausschauend
VM	Verbrennungsmotor
VM-Fahrt	verbrennungsmotorische Fahrt
VS	Vorausschau
WLTC	Worldwide harmonized Light duty Test Cycles
z.B.	zum Beispiel
zw.	zwischen
Zyl.	Zylinder

Indizes

0	Startwert
ab	abgeführt
äqv	äquivalent
Anf	Anforderung
Br	Bremse
Diff	Differential
eff	effektiv
ein	Eingang
el	elektrisch
entlad	entladen
EF	elektrische Fahrt

Abkürzungs- und Symbolverzeichnis

ES	Energiespeicher
f	final
FW	Fahrwiderstand
Fzg	Fahrzeug
gen	generatorisch
ges	gesamt
Getr	Getriebe
Hyb	Hybridbetrieb
i	Zustandsindex
ist	aktueller Wert
k	Zeitindex
Klemm	Klemme
KS	Kraftstoff
lad	laden
LL	Leerlauf
LPab	Lastpunktabsenkung
LPan	Lastpunktanhebung
Luft	Luftwiderstand
max	maximal
min	minimal
mot	motorisch
NV	Nebenverbraucher
opt	optimal
ref	Referenz
Roll	Rollwiderstand
soll	Vorgabewert
Schlepp	Schleppmoment
Steig	Steigung
Verl	Verlust
wco	oberer Worst Case Wert
wcu	unterer Worst Case Wert
zu	zugeführt
Zyk	Fahrzyklus

Lateinische Symbole

a	Beschleunigung	[m/s²]
A	projizierte Stirnfläche	[m²]
b_e	spezifischer Kraftstoffverbrauch	[g/kWh]
b_{EF}	spezifische Kraftstoffersparnisse der elektrischen Fahrt	[g/kWh]
$b_{EF\text{-}LPV}$	spezifische Kraftstoffersparnisse unter Berücksichtigung optimaler Lastpunktverschiebung	[g/kWh]
b_{LPab}	spezifische Kraftstoffersparnisse der Lastpunktabsenkung	[g/kWh]
b_{LPan}	spezifische Energiekosten der Lastpunktanhebung	[g/kWh]
B_{korr}	korrigierter Kraftstoffverbrauch	[l/100km]
c_w	Luftwiderstandsbeiwert	[-]
C_1	Kapazität des dynamischen Batteriemodells	[F]
E	Energie	[Wh]
fl	Zustand	[-]
f_R	Rollwiderstandskoeffizient	[-]
F	Kraft	[N]
g	Erdbeschleunigung	[m/s²]
G	Grenzwert der Betriebsstrategie der spez. Kosten und Ersparnisse	[g/kWh]
H	Hamiltonische Funktion	[g/s]
H_u	unterer Heizwert	[kWh/kg]
i	Übersetzungsverhältnis	[-]
I	Strom	[A]
J	Kostenfunktional	[g]
J_k	Cost-to-go	[g]
k_{p1}, k_{p2}, k_I	Regelparameter der Lambda-Anpassung	[-]
L	momentane Kosten	[g/s]
L	Lagrange-Funktion	[g]
m	Masse	[kg]
$\dot{m}$	Massenstrom	[g/s]
m_r	äquivalente Masse der rotierenden Bauteile	[kg]

Abkürzungs- und Symbolverzeichnis XXIII

m_{Start}	Kraftstoffmenge Verbrennungsmotorstart (Verbrennungsmotorstartkosten)	[g]
n	Drehzahl	[1/min]
N_{Start}	Anzahl der Verbrennungsmotorstarts	[-]
p	Korrekturterm der ECMS	[-]
P	Leistung	[W]
Q_0	Kapazität der Batterie	[Ah]
r_{dyn}	dynamischer Radhalbmesser	[m]
R_0, R_1	Widerstände des dynamischen Batteriemodells	[Ω]
R_i	Innenwiderstand	[Ω]
s	Äquivalenzfaktor der ECMS	[g/kWh]
SOC	Ladezustand der Batterie	[%]
t	Zeit	[s]
T	Drehmoment	[Nm]
$T_{EFGrenz}$	Grenzdrehmoment der optimalen elektrischen Fahrt	[Nm]
T_{LPVopt}	optimales Lastpunktverschiebungsmoment	[Nm]
u	Steuergröße	[-]
u_{TS}	Drehmomentaufteilungsfaktor	[-]
U	Spannung	[V]
v	Geschwindigkeit	[km/h]
x	Zustandsgröße	[-]

Griechische Symbole

α	Fahrpedalstellung	[-]
$α_{St}$	Steigungswinkel	[°]
β	Bremspedalstellung	[-]
γ	Getriebegang	[-]
η	Wirkungsgrad	[-]
Δη	differentieller Wirkungsgrad	[-]
Θ	Trägheitsmoment	[kg m²]
ϑ	Temperatur	[°C]
λ	Adjungierte	[g/kWh]
λ	Lambda-Wert	[g/kWh]

π	Entscheidungsfolge	[-]
ρ	Dichte	[kg/m³]
Φ	Endkostenterm	[g]

Kurzfassung

Das Kraftstoffeinsparungspotential von Hybridfahrzeugen hängt ganz wesentlich von der Betriebsstrategie, die das Zusammenspiel der beiden Antriebssysteme steuert, ab. Mit dem Ziel, regelbasierte Betriebsstrategien möglichst optimal hinsichtlich des Kraftstoffverbrauchs auszulegen, wird im ersten Teil dieser Arbeit eine gesamtheitliche Analyse der Zusammenhänge der kraftstoffoptimalen Betriebsweise von Parallelhybridfahrzeugen durchgeführt. Im zweiten Teil wird dann auf Grundlage der Ergebnisse eine regelbasierte Betriebsstrategie für ein P2-Hybridfahrzeug entwickelt und gezeigt, wie regelbasierte Betriebsstrategien anhand der zuvor hergeleiteten Zusammenhänge kraftstoffoptimal ausgelegt werden können.

Bei den Analysen zur kraftstoffoptimalen Betriebsweise wird im ersten Schritt untersucht, in welchen Betriebspunkten die rein elektrische Fahrt und die Lastpunktverschiebung am effizientesten sind und wie dies mit den physikalischen Eigenschaften der Antriebsstrangkomponenten zusammenhängt. Basierend auf den hieraus gewonnenen Erkenntnissen wird dann im zweiten Schritt den Fragestellungen nachgegangen, wie sich eine optimale Lastpunktverschiebung in mehreren Betriebspunkten darstellt und bis zu welcher Grenze es kraftstoffoptimal ist rein elektrisch zu fahren. Dabei werden zwei Zusammenhänge aufgestellt, über welche sich diese beiden Entscheidungen beschreiben lassen. Im Hinblick auf die Auslegung regelbasierter Betriebsstrategien ist es mit diesen Zusammenhängen möglich, optimale Lastpunktverschiebungskennfelder und Grenzlinien optimaler elektrischer Fahrt zu berechnen.

Im zweiten Teil der Arbeit wird dann gezeigt, wie mit diesen Zusammenhängen und Kennfeldern eine regelbasierte Betriebsstrategie kraftstoffoptimal umgesetzt werden kann. Die Entscheidungen der Betriebsstrategie werden dabei in Abhängigkeit eines Faktors Lambda getroffen, welcher zur kausalen Bestimmung in Abhängigkeit des Ladezustands der Batterie gesetzt wird. In diesem Zusammenhang werden verschiedene Ansätze hinsichtlich des Kraftstoffverbrauchs bewertet. In Anbetracht der Tatsache, dass mit den E-Fahrt-Grenzen die Entscheidung zwischen der elektrischen Fahrt und dem Hybridbetrieb nur lokal und nicht global optimal getroffen wird, werden des Weiteren zwei Ansätze zur Vermeidung kurzer, unrentabler Zustandswechsel entwickelt und bereits bekannten Ansätzen gegenübergestellt.

Abschließend wird anhand von Simulationen in verschiedenen realen Fahrprofilen gezeigt, dass mit dem regelbasierten Betriebsstrategieansatz die lokal optimale Betriebsweise erzielt wird und dieser gegenüber anderen regelbasierten Betriebsstrategien einen deutlichen Vorteil hinsichtlich des Kraftstoffverbrauchs aufweist. Des Weiteren wird die Äquivalenz der der Betriebsstrategie zugrunde liegenden Zusammenhänge zur ECMS aufgezeigt. Bei gleicher sich ergebender Betriebsweise, zeichnet sich der regelbasierte Ansatz indessen mit klaren Vorteilen hinsichtlich der Anwendung in Serienhybridfahrzeugen aus.

Abstract

The fuel saving potential of hybrid electric vehicles mainly depends on the energy management strategy, which controls the interaction of the two propulsion systems. Given the objective to make rule-based energy management strategy as optimal as possible, this work first analyzes the fuel-optimal operation of parallel hybrid electric vehicles. Based on the results, a rule-based energy management strategy for a p2-hybrid is developed. In doing so, it is shown how rule-based energy management strategies can be designed by the previously established relations in order to be fuel-optimal.

The first step of the analysis consists in the examination in which of the operating points it is fuel-efficient to drive purely electric or perform a load point shift and how this interrelates with the physical characteristics of the powertrain components. Based on the thereby resulting findings, the optimal load point shift in different operating points and the limit, up to which it is optimal to drive purely electric, are studied in a second step. In doing so, two relations are established by which these two decisions can be described. With regard to rule-based energy management strategies, these relations make it possible to calculate maps of optimal load point shift as well as the limit of optimal electrical driving.

The second part of the work shows how, using these relations and maps, a rule-based energy management strategy can be applied. The decisions of the energy management strategy are made in dependence of the factor lambda, which is adjusted depending on the state of charge of the battery. In this context different approaches are evaluated regarding the fuel consumption. Taking into account the fact that with the derived limit of electric driving, the decision between the electric and hybrid mode is made locally and therefore not globally optimal, two approaches to prevent frequent and unprofitable switching between hybrid and electric mode are introduced.

Finally it is shown by means of simulations in real-world driving cycles, that with the rule-based energy management strategy, the local optimal control behavior can be achieved. Therefore it has a clear advantage compared to other rule-based approaches with regard to the fuel consumption. Furthermore, the equivalence of the underlying relations to the ECMS is pointed out. Even though they result in the same optimal control behavior, the rule-based approach is clearly beneficial with regard to the implementation in production hybrid electric vehicles.

1 Einleitung und Zielsetzung

Hybridfahrzeuge haben in den letzten zehn Jahren aufgrund gesellschaftlicher und politischer Anforderungen erheblich an Bedeutung gewonnen. Während im Jahr 2001 nur zwei Hybridmodelle in der Europäischen Union (EU) auf dem Markt angeboten wurden, waren es 2012 bereits über 30 verschiedene Modelle, von denen rund 132.000 verkauft wurden [45]. Ein Grund für diese Entwicklung liegt in dem gestiegenen Umweltbewusstsein in der Gesellschaft [17], welches einerseits auf den fortschreitenden Klimawandel und andererseits auf die begrenzten Erdölressourcen zurückgeht. Für den Klimawandel werden vor allem die anthropogenen Kohlenstoffdioxid-Emissionen (CO_2-Emissionen) verantwortlich gemacht [44], die in der EU im Jahr 2012 zu 22,4 Prozent im Straßenverkehr ihren Ursprung hatten [29]. Hinzu kommt, dass angesichts gestiegener Kraftstoffpreise der Ruf nach effizienteren Fahrzeugen mit geringerem Kraftstoffverbrauch immer lauter wird. Zusätzlich zu dieser gesellschaftlichen Entwicklung wird auch seitens der Politik durch Einführung von CO_2-Grenzwerten Druck auf die Automobilindustrie ausgeübt. Seit 2012 ist in der EU der durchschnittliche CO_2-Ausstoß der Neuwagenflotte eines Herstellers reglementiert. Laut der Verordnung (EG) Nr. 443/2009 gilt für Personenkraftwagen (Pkw) seit dem Jahr 2015 ein Grenzwert von 130 g CO_2/km. Bis Ende des Jahres 2020 wird dieser auf 95 g CO_2/km abgesenkt. Bei Nichteinhaltung drohen den Herstellern empfindliche Strafzahlungen pro verkauftes Fahrzeug. In den Vereinigten Staaten (USA) wird bereits seit 1978, als Reaktion auf die Ölkrise 1973, der durchschnittliche Flottenverbrauch der in USA verkauften Fahrzeuge eines Herstellers eines Modelljahres reglementiert. Die Grenzwerte der „Corporate Average Fuel Economy" (CAFE) Standards sind dabei jedoch deutlich höher als die entsprechenden CO_2-Grenzwerte der EU.

Der Grenzwert von 95 g CO_2/km kann bereits heute mit kleineren Fahrzeugen und kleineren Motoren erreicht werden [43]. Da trotz des gestiegenen Umweltbewusstseins der Trend eher zu schwereren und leistungsstärkeren Fahrzeugen geht [45], stellt das Erreichen der Grenzwerte für die meisten Automobilhersteller eine große Herausforderung dar. Die Umsetzung der Zielwerte ist dabei nicht allein durch eine kontinuierliche Weiterentwicklung der Fahrzeuge und Verbrennungsmotoren möglich, z.B. durch Reduktion der Reibungsverluste und Leichtbau. Vielmehr sind weitere Maßnahmen zur Effizienzsteigerung, wie bspw. neuartige Antriebsstrangkonzepte, notwendig. Eine vielversprechende Option stellen dabei Hybridfahrzeuge dar. Durch das zweite Antriebssystem verfügen diese über zusätzliche Freiheitsgrade, welche insgesamt einen effizienteren Betrieb ermöglichen. Wird des Weiteren das zweite Antriebssystem mit einem im Fahrbetrieb wieder aufladbaren Speicher ausgeführt, kann die Rückgewinnung von Bremsenergie realisiert werden.

Das Einsparungspotential von Hybridfahrzeugen bzgl. des Kraftstoffverbrauchs hängt dabei nicht nur von der Effizienz der einzelnen Antriebssysteme ab, sondern ganz wesentlich von der Betriebsstrategie, welche das Zusammenspiel der beiden Antriebssysteme steuert und entscheidet, in welchen Fahrsituationen welches der beiden wie viel leistet. Vor allem aufgrund des sehr stark von der Last abhängigen Wirkungsgrads von Verbrennungsmotoren ist es für den Kraftstoffverbrauch entscheidend, wann der Verbrennungsmotor verwendet wird und bei welcher Last dieser arbeitet. Angesichts der gegenseitigen Abhängigkeiten der beiden Antriebssysteme kann diese Entscheidung jedoch nicht einfach anhand der Wirkungsgradkennfelder der einzelnen Antriebssysteme getroffen werden. Zur Auslegung kraftstoffoptimaler Betriebsstrategien sind vielmehr die gesamten Zusammenhänge und Abhängigkeiten zu beachten. Mit dem Ziel diese zu analysieren, werden im Rahmen dieser Arbeit zunächst die kraftstoffoptimale Betriebsweise und die hierbei zugrunde liegenden Zusammenhänge untersucht. Basierend auf den Ergebnissen wird dann in einem zweiten Schritt eine hinsichtlich des Kraftstoffverbrauchs optimale regelbasierte Betriebsstrategie ausgelegt. Die Untersuchungen werden dabei für ein sogenanntes P2-Hybridfahrzeug durchgeführt.

In vorherigen Arbeiten, bei denen zur Auslegung der Betriebsstrategieentscheidungen ebenfalls Untersuchungen zur kraftstoffoptimalen Betriebsweise durchgeführt wurden, wurden oft bestimmte Annahmen und Vereinfachungen getroffen oder nur gewisse Entscheidungen betrachtet. Im Unterschied dazu erfolgt in dieser Arbeit eine gesamtheitliche Analyse der zugrunde liegenden Zusammenhänge ohne vereinfachende Annahmen. Hierbei wird insbesondere darauf eingegangen, warum eine kraftstoffoptimale Betriebsweise sich derart darstellt und wie dies mit den physikalischen Eigenschaften der einzelnen Antriebsstrangkomponenten zusammenhängt. Des Weiteren wird, im Unterschied zu anderen regelbasierten Betriebsstrategieansätzen, mit dem im Rahmen dieser Arbeit entwickelten Ansatz die kraftstoffoptimale Betriebsweise erreicht.

Aufbau der Arbeit

In Kapitel 2 werden zunächst die verschiedenen Hybridantriebsstränge und die sich durch die Hybridisierung ergebenden Vorteile bzgl. des Kraftstoffverbrauchs vorgestellt. Kapitel 3 geht dann auf die verschiedenen Arten der Betriebsstrategien ein. Im Rahmen der optimierungsbasierten wird erläutert, wie die Betriebsstrategie als Optimalsteuerungsproblem betrachtet und für ein vorgegebenes Fahrprofil gelöst werden kann. Bei den regelbasierten Betriebsstrategien

1 Einleitung und Zielsetzung

werden verschiedene bisher bekannte Ansätze vorgestellt. Hierbei wird neben der Funktionsweise insbesondere auf die zur Auslegung durchgeführten Untersuchungen und Ergebnisse eingegangen.

Nachdem in Kapitel 2 und 3 in das Themengebiet der Hybridfahrzeuge und Betriebsstrategien eingeführt wurde, werden in Kapitel 4 der den Untersuchungen zugrunde liegende Hybridantriebsstrang und die im Rahmen der Arbeit verwendeten Simulationsmodelle vorgestellt. Die Simulationsmodelle bzw. die Modellierung der Antriebsstrangkomponenten kommen sowohl bei den Untersuchungen zur kraftstoffoptimalen Betriebsweise als auch zur Simulation der Betriebsstrategien zur Anwendung. Des Weiteren wird in Kapitel 4 das zur Berechnung der optimalen Betriebsweise verwendete Verfahren der Dynamischen Programmierung erläutert. Die damit berechnete optimale Betriebsweise wird im Rahmen der Arbeit als Benchmark für die entwickelte regelbasierte Betriebsstrategie herangezogen.

Die Kapitel 5 und 6 bilden den Hauptteil der Arbeit. In Kapitel 5 werden die Untersuchungen zur kraftstoffoptimalen Betriebsweise und die dabei erzielten Ergebnisse vorgestellt. Den ersten Teil der Untersuchungen stellt eine Betrachtung der verschiedenen Hybridbetriebszustände dar, bei der analysiert wird, unter welchen Fahrbedingungen diese am effizientesten sind. Anschließend werden Zusammenhänge zur Beschreibung der kraftstoffoptimalen Lastpunktverschiebung und der Entscheidung zur elektrischen Fahrt hergeleitet. In Kapitel 6 wird gezeigt, wie, basierend auf diesen Ergebnissen, eine kraftstoffoptimale regelbasierte Betriebsstrategie für ein P2-Hybridfahrzeug ausgelegt werden kann. Des Weiteren werden verschiedene Ansätze zur Anpassung des in die Betriebsstrategie eingehenden Lambda-Faktors untersucht sowie zwei Ansätze zur Vermeidung kurzer, unrentabler Zustandswechsel entwickelt und bewertet.

Abschließend wird in Kapitel 7 ein simulativer Vergleich anhand verschiedener realer Fahrprofile durchgeführt. Die mit dem regelbasierten Betriebsstrategieansatz erzielte Betriebsweise wird dabei sowohl der global optimalen Betriebsweise, berechnet mittels Dynamischer Programmierung, als auch der anderer kausaler Betriebsstrategien gegenübergestellt und die Vorteile des entwickelten Ansatzes aufgezeigt.

Veröffentlichungen im Rahmen der Arbeit

Über ausgewählte Inhalte der Kapitel 5 und 6 gab es im Rahmen der Arbeit folgende Veröffentlichungen:

Görke, D., Bargende, M., Keller, U., Ruzicka, N. et al., "Research on the fuel-efficiency of parallel hybrid vehicles as a basis for the design of rule-based operating strategies," *14. Internationales Stuttgarter Symposium*:329–350, 2014.

Görke, D., Bargende, M., Keller, U., Ruzicka, N. et al., "Kraftstoffoptimale Auslegung regelbasierter Betriebsstrategien für Parallelhybridfahrzeuge unter realen Fahrbedingungen," *Tag des kooperativen Promotionskollegs HYBRID*, Stuttgart, 2014.

Görke, D., Bargende, M., Keller, U., Ruzicka, N. et al., "Optimal Control based Calibration of Rule-Based Energy Management for Parallel Hybrid Electric Vehicles," *SAE Int. J. Alt. Power.* 4(1):178–189, 2015.

2 Grundlagen der Hybridfahrzeuge

Nach Art. 3 Abs. 14 der EU-Richtlinie 2007/46/EG ist ein Hybridfahrzeug „ein Fahrzeug mit mindestens zwei verschiedenen Energiewandlern und zwei verschiedenen Energiespeichersystemen (im Fahrzeug) zum Zwecke des Fahrzeugantriebs". Hierzu zählen grundsätzlich chemische, elektrische oder mechanische Energiespeichersysteme zusammen mit den entsprechenden Energiewandlern, welche die gespeicherte Energie in mechanische Energie zum Antrieb des Fahrzeugs wandeln [43], [114]. Wird in diesem Zusammenhang der heute konventionelle verbrennungsmotorische Antrieb mit einem während des Fahrbetriebs wieder aufladbaren Speichersystem kombiniert, werden zusätzliche Freiheitsgrade im Betrieb geschaffen [43], welche eine effizientere Betriebsweise ermöglichen. Des Weiteren kann mit einem im Fahrbetrieb wieder aufladbaren Speichersystem die Rückgewinnung von Bremsenergie (rekuperatives Bremsen) realisiert werden. Als wieder aufladbare Systeme können entweder elektrische Maschinen (E-Maschine) zusammen mit Batterien oder Kondensatoren, oder mechanische Speichersysteme wie Schwungräder und Druckspeicher zur Anwendung kommen. Im Bereich der Pkws finden nahezu ausschließlich Hybridfahrzeuge Anwendung, welche das konventionelle verbrennungsmotorische Antriebssystem mit einer oder mehreren E-Maschinen kombinieren und die elektrische Energie in einer Batterie speichern. Gegenüber mechanischen Speichersystemen oder Kondensatoren bieten Batterien den Vorteil einer wesentlich höheren Energiedichte [86]. Im Rahmen dieser Arbeit werden ausschließlich derartige Hybridfahrzeuge, bestehend aus Verbrennungsmotor, E-Maschine(n) und Batterie, betrachtet.

2.1 Hybride Antriebsstrangstrukturen

Die Kombination des verbrennungsmotorischen und elektrischen Antriebssystems kann bei einem Hybridfahrzeug generell auf verschiedene Weise erfolgen. Je nachdem wie der Verbrennungsmotor, die E-Maschine(n) und das Getriebe angeordnet sind, werden grundsätzlich serielle, parallele und leistungsverzweigte Hybridantriebsstränge[1] unterschieden [43], [86], siehe Abbildung 2.1. In der Praxis sind neben diesen drei Grundstrukturen auch weitere Mischformen be-

---

[1] Hybridbetriebszustand und (Hybrid-)Betriebsmodus äquivalent verwendet

kannt, die versuchen, die jeweiligen Vorteile dieser Strukturen miteinander zu kombinieren.

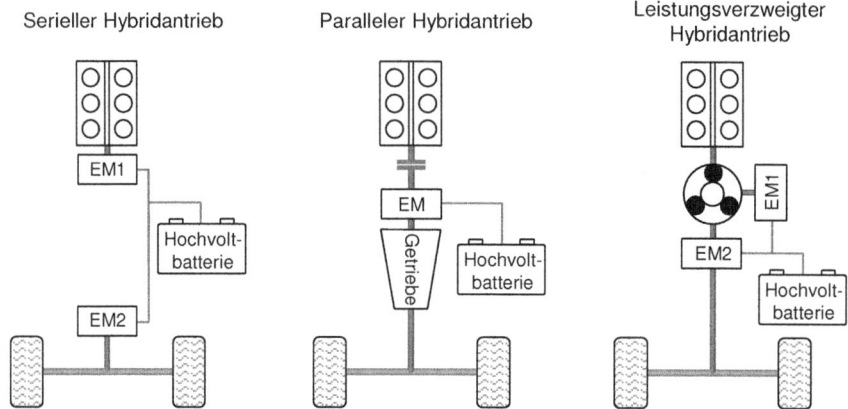

Abbildung 2.1: Schematische Darstellung der drei Grundstrukturen hybridelektrischer Antriebsstränge (seriell, parallel und leistungsverzweigt)

Während die Einteilung in Abbildung 2.1 hinsichtlich der Anordnung der Antriebsstrangkomponenten erfolgt, unterscheidet man darüber hinaus autarke Hybridfahrzeuge, die keine Möglichkeit zum externen Aufladen der Batterie haben, und Plug-In-Hybridfahrzeuge, welche über einen Anschluss zum externen Laden der Batterie verfügen. Die Plug-In-Hybridfahrzeuge sind dabei meist mit wesentlich größeren Batterien ausgestattet, wodurch diese deutlich längere Strecken rein elektrisch, mit der aus dem Stromnetz geladenen Energie, zurücklegen können. Bei den autarken Hybridfahrzeugen kann die Batterie hingegen lediglich über rekuperatives Bremsen oder mittels zusätzlich vom Verbrennungsmotor erzeugter Leistung (Lastpunktverschiebung) geladen werden. Letztere Möglichkeit erfordert zunächst einen zusätzlichen Aufwand an Kraftstoff, welcher je nach Einsatz der elektrischen Energie, z.B. für elektrische Fahrt, wieder eingespart werden kann. Auf die verschiedenen Hybridbetriebszustände, wie die bereits genannte Lastpunktverschiebung, Rekuperation und elektrische Fahrt sowie den sogenannten Boost, durch welche sich das Hybridfahrzeug in seiner Betriebsweise von einem Fahrzeug mit konventionellem verbrennungsmotorischen Antriebssystem unterscheidet, wird nachfolgend im Rahmen der verschiedenen Antriebsstrangstrukturen genauer eingegangen.

2.1 Hybride Antriebsstrangstrukturen

Serieller Hybridantrieb

Bei einem seriellen Hybridantriebsstrang sind das verbrennungsmotorische und elektrische Antriebssystem hintereinander angeordnet, vgl. Abbildung 2.1. Der Verbrennungsmotor ist dabei mit einer ersten, generatorisch arbeitenden E-Maschine, welche aus der mechanischen Energie des Verbrennungsmotors elektrische Energie erzeugt, verbunden. Seriell zu dieser sogenannten Ladegruppe [43] befindet sich das eigentliche elektrische Antriebssystem, welches das Fahrzeug mit der von der Ladegruppe erzeugten oder der in der Batterie zwischengespeicherten elektrischen Energie antreibt. Zwischen dem Verbrennungsmotor und den antreibenden Rädern besteht keinerlei mechanische Verbindung. Der Verbrennungsmotor kann hierdurch unabhängig vom Fahrzustand betrieben werden, wodurch theoretisch ein stationärer Betrieb in seinem Bestpunkt möglich ist. In der Praxis ist bei einem dauerhaften Betrieb im Bestpunkt jedoch die zusätzlich zur Fahranforderung erzeugte elektrische Energie, welche in der Batterie zwischengespeichert werden muss, zu beachten. Als nachteilig gestaltet sich an der ausschließlich elektrischen Verbindung zwischen Verbrennungsmotor und Antrieb allerdings die mehrmalige Energiewandlung. Da die vom Verbrennungsmotor abgegebene mechanische Leistung immer in elektrische Leistung und wieder zurück in mechanische gewandelt werden muss, treten je nach Betriebspunkt der E-Maschinen erhebliche Verluste auf. Wird darüber hinaus ein Teil der elektrischen Energie in der Batterie gespeichert, so kann der durch die freie Wahl des Betriebspunkts des Verbrennungsmotors erlangte Vorteil sehr schnell durch die Verluste aufgebraucht sein [43].

Paralleler Hybridantrieb

Bei einer parallelen Hybridantriebsstranganordnung verläuft der elektrische Pfad parallel zum verbrennungsmotorischen und die Leistung beider Systeme wird zum Antrieb des Fahrzeugs mechanisch überlagert. Im Gegensatz zum seriellen Hybridantrieb besteht ein direkter mechanischer Durchtrieb vom Verbrennungsmotor zu einer der antreibenden Achsen, wodurch die Möglichkeit besteht, das Fahrzeug direkt mit dem Verbrennungsmotor, ohne die Umwandlungsverluste der seriellen Anordnung, anzutreiben. Der Freiheitsgrad der Leistungsaufteilung, durch welchen der Betriebspunkt des Verbrennungsmotors verschoben werden kann, bleibt dabei weiterhin bestehen. Da aufgrund der mechanischen Kopplung zu den Rädern jedoch die Drehzahl des Verbrennungsmotors von der Raddrehzahl abhängt, kann die Lastpunktverschiebung im Unterschied zum seriellen Hybridantrieb nicht beliebig in der Drehzahlachse erfolgen. Die Verschiebung des verbrennungsmotorischen Betriebspunkts ist nur entlang der Drehmomentachse, bei der sich aus dem aktuellen Getriebegang ergebenden Drehzahl, möglich, vgl. Abbildung 2.2. Der Betriebspunkt kann hierbei entweder über ein positives Drehmoment der E-Maschine nach unten (Lastpunktabsenkung) oder über ein generatorisches Drehmoment nach oben (Lastpunktanhebung) verschoben werden.

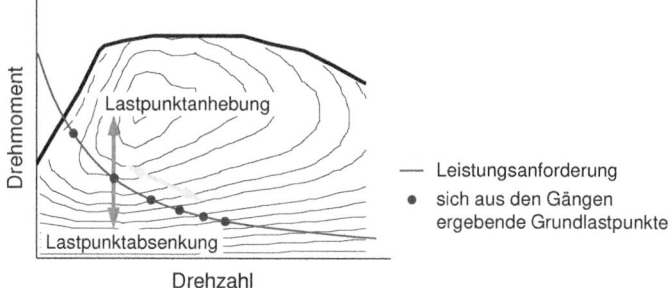

Abbildung 2.2: Lastpunktverschiebung beim parallelen Hybridantriebsstrang

Neben dem direkten mechanischen Durchtrieb zeichnet sich die parallele Anordnung des Weiteren durch die Notwendigkeit nur einer E-Maschine sowie der Möglichkeit, beide Systeme gleichzeitig zum Antrieb des Fahrzeugs verwenden zu können, aus. Während Ersteres für das Fahrzeuggewicht ausschlaggebend ist, ermöglicht Letzteres den Hybridbetriebszustand des sogenannten Boosts. Bei diesem unterstützt die E-Maschine den Verbrennungsmotor bei Fahranforderungen oberhalb dessen Volllast durch eine zusätzliche Antriebsleistung. Da hierdurch der Verbrennungsmotor bei gleicher Gesamtleistung des Fahrzeugs deutlich kleiner dimensioniert werden kann, bringt dies ein zusätzliches Kraftstoffeinsparungspotential mit sich.

Die E-Maschine des parallelen Hybridantriebsstrangs kann grundsätzlich an verschiedenen Stellen im Antriebsstrang positioniert werden, wodurch sich jeweils spezifische Vor- und Nachteile ergeben. Zur Bezeichnung hat sich hierbei eine ursprünglich von der Daimler AG definierte Nomenklatur durchgesetzt [43], welche den Parallelhybridantriebsstrang nach der Position der E-Maschine im Antriebsstrang mit P1 bis P4 bezeichnet. Das P steht dabei für parallel, während die Zahl den Einbauort der E-Maschine im Antriebsstrang angibt, siehe Abbildung 2.3.

Der P1-Hybridantriebsstrang zeichnet sich durch die direkt am Verbrennungsmotor angebrachte und fest mit der Kurbelwelle verbundene E-Maschine aus. Da der Verbrennungsmotor hierdurch nicht von der E-Maschine abgekoppelt werden kann, muss dieser sowohl bei der elektrischen Fahrt als auch in den Phasen der Rekuperation mitgeschleppt werden. Vor dem Hintergrund, dass sich dies vor allem bei der elektrischen Fahrt nur begrenzt als effizient erweist, kommt die

2.1 Hybride Antriebsstrangstrukturen

P1-Anordnung in den meisten Fällen nur in Verbindung mit relativ geringen elektrischen Leistungen in Hybridfahrzeugen, in denen keine elektrische Fahrt vorgesehen ist, zum Einsatz.

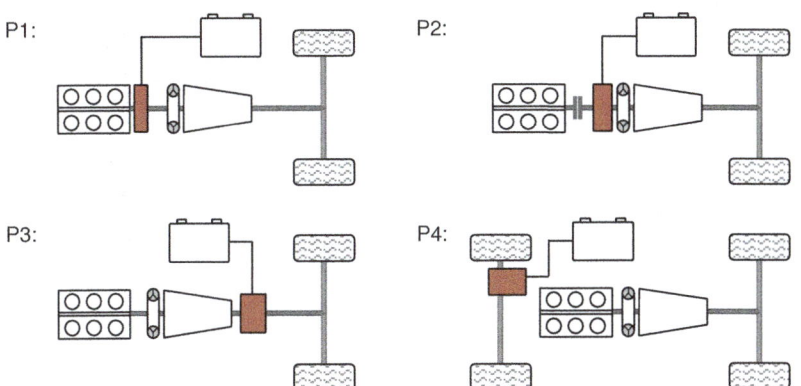

Abbildung 2.3: Unterscheidung des parallelen Hybridantriebsstrangs nach dem Einbauort der E-Maschine (P1 bis P4)

Ist die E-Maschine nicht direkt am Verbrennungsmotor verbaut, sondern befindet sich am Getriebeeingang mit einer dazwischen liegenden Kupplung, so spricht man von einer P2-Anordnung, vgl. Abbildung 2.3. Da hierdurch der Verbrennungsmotor vom restlichen Antriebsstrang abgekoppelt werden kann, sind die elektrische Fahrt sowie die Rekuperation in einem wesentlich effizienteren Rahmen, ohne die Einbußen des Schleppmoments des Verbrennungsmotors, möglich. Seitens des Getriebes sind sowohl Ausführungen mit Automatikgetriebe – mit [52], [53] und ohne Drehmomentwandler [102] – als auch mit Doppelkupplungsgetriebe [75] bekannt. Bei den Systemen ohne Drehmomentwandler ist stattdessen die Kupplung zwischen Verbrennungsmotor und E-Maschine als Anfahrelement ausgeführt.

Sitzt die E-Maschine am Getriebeausgang, liegt eine P3-Anordnung vor. Während hierdurch die Leistung bei der elektrischen Fahrt und Rekuperation nicht mehr durch das Getriebe geleitet werden muss, unterliegt die E-Maschine der Getriebeausgangsdrehzahl und damit einem wesentlich breiteren Drehzahlbereich.

Betrachtet man die P4-Anordnung in Abbildung 2.3, ist zu sehen, dass die E-Maschine und der Verbrennungsmotor auf unterschiedliche Achsen wirken. Da hierbei die Zugkraft beider Antriebssysteme über die Fahrbahn überlagert wird, stellt dies ebenfalls eine parallele Hybridantriebsstranganordnung dar. Die

P4-Anordnung zeichnet sich im Wesentlichen durch den Vorteil eines einfach umzusetzenden Allradantriebs aus [86]. Vor dem Hintergrund, dass hier der Betriebspunkt des Verbrennungsmotors nur mit einem Leistungsfluss über die Straße verschoben werden kann, wird die P4-Anordnung oft mit einer P1-Anordnung kombiniert [22]. Der sich hieraus ergebende P14-Hybridantriebsstrang verfügt über eine zusätzliche E-Maschine direkt am Verbrennungsmotor, über welche neben einer effizienteren Lastpunktverschiebung auch ein dauerhafter Allradantrieb realisiert werden kann.

Neben der P14-Anordnung ist auch jede weitere Kombination dieser vier Anordnungen theoretisch möglich [86]. Wird in diesem Zusammenhang eine P1- mit einer P2-Anordnung kombiniert, so liegt ein sogenannter kombinierter Hybridantriebsstrang vor, welcher bei geöffneter Kupplung eine serielle Konfiguration und bei geschlossener Kupplung eine parallele Anordnung darstellt [43].

Leistungsverzweigter Hybridantrieb

Die leistungsverzweigte Hybridantriebsstranganordnung zeichnet sich im Gegensatz zu den beiden zuvor erläuterten Varianten dadurch aus, dass die zu übertragende mechanische Leistung des Verbrennungsmotors auf einen mechanischen und einen elektrischen Pfad aufgeteilt und zum Antrieb des Fahrzeugs wieder zusammengeführt wird, vgl. Abbildung 2.1. Da anhand dieser Aufteilung ein stufenloses Getriebe realisiert werden kann und sich hierdurch die Drehzahl des Verbrennungsmotors beliebig innerhalb der Grenzen einstellen lässt, ermöglicht dies eine vom Fahrzustand unabhängige Verschiebung des verbrennungsmotorischen Betriebspunkts. Zumal hierbei jedoch nur ein Teil der Leistung über den elektrischen Pfad fließt, während der andere Teil mechanisch mit einem wesentlich höheren Wirkungsgrad übertragen wird, gestaltet sich dies im Vergleich zu einem seriellen Hybridantrieb wesentlich effizienter. Der Wirkungsgrad hängt dabei allerdings sehr stark von der fahrsituationsabhängigen Aufteilung zwischen mechanischem und elektrischem System ab. Dem situationsabhängig höheren Wirkungsgrad stehen allerdings ein wesentlich komplexerer Systemaufbau und ein deutlich höherer Steuerungs- und Regelungsbedarf gegenüber [86].

2.2 Vorteile bezüglich des Kraftstoffverbrauchs

Wie in der Einleitung bereits erläutert wurde, stellt im Bereich der Pkws die Reduzierung des Kraftstoffverbrauchs die wesentliche Motivation zum Bau von Hybridfahrzeugen dar. Im Folgenden wird darauf eingegangen, welche Möglichkeiten die Hybridisierung in Bezug auf einen kraftstoffeffizienteren Betrieb bie-

2.2 Vorteile bezüglich des Kraftstoffverbrauchs

tet und wodurch sich diese gegenüber einem konventionellen Antriebsstrang ergeben.

Bremsenergierückgewinnung

Der größte Anteil des Kraftstoffeinsparungspotentials eines Hybridfahrzeugs ergibt sich aus der Möglichkeit des rekuperativen Bremsens. Während bei einem konventionellen Antriebsstrang die kinetische Energie des Fahrzeugs beim Bremsen in den mechanischen Reibbremsen in Wärme umgewandelt wird, kann diese bei einem Hybridfahrzeug, aufgrund des im Betrieb wieder aufladbaren Energiespeichers, zurückgewonnen und zwischengespeichert werden. Bei den betrachteten Hybridfahrzeugen mit elektrischem Antriebssystem und Batterie wird das Fahrzeug bei der Rekuperation über ein generatorisches Drehmoment der E-Maschine verzögert. Gegenüber einem konventionellen Fahrzeug ist hierfür eine Steuerung notwendig, welche die gewünschte Bremsverzögerung zwischen der E-Maschine und der Reibbremse koordiniert, sowie ein Bremssystem, das eine Bremspedalbetätigung des Fahrers ermöglicht, ohne dabei auf den hydraulischen Bremskreis zu wirken [86].

Die durch die Rekuperation erzielbare Kraftstoffersparnis ist davon abhängig, welcher Anteil der kinetischen Energie des Fahrzeugs rekuperiert werden kann und abzüglich aller Verluste in der Batterie ankommt. Hierbei sind sowohl ein rekuperatives Bremssystem, welches rein rekuperatives Bremsen bis zu niedrigen Geschwindigkeiten ermöglicht [53], als auch eine leistungsstarke E-Maschine und Batterie sowie eine intelligente Regelung zur Einhaltung der Batteriegrenzen [53] von Bedeutung. Des Weiteren ist es für eine möglichst hohe Rekuperationsenergie entscheidend, dass der Verbrennungsmotor während der Rekuperation nicht mitgeschleppt werden muss [52]. Zudem hängt die Kraftstoffersparnis der Rekuperation maßgeblich vom Einsatz der zurückgewonnenen elektrischen Energie ab. Je nachdem ob die Antriebsstranganordnung einen rein elektrischen Betrieb ermöglicht oder nicht (z.B. P1-Hybrid), kann diese für elektrische Fahrt und/oder Lastpunktabsenkung eingesetzt werden. Sowohl aus der elektrischen Fahrt als auch aus der Lastpunktabsenkung resultiert in jedem Fall eine Kraftstoffersparnis, da der Verbrennungsmotor währenddessen entweder vollständig abgeschaltet wird oder sich der Kraftstoffmassenstrom entsprechend der von der E-Maschine übernommenen Antriebsleistung reduziert. In [12] wird in diesem Zusammenhang darauf hingewiesen, dass die elektrische Fahrt der Lastpunktabsenkung vorzuziehen ist, da hierbei die Nullleistungsverluste des Verbrennungsmotors nicht aufgebracht werden müssen und so die Kraftstoffersparnisse deutlich größer sind. In welchen Betriebspunkten der Einsatz der elektrischen Energie bei einem P2-Hybridfahrzeug am effizientesten ist und wie dies mit den Wirkungsgraden der einzelnen Antriebsstrangkomponenten zusammenhängt, wird in Kapitel 5.1 im Rahmen der Untersuchungen im Detail dargestellt.

Lastpunktverschiebung und elektrische Fahrt

Den zweiten wesentlichen Punkt des Kraftstoffeinsparungspotentials eines Hybridantriebsstrangs stellt die Lastpunktverschiebung dar. Wie im Rahmen der verschiedenen Hybridantriebsstrangstrukturen bereits erläutert, kann bei einem Hybridfahrzeug der Verbrennungsmotor über die E-Maschine zusätzlich zur Fahranforderung belastet und so der Betriebspunkt des Verbrennungsmotors bei gleichzeitiger Erzeugung von elektrischer Energie verschoben werden. Die Möglichkeit zur Kraftstoffeinsparung geht auf den sehr stark von der Last abhängigen Wirkungsgrad von Verbrennungsmotoren zurück. Bedingt durch die hohen Nullleistungsverluste ist dieser typischerweise bei niedrigen Drehmomenten, aufgrund des höheren Anteils der Verluste, deutlich geringer als im Bereich hoher Drehmomente, vgl. Abbildung 2.2. Im Fall von homogenen Ottomotoren kommen hierzu verstärkend die Ladungswechselverluste der Drosselung, welche mit steigender Drehmomentanforderung und damit geringerer Drosselklappenstellung abnehmen, hinzu. Wird der Betriebspunkt des Verbrennungsmotors bei geringen Drehmomentanforderungen über eine Lastpunktverschiebung angehoben, so kann dieser einerseits bei einem höheren Wirkungsgrad betrieben werden und andererseits die dabei erzeugte elektrische Energie in anderen Fahrsituationen, in denen der Verbrennungsmotor ebenfalls in sehr ungünstigen Bereichen arbeitet, wieder für elektrische Fahrt und/oder Lastpunktverschiebung eingesetzt werden. Je nachdem wie Lastpunktverschiebung und elektrische Fahrt kombiniert werden, lässt sich hierdurch der Antriebswirkungsgrad insgesamt steigern. Eine Wirkungsgradsteigerung und damit verbundene Kraftstoffersparnis ist jedoch nur möglich, sofern der bei der Lastpunktverschiebung eingesetzte Kraftstoff geringer als die beim Einsatz der elektrischen Energie eingesparte Kraftstoffmenge ist [70]. Während der Einsatz der aus der Rekuperation stammenden elektrischen Energie immer zu einer Kraftstoffersparnis führt, da diese sozusagen „umsonst" ist, muss bei der Lastpunktverschiebung deren Erzeugung, inklusive der bei der Energiewandlung und Speicherung auftretenden Verluste, berücksichtigt werden. Hierauf wird in Kapitel 5.1 im Rahmen der Untersuchungen genauer eingegangen.

Abschalten des Verbrennungsmotors im Fahrzeugstillstand

Neben dem Abschalten des Verbrennungsmotors zur elektrischen Fahrt, wozu der Antriebsstrang, wie zuvor dargestellt, entsprechend aufgebaut sein muss, bietet das Abschalten im Fahrzeugstillstand ein weiteres Kraftstoffeinsparungspotential. Aufgrund der verhältnismäßig einfachen Umsetzung bei ausreichender

2.2 Vorteile bezüglich des Kraftstoffverbrauchs

Dimensionierung des Starters, ohne dem Erfordernis eines zusätzlichen elektrischen Antriebssystems, kommt diese als Start-Stopp-Funktion bekannte Funktionalität neben allen Hybridfahrzeugen heutzutage auch in den meisten konventionellen Fahrzeugen zum Einsatz. Da ein Verbrennungsmotor, bedingt durch die Leerlaufverluste im Fahrzeugstillstand, in dem die Antriebsleistung Null ist, einen gewissen Kraftstoffverbrauch aufweist, um sich selbst am Leben zu erhalten, ist es eine logische Schlussfolgerung diesen abzuschalten, sofern die Nebenverbraucher anderweitig versorgt werden können. Bei Hybridfahrzeugen ist Letzteres aufgrund der relativ großen Batterien und meist elektrifizierten Nebenverbrauchern im Normalfall problemlos möglich.

Boost im Zusammenhang mit Downsizing

Ein weiteres, indirektes Kraftstoffeinsparungspotential stellt die Möglichkeit des gemeinsamen Antriebs beider Systeme bei hoher Fahranforderung dar. Wie bereits in Kapitel 2.1 erläutert, kann so der Verbrennungsmotor bei gleicher Fahrzeuggesamtleistung deutlich kleiner ausgeführt werden. Da sich hierdurch, vor allem aufgrund der geringeren Reibungs- und Drosselverluste, der verbrennungsmotorische Wirkungsgrad im selben Betriebspunkt verbessert, führt dies, je nach Fahrprofil, zu einem insgesamt effizienteren Betrieb des Verbrennungsmotors.

Elektrische Energie bei Plug-In-Hybridfahrzeugen

Bei Plug-In-Hybridfahrzeugen kommt zusätzlich zu den oben genannten Möglichkeiten der Kraftstoffeinsparung hinzu, dass ein Teil der Antriebsenergie aus der Batterie – geladen über das Stromnetz – kommt. Hiermit kann das Fahrzeug über das elektrische Antriebssystem, welches im Normalfall einen deutlich höheren Wirkungsgrad als das verbrennungsmotorische aufweist, angetrieben werden. Zur Vollständigen Bewertung muss jedoch die gesamte Wirkkette beider Energieträger von der Gewinnung bis zum Rad (Well-to-Wheel) sowie das Zusatzgewicht der größeren Batterie berücksichtigt werden.

3 Stand der Technik der Betriebsstrategien

Während bei einem konventionellen Antriebsstrang lediglich der Verbrennungsmotor die vom Fahrer über das Fahrpedal angeforderte Antriebsleistung aufbringt, müssen bei einem Hybridfahrzeug die durch das zusätzliche Antriebssystem entstehenden Freiheitsgrade im Betrieb festgelegt werden. Die Betriebsstrategie ist hierbei derjenige Teil der gesamten Hybridsteuerung, welcher diese Entscheidungen unter Einbeziehung verschiedener Eingangsgrößen trifft und so das Zusammenspiel der beiden Antriebssysteme steuert bzw. regelt. In Abbildung 3.1 ist dies schematisch dargestellt. Je nach Antriebsstrangkonfiguration und sich daraus ergebenden Freiheitsgraden muss die Betriebsstrategie entscheiden, welcher Betriebsmodus eingenommen werden soll, welches Drehmoment bzw. welche Leistung vom Verbrennungsmotor und dem elektrischen Antriebssystem aufzubringen ist und – sofern dieser Freiheitsgrad besteht – bei welcher Drehzahl die Systeme arbeiten sollen. Neben der primären Aufgabe der Erfüllung der Fahranforderung werden die Entscheidungen zur Festlegung der Freiheitsgrade, je nach Zielsetzung, des Weiteren hinsichtlich eines minimalen Kraftstoffverbrauchs, der Einhaltung oder Minimierung von Emissionen und/oder der Erfüllung von Lebensdauer- und Komfortanforderungen getroffen. Hierbei müssen zudem die Drehmoment- und Leistungsgrenzen der Antriebsstrangaggregate sowie der Ladezustand der Batterie berücksichtigt werden, d.h. die Betriebsstrategie ist für die Steuerung des Ladezustands verantwortlich.

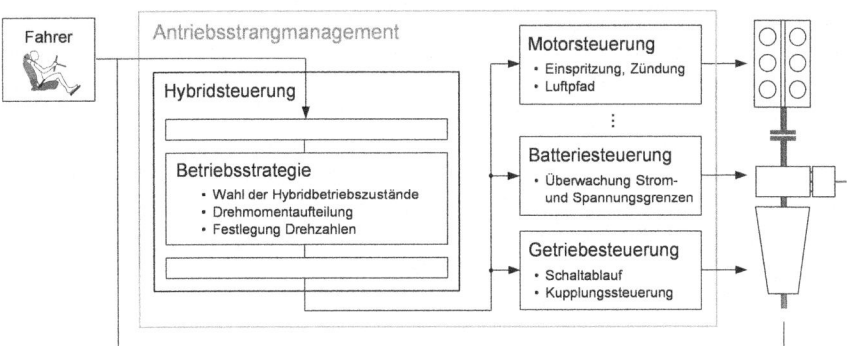

Abbildung 3.1: Schematische Darstellung des Antriebsstrangmanagements mit Einbindung und Aufgaben der Betriebsstrategie in der Hybridsteuerung

Während die Betriebsstrategie im Fahrzeug die Entscheidungen über alle Hybridbetriebszustände umfasst, sind zumeist nur die Entscheidungen Gegenstand der Forschung, welche einen Freiheitsgrad im Betrieb aufweisen. In der englischsprachigen Literatur werden diese als „Energy Management Problem" bezeichnet. Entscheidungen wie die Wahl der Betriebszustände Boost und Rekuperation, welche keinem Freiheitsgrad unterliegen, werden meist – wie auch im Rahmen dieser Arbeit – nicht weiter betrachtet. Diese beiden Entscheidungen weisen dabei keinen Freiheitsgrad auf, da der Boost immer dann gewählt wird, wenn die Fahranforderung das maximale Drehmoment des Verbrennungsmotors übersteigt, während eine Rekuperation immer bei einer Fahranforderung kleiner Null bzw. einer Bremsanforderung stattfindet. Unter der Annahme, dass die Rekuperation immer mit maximal möglichem Drehmoment ausgeführt wird, besteht auch innerhalb dieser kein Freiheitsgrad. Welche Entscheidungen das „Energy Managenemt" bei einem P2-Hybridfahrzeug umfasst, wird im Folgenden erläutert.

Betriebsstrategieentscheidungen eines P2-Hybridfahrzeugs

Bei einem P2-Hybridfahrzeug muss, entsprechend der Freiheitsgrade, sowohl der Getriebegang als auch die Drehmomentaufteilung zwischen dem elektrischen und dem verbrennungsmotorischen Antriebssystem festgelegt werden. Da in vielen Anwendungen – wie auch im Rahmen dieser Arbeit – die Wahl des Getriebegangs, analog zum konventionellen Antriebsstrang, von der Getriebesteuerung entschieden wird, verbleibt dem „Energy Management" lediglich die Wahl der Drehmomentaufteilung. Vor dem Hintergrund, dass eine vollständige Allokation der Drehmomentanforderung auf die E-Maschine den Betriebsmodus der elektrischen Fahrt darstellt, wird dieser Freiheitsgrad oft als zwei aufeinander aufbauende Entscheidungen behandelt – vor allem im Rahmen der regelbasierten Betriebsstrategien. Die erste Entscheidung stellt dabei die Wahl zwischen der elektrischen Fahrt und dem Hybridbetrieb dar. Wird der Hybridbetrieb gewählt, ist in diesem als zweite Entscheidung die Drehmomentaufteilung zwischen den beiden Antriebssystemen festzulegen. Diese beiden Entscheidungen der Wahl der elektrischen Fahrt und der Drehmomentaufteilung im Hybridbetrieb werden im Folgenden als die grundlegenden Entscheidungen der Betriebsstrategie eines P2-Hybridfahrzeugs bezeichnet.

3.1 Einteilung der Betriebsstrategien

Einteilung nach der Funktionsweise

Grundsätzlich kann die Betriebsstrategie eines Hybridfahrzeugs auf unterschiedliche Weise hinsichtlich der Entscheidungsfindung realisiert werden. Im Zuge der intensiven Forschung und Entwicklung an Hybridfahrzeugen sind in den letzten Jahren zahlreiche Ansätze entwickelt worden. Für einen chronologischen Überblick siehe [69]. Die unterschiedlichen Ansätze können, wie in Abbildung 3.2 dargestellt, nach ihrer Funktionsweise in optimierungsbasierte und regelbasierte/heuristische Ansätze eingeteilt werden [10], [91], [125]. Während die optimierungsbasierten Ansätze sich durch eine online im Fahrzeug stattfindende Minimierung oder Optimierung zur Berechnung der optimalen Ansteuerung auszeichnen, werden bei den regelbasierten Methoden die Entscheidungen anhand von zuvor definierten Regeln und Gesetzmäßigkeiten getroffen. Unterteilt man die optimierungsbasierten Ansätze des Weiteren nach der zur Optimierung oder Minimierung angewandten Methodik, so lassen sich weiter Ansätze mit numerischen oder analytischen Methoden sowie Ansätze, welche auf einer unmittelbaren Minimierung basieren, unterscheiden [105]. Wie sich diese voneinander abgrenzen, wird in Kapitel 3.2 erläutert.

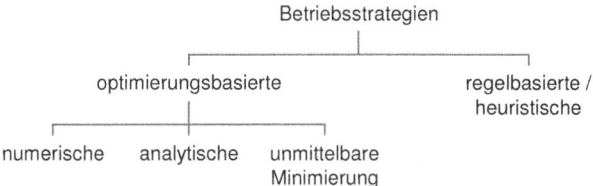

Abbildung 3.2: Einteilung der Betriebsstrategien nach der Funktionsweise

Bei den regelbasierten Ansätzen sind viele verschiedene Ausprägungen bekannt, welche sich im Aufbau und der Auslegung der Regeln unterscheiden. Die Spannweite reicht von relativ einfachen, auf der Intuition und dem Systemverständnis der Ingenieure beruhenden Regeln bis hin zu komplexen, auf Optimierungsergebnissen und Effizienzanalysen basierenden Umsetzungen. Auf die unterschiedlichen Ansätze wird in Kapitel 3.3 im Detail eingegangen.

Vor dem Hintergrund, dass die optimierungsbasierten Betriebsstrategien eine Optimierung oder Minimierung im Betrieb durchführen, unterscheiden sich diese sehr stark im Rechenbedarf von den regelbasierten [10]. Abgesehen von weiteren Gründen, wie der Verfügbarkeit von Informationen zum vorausliegenden Fahrprofil, sind die optimierungsbasierten hierdurch nur mit einer deutlichen Steigerung der Rechenkapazität gegenüber standardmäßigen Steuergeräten echtzeitfähig umsetzbar. Des Weiteren zeichnen eine wesentlich robustere und einfachere Steuerungsstruktur sowie eine gute Nachvollziehbarkeit der Entscheidungen die regelbasierten Ansätze aus. Den Vorteilen steht jedoch eine meist nicht in allen Fahrsituationen optimale und sehr stark von der Auslegung der Regeln abhängige Ansteuerung sowie ein hoher Applikationsaufwand zur Einstellung der Regeln gegenüber. Während dies vor allem auf die anfänglich relativ einfachen und zumeist auf Ingenieurswissen basierenden Ansätze zutrifft, wurden in den letzten Jahren vermehrt regelbasierte Betriebsstrategien und Methoden zur Auslegung entwickelt, welche dem entgegenwirken. Da auch im Rahmen dieser Arbeit das Ziel eine optimale regelbasierte Betriebsstrategie mit geringem Applikationsaufwand ist, wird auf derartige regelbasierte Betriebsstrategien in Kapitel 3.3 besonders eingegangen.

Einteilung nach der Wirkweise

Neben der Unterscheidung der verschiedenen Betriebsstrategieansätze nach der Funktionsweise werden diese zudem oft nach der Wirkweise in kausale und nicht kausale eingeteilt [41]. Während die Betriebsstrategieentscheidungen bei den kausalen Methoden ausschließlich auf aktuellen und teilweise vergangenen bzw. statistischen Daten basieren, erfordern die nicht kausalen Ansätze eine a priori Kenntnis des gesamten Fahrprofils. Aufgrund der Betrachtung des gesamten Fahrprofils sind diese in der Lage, die Entscheidungen global optimal zu treffen, wohingegen die kausalen Ansätze immer nur lokal optimal entscheiden können. Da das vorausliegende Fahrprofil bis auf wenige Ausnahmen, bei denen das Fahrzeug stets auf derselben Strecke mit denselben Einflüssen unterwegs ist, nicht bekannt ist bzw. ohne Informationen nicht vorausgesagt werden kann, finden die nicht kausalen Ansätze in Fahrzeugen ohne Prädiktion zumeist keine direkte Anwendung als Betriebsstrategie. Dessen ungeachtet stellen sie aufgrund ihrer globalen Optimalität ein oft verwendetes Hilfsmittel in Form einer Offlineoptimierung dar [41]. Diese kommen dabei entweder zur Berechnung der global optimalen Lösung als Benchmark oder zur Analyse der optimalen Betriebsweise im Hinblick auf die Entwicklung und Auslegung von kausalen Betriebsstrategien zur Anwendung.

3.2 Optimierungsbasierte Betriebsstrategien

Wie bei der Einteilung der Betriebsstrategien erläutert, zeichnen sich die optimierungsbasierten Betriebsstrategien dadurch aus, dass die Betriebsstrategieentscheidungen über eine Optimierung oder Minimierung bestimmt werden. Einige Methoden behandeln hierzu die Betriebsstrategie mit den zu treffenden Entscheidungen als Problem der optimalen Steuerung. Im Folgenden wird kurz auf die dabei verwendete Formulierung der Betriebsstrategie als Optimalsteuerungsproblem eingegangen. Anschließend werden verschiedene optimierungsbasierte Betriebsstrategien (numerische, analytische und auf unmittelbarer Minimierung basierende) bzw. Methoden zur Berechnung der optimalen Lösung vorgestellt. Während die numerischen und analytischen Betriebsstrategien das Optimierungsproblem als Ganzes betrachten und hierzu die Problemstellung für den gesamten Optimierungshorizont bekannt sein muss, berechnen die auf der unmittelbaren Minimierung basierenden Verfahren die optimale Lösung in jedem Zeitschritt. Im Gegensatz zu ersteren sind diese daher kausal.

Betriebsstrategie als Optimalsteuerungsproblem

Das Problem der optimalen Steuerung besteht in seiner allgemeinen Formulierung darin, für ein dynamisches System:

$$\dot{x}(t) = f(x(t), u(t), t) \tag{3.1}$$

den optimalen Steuergrößenverlauf $u^*(t)$ im Zeitintervall $[t_0, t_f]$ zu finden, so dass das Kostenfunktional minimiert:

$$J = \phi(x(t_f), t_f) + \int_{t_0}^{t_f} L(x(t), u(t), t)\, dt \tag{3.2}$$

und folgende Nebenbedingungen erfüllt werden [33]:

$$u(t) \in U(t) \quad \forall t \in [t_0, t_f] \tag{3.3}$$

$$x_{min} \leq x(t) \leq x_{max} \quad \forall t \in [t_0, t_f] \tag{3.4}$$

$$x(t_0) = x_0, \quad x(t_f) = x_f. \tag{3.5}$$

wobei $U(t)$ den Satz der zulässigen Steuergrößen zum Zeitpunkt t, $L(x(t),u(t),t)$ die momentanen Kosten und $\phi(x(t_f),t_f)$ den Endkostenterm darstellt.

Die Betriebsstrategie eines Hybridfahrzeugs bzw. deren Festlegung des Verlaufs der Freiheitsgrade mit dem Ziel, den Kraftstoffverbrauch und/oder die Emissionen etc. über eine bestimmte Fahrstrecke zu minimieren, kann als ein solches Optimalsteuerungsproblem behandelt werden [1], [99], [103]. Mit dem Ladezustand $SOC(t)$ als Zustandsgröße wird das Hybridfahrzeug hierbei wie folgt als dynamisches System betrachtet:

$$\dot{SOC}(t) = f(SOC(t), I_{Batt}(u(t), t)) \tag{3.6}$$

wobei $I_{Batt}(u(t),t)$ der sich abhängig von den Steuergrößen ergebende Batteriestrom ist.

Erfolgt die Optimierung hinsichtlich des Kraftstoffverbrauchs, stellt der Kraftstoffmassenstrom des Verbrennungsmotors $\dot{m}_{KS}$ die zu minimierenden Kosten dar, wodurch sich die Kostenfunktion wie folgt ergibt:

$$J = \int_{t_0}^{t_f} \dot{m}_{KS}(u(t),t)\,dt. \qquad (3.7)$$

Sollen zusätzlich Emissionen oder weitere Größen berücksichtigt werden, setzt sich die Kostenfunktion aus der gewichteten Summe der zu minimierenden Größen zusammen.

Die Steuergrößen bestimmen sich, je nach Antriebsstranganordnung, entsprechend der festzulegenden Freiheitsgrade. Bei einem P2-Hybridfahrzeug, mit dem Freiheitsgrad der Drehmomentaufteilung, wird meist entweder das Drehmoment des Verbrennungsmotors oder eine dimensionslose Größe, welche die Drehmomentaufteilung beschreibt (vgl. Kapitel 4.3), verwendet. Ist des Weiteren der Getriebegang zu bestimmen, stellt auch dieser eine Steuergröße dar.

Damit die Batterie während der zu optimierenden Fahrstrecke nicht komplett entladen wird – was den Betrieb mit dem geringsten Kraftstoffverbrauch darstellen würde, jedoch bei einem autarken Hybridfahrzeug nicht zielführend ist – wird der am Ende zu erreichende Ladezustand als globale Nebenbedingung in das Optimierungsproblem eingebracht. Im Falle eines „Charge-Sustaining"-Betriebs[2] ist der zu erreichende Ladezustand gleich dem initialen:

$$SOC(t_f) = SOC(t_0). \qquad (3.8)$$

Des Weiteren werden als lokale Nebenbedingungen die Batteriegrenzen SOC_{min}, SOC_{max}, innerhalb derer sich der Ladezustand bewegen muss, sowie die Drehmoment- und Leistungsgrenzen der verschiedenen Antriebsstrangkomponenten gesetzt.

Das so definierte Optimalsteuerungsproblem kann, wie nachfolgend im Rahmen der numerischen und analytischen Methoden erläutert, auf verschiedene Weise gelöst werden.

---

[2] „Charge-Sustaining"-Betrieb: Ladezustand am Anfang und Ende des Fahrprofils gleich

Numerische Methoden

Den bekanntesten Vertreter im Bereich der optimierungsbasierten Betriebsstrategien stellt die Dynamische Programmierung [8] dar. Die Dynamische Programmierung ist eine auf dem Optimalitätsprinzip vom Bellman [7] basierende Methode zur numerischen Lösung von Optimalsteuerungsproblemen. Das gesamte Optimierungsproblem wird dabei durch zeitliche Diskretisierung in Teilprobleme zerlegt und unter Ausnutzung des Optimalitätsprinzips von Bellman schrittweise über die Minimierung der sogenannten „Cost-to-go" gelöst. Da die Dynamische Programmierung hierbei den gesamten Optimierungshorizont, welcher vorab bekannt sein muss, mit einbezieht, liefert sie die global optimale Lösung – abgesehen von Interpolations- und Diskretisierungsfehlern. Das Ergebnis ist dasselbe, welches man über ein Durchprobieren aller möglichen Kombinationen von Steuer- und Zustandsgrößen in jedem Zeitschritt und Auswahl jener mit dem geringsten Gesamtwert der Zielfunktion erhalten würde. Da sich durch die Vorgehensweise der Dynamischen Programmierung jedoch die Anzahl der zu berechnenden und vergleichenden Kombinationen maßgeblich reduziert, sind der Rechenaufwand und die daraus resultierende Rechenzeit deutlich geringer. Eine ausführliche Erläuterung des Ablaufs der Berechnung erfolgt in Kapitel 4.3 im Rahmen der Beschreibung des in dieser Arbeit verwendeten Algorithmus.

Die erste Anwendung der Dynamischen Programmierung auf die Problemstellung der Betriebsstrategie von Hybridfahrzeugen geht auf [15] zurück. Hier wurde mittels Dynamischer Programmierung der hinsichtlich des Kraftstoffverbrauchs optimale Verlauf der Leistungsverteilung eines seriellen Hybridfahrzeugs berechnet. Seither findet die Dynamische Programmierung aufgrund ihrer Fähigkeit, die global optimale Lösung zuverlässig zu liefern, weit verbreitet Anwendung im Bereich der Betriebsstrategien von Hybridfahrzeugen. Es sind verschiedene Umsetzungen sowohl für parallele [1], [48], [60], [77], serielle [83], [103], leistungsverzweigte [68], [119] als auch seriell-parallele [121] Hybridfahrzeuge bekannt. Während die meisten ausschließlich den Kraftstoffverbrauch betrachten, werden in einigen Ausführungen auch Emissionen [60], [77] oder die Batteriebelastung [121] mit in die Zielfunktion einbezogen. Die Dynamische Programmierung bzw. die damit berechnete optimale Betriebsweise wird meist entweder als Benchmark für andere Betriebsstrategien [42], [59], [79], [98] oder zur Analyse der optimalen Betriebsweise mit dem Ziel, Gesetzmäßigkeiten für regelbasierte Betriebsstrategien abzuleiten, verwendet. Auf Letzteres wird im Rahmen der regelbasierten Betriebsstrategien im Detail eingegangen.

Aufgrund der Notwendigkeit der a priori Kenntnis des gesamten Fahrprofils beschränkt sich die deterministische Dynamische Programmierung bei Hybridfahrzeugen ohne Vorausschausysteme auf die oben genannten Offline-Anwendungen. Vor diesem Hintergrund sind des Weiteren kausale Ansätze bekannt, welche der Vorhersage des vorausliegenden Fahrprofils anhand von statistischen Methoden entgegnen und in diesem Punkt auf eine stochastische Dynamische Programmierung [47], [66], [113] oder eine Modellprädiktive Regelung (Model Predictive Control) [14] setzen. Hierbei wird das Fahrprofil der nächsten Sekunden statistisch vorhergesagt und darauf basierend die optimale Betriebsweise berechnet bzw. aus einem Kennfeld entnommen, welches die optimale Betriebsweise für verschiedene Fahrsituationen beinhaltet und anhand eines statistischen Modells erstellt wurde. Die Güte der Ergebnisse hängt dabei sehr stark von dem verwendeten statistischen Modell ab.

Neben der Dynamischen Programmierung sind bei den numerischen Methoden weiter Ansätze bekannt, welche genetische Algorithmen zur Berechnung der optimalen Betriebsweise verwenden [73], [84]. Wie bei der Dynamischen Programmierung wird auch hier das Optimierungsproblem gesamthaft angegangen. Aufgrund der höheren Zuverlässigkeit, das globale Optimum zu finden, und des in den meisten Anwendungsfällen geringeren Rechenbedarfs, hat sich im Bereich der Betriebsstrategien allerdings die Dynamische Programmierung als numerische Methode durchgesetzt.

Analytische Methoden

Die Berechnung des Optimalsteuerungsproblems (3.1) bis (3.5) kann nicht nur numerisch erfolgen, sondern auch auf analytische Weise. Die bekannteste Methode hierzu im Bereich der Betriebsstrategien von Hybridfahrzeugen ist das Pontrjaginsche Minimumprinzip (PMP). Dieses wird bspw. in [1], [24], [56], [106] auf die Problemstellung der Betriebsstrategie von Hybridfahrzeugen angewandt.

Das Pontrjaginsche Minimumprinzip ist ein mathematisches Theorem, welches die folgenden notwendigen Bedingungen für eine optimale Lösung formuliert [33]:

1. Der optimale Steuergrößenverlauf $u^*(t)$ muss die Hamiltonische Funktion H

$$H(x(t), u(t), \lambda(t)) = L(x(t), u(t), t) + \lambda^T(t) \cdot f(x(t), u(t), t) \qquad (3.9)$$

zu jedem Zeitpunkt t minimieren:

$$H(x^*(t), u(t), \lambda^*(t)) \geq H(x^*(t), u^*(t), \lambda^*(t)) \qquad (3.10)$$

wobei $\lambda(t)$ der Adjungierten-Vektor oder auch Co-State-Vektor ist.

3.2 Optimierungsbasierte Betriebsstrategien

2. Die dynamische Zustandsgleichung der Adjungierten muss erfüllt sein:

$$\dot{\lambda}(t) = -\frac{\partial H}{\partial x}\bigg|_{u^*,x^*} \quad (3.11)$$

Die weiteren Bedingungen sagen lediglich aus, dass die Randbedingungen der Zustandsgrößen (3.5) ebenfalls erfüllt sein müssen und sind deshalb nicht nochmal aufgeführt. Da, wie in [56] gezeigt, das Optimalsteuerungsproblem des Hybridfahrzeugs aus (3.6) und (3.7) nur eine optimale Lösung hat, welche die Bedingungen (3.10) und (3.11) erfüllt, sind die Bedingungen in diesem Fall nicht nur notwendig, sondern hinreichend für die optimale Lösung. Wie hierüber der optimale Steuergrößenverlauf berechnet werden kann, wird im Folgenden erläutert.

Für das zuvor aufgestellte Optimalsteuerungsproblem des Hybridfahrzeugs stellt sich die Hamiltonische Funktion mit (3.6) und (3.7) wie folgt dar:

$$H\big(SOC(t), u(t), \lambda(t)\big) = \dot{m}_{KS}(u(t), t) + \lambda(t) \cdot \dot{SOC}(SOC(t), u(t), t). \quad (3.12)$$

Die Hamiltonische Funktion setzt sich dabei aus dem Kraftstoffmassenstrom des Verbrennungsmotors $\dot{m}_{KS}$ und der mit $\lambda(t)$ gewichteten Änderung des Ladezustand $\dot{SOC}$, welche der inneren Leistung der Batterie P_{Batt} entspricht[3], zusammen. In Abbildung 3.3 ist dies für den Fall des Drehmoments des Verbrennungsmotors T_{VM} als Steuergröße für einen Zeitschritt abgebildet. Der Wert der Hamiltonischen Funktion stellt demnach einen äquivalenten Kraftstoffmassenstrom dar, wobei $\lambda(t)$ als eine Art Äquivalenzfaktor fungiert.

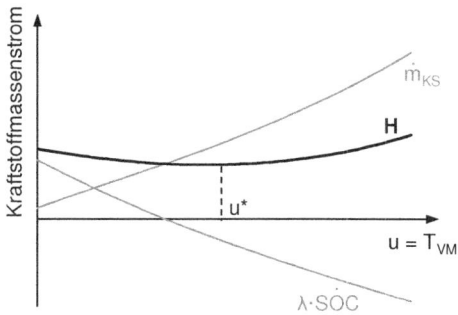

Abbildung 3.3: Zusammensetzung der Hamiltonischen H und Verlauf über der Steuergröße u = T_{VM}

---

[3] Mit der Kapazität der Batterie Q_0 und der Leerlaufspannung U_{OCV}: $\dot{SOC} = \frac{I_{Batt}}{Q_0} \cdot \frac{U_{OCV}}{U_{OCV}} = \frac{P_{Batt}}{Q_0 \cdot U_{OCV}}$

Betrachtet man die erste Bedingung des Pontrjaginschen Minimumprinzips (3.10), so bestimmt sich der optimale Steuergrößenverlauf $u*(t)$ aus der Forderung, dass die Hamiltonische Funktion in jedem Zeitschritt ein Minimum aufweisen muss. Bei bekannter Adjungierten $\lambda(t)$ kann somit über eine lokale Minimierung die optimale Steuergröße in jedem Zeitschritt berechnet werden, vgl. Abbildung 3.3. Mit der zweiten Bedingung (3.11), welche die Änderung der Adjungierten in jedem Zeitschritt beschreibt, verbleibt lediglich das Problem, den Anfangswert der Adjungierten $\lambda(t_0)$ zu finden, welcher dazu führt, dass der sich aus der optimalen Steuerung ergebende Endwert der Zustandsgröße $SOC(t_f)$ den vorgegebenen Endwert SOC_f erreicht [1], [56]. Die optimale Steuerung erfolgt dabei, wie zuvor erläutert, aus der Forderung, die Hamiltonische Funktion in jedem Zeitschritt zu minimieren.

Das verbleibende Zweipunkt-Randwertproblem kann relativ einfach über ein sogenanntes Schießverfahren (engl.: Shooting Method) gelöst werden [1]. Hierbei wird derjenige Anfangswert der Adjungierten $\lambda(t_0)$, welcher die Randbedingung des zu erreichenden Endwerts des Ladezustands SOC_f erfüllt, ausgehend von einem initialen Anfangswert λ_0 iterativ bestimmt, vgl. Abbildung 3.4. Zur Lösung bieten sich numerische Methoden wie das Newton-Verfahren oder das Bisektionsverfahren an.

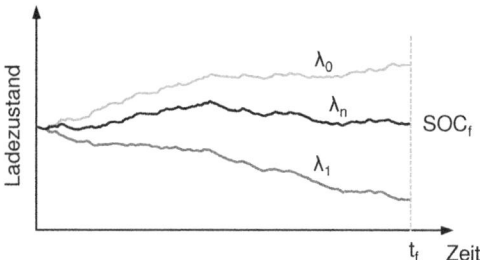

Abbildung 3.4: Iterative Bestimmung der Adjungierten λ mit dem Ziel den Ladezustand SOC_f zum Zeitpunkt t_f zu erreichen

Betrachtet man die zweite Bedingung des Pontrjaginschen Minimumprinzips (3.11), für den Fall des Hybridfahrzeugs, so hängt die zeitliche Entwicklung der Adjungierten lediglich von der Adjungierten selbst und der Ableitung der Ladezustandsänderung nach dem Ladezustand ab. Geht man davon aus, dass die Ladezustandsänderung unabhängig vom Ladezustand ist, ist die Änderung der Adjungierten Null:

$$\dot{\lambda}(t) = -\lambda(t) \cdot \frac{\partial S\dot{O}C(SOC(t), u(t), t)}{\partial SOC(t)} \approx 0, \tag{3.13}$$

3.2 Optimierungsbasierte Betriebsstrategien

wodurch die Adjungierte im zeitlichen Verlauf konstant ist:

$$\lambda(t) = \lambda(t_0) = konst \tag{3.14}$$

Im Bereich der Hybridfahrzeuge mit Lithium-Ionen-Batterien ist dies eine oft getroffene Annahme [1], [27], [56], [99], welche darauf zurückgeht, dass das Verhalten derartiger Batterien nahezu unabhängig vom Ladezustand ist. Da hierdurch die Änderung der Adjungierten nicht berechnet werden muss, reduziert sich die Berechnung der optimalen Steuerung in jedem Zeitschritt auf die Bestimmung der Steuergröße, welche die Hamiltonische minimiert. Vor allem im Hinblick auf kausale Umsetzungen – auf die im Rahmen der Ansätze der unmittelbaren Minimierung eingegangen wird – stellt dies eine Vereinfachung dar.

Im Vergleich zur Dynamischen Programmierung ist der Rechenaufwand des Pontrjaginschen Minimumprinzips deutlich geringer, wobei beide die gleiche, global optimale Lösung liefern [56], [105]. Das zuvor vorgestellte iterative Lösungsverfahren ist jedoch auf derartige Problemstellungen mit nur einer kontinuierlichen Steuergröße – wie die der Drehmomentaufteilung bei Hybridfahrzeugen – beschränkt. Sollen bspw. zusätzliche Kosten für einen Verbrennungsmotorstart berücksichtigt oder zusätzlich die Wahl der Getriebegänge optimiert werden, sind weitere, diskrete Zustandsgrößen zur Beschreibung des Problems notwendig. Da sich dies nicht mehr auf ein iterativ lösbares Zweipunkt-Randwertproblem zurückführen lässt, sind andere, wesentlich aufwendigere Lösungsverfahren notwendig [93], [118], wobei die Dynamische Programmierung dann meist den einfacheren Weg darstellt.

Auf unmittelbarer Minimierung basierende Ansätze

Im Gegensatz zu den soeben vorgestellten numerischen und analytischen Methoden, die das Optimierungsproblem als Ganzes betrachten, wird bei den folgenden Betriebsstrategieansätzen die Minimierung lokal durchgeführt. Die Ansätze sind daher vollständig kausal und können direkt im Fahrzeug umgesetzt werden.

Der bekannteste Vertreter dieser Kategorie von Betriebsstrategien ist die „Equivalent Consumption Minimization Strategy" (ECMS). Die ECMS wurde in ihrer ursprünglichen Form von Paganelli [81] vorgestellt und seither von verschiedenen Autoren [20], [74], [79], [98], [116], [108] weiterentwickelt.

Bei der ECMS werden die Entscheidungen der Betriebsstrategie basierend auf einem äquivalenten Kraftstoffmassenstrom $\dot{m}_{äqv}$, bestehend aus dem Kraftstoffmassenstrom des Verbrennungsmotors $\dot{m}_{KS}$ und der über einen Äquivalenzfaktor s gewichteten Batterieleistung P_{Batt}, getroffen:

$$\dot{m}_{äqv}(u(t), t) = \dot{m}_{KS}(u(t), t) + s \cdot P_{Batt}(u(t), t). \tag{3.15}$$

Der äquivalente Kraftstoffmassenstrom wird dabei in jedem Zeitschritt für den gesamten Steuergrößenraum (Drehmomentaufteilung, Gänge, etc.) berechnet und jeweils diejenige Ansteuerung gewählt, die den geringsten Wert des äquivalenten Kraftstoffmassenstroms aufweist.

In ihrer ursprünglichen Form basiert die ECMS darauf, dass in einem „Charge-Sustaining"-Betrieb die gesamte zum Antrieb eingesetzte Energie im Endeffekt aus dem Kraftstoff kommt und die Batterie nur als Zwischenspeicher fungiert [105]. Wird elektrische Energie aus der Batterie entnommen, so muss diese zu einem anderen Zeitpunkt wieder unter Einsatz von Kraftstoff nachgeladen werden. Im äquivalenten Kraftstoffmassenstrom wird dies durch die mit dem Äquivalenzfaktor multiplizierte Batterieleistung berücksichtigt. Die Batterieleistung wird dabei im Fall des Entladens über den Äquivalenzfaktor in den Kraftstoffmassenstrom umgerechnet, der später zum Laden der elektrischen Energie wieder notwendig ist, und zu dem Kraftstoffmassenstrom des Verbrennungsmotors addiert. Im Fall des Ladens erfolgt die Umrechnung in den Kraftstoffmassenstrom, der mit dieser Energie wieder eingespart werden kann, wodurch sich der äquivalente Kraftstoffmassenstrom gegenüber dem des Verbrennungsmotors reduziert. Der Äquivalenzfaktor setzt sich dementsprechend aus zwei, die jeweilige Wirkungsgradkette repräsentierenden Äquivalenzfaktoren, einem für den Fall des Ladens ($P_{Batt} < 0$) und einem für den Fall des Entladens ($P_{Batt} \geq 0$), zusammen:

$$s = \begin{cases} s_{Lad} = \bar{b}_e \cdot \bar{\eta}_{EM,Entlad} \cdot \bar{\eta}_{Batt,Entlad} & wenn\ P_{Batt} < 0 \\ s_{Entlad} = \dfrac{\bar{b}_e}{\bar{\eta}_{EM,Lad} \cdot \bar{\eta}_{Batt,Lad}} & wenn\ P_{Batt} \geq 0. \end{cases} \quad (3.16)$$

Da die Wirkungsgrade abhängig von den Betriebspunkten sind, in denen die elektrische Energie geladen bzw. eingesetzt wird, diese allerdings nicht vorher bekannt sind, werden mittlere Wirkungsgrade zur Berechnung verwendet. Hierdurch ist die ECMS vollständig kausal, das damit erzielte Ergebnis allerdings sehr stark von der richtigen Wahl der Äquivalenzfaktoren bzw. der mittleren Wirkungsgrade abhängig.

Da ein für die aktuellen Fahrsituationen zu großer oder kleiner Äquivalenzfaktor sowohl einen Einfluss auf die Effizienz der Betriebsweise hat als auch zu einem Anstieg bzw. Absinken des Ladezustands führt, wird die Gleichung des äquivalenten Kraftstoffmassenstroms (3.15) meist um einen zusätzlichen Korrekturterm p in Abhängigkeit des Ladezustands SOC erweitert:

$$\dot{m}_{äqv}(u(t),t) = \dot{m}_{KS}(u(t),t) + s \cdot P_{Batt}(u(t),t) \cdot p(SOC). \quad (3.17)$$

3.2 Optimierungsbasierte Betriebsstrategien

Bei hohem Ladezustand wird hierüber der Äquivalenzfaktor indirekt verkleinert bzw. die Verwendung der elektrischen Energie günstiger. Einem sinkenden Ladezustand wird mit einer entsprechenden Erhöhung entgegnet, wodurch sich die Robustheit hinsichtlich der Einhaltung der Ladezustandsgrenzen deutlich erhöht.

Vergleicht man die Gleichung des äquivalenten Kraftstoffmassenstroms (3.15) der ECMS mit der Gleichung der Hamiltonischen Funktion (3.12) des Pontrjaginschen Minimumprinzips, wird in beiden die Summe aus dem Kraftstoffmassenstrom des Verbrennungsmotors und der über einen Faktor gewichteten Leistung der Batterie bzw. Änderung des Ladezustands gebildet. Während bei der ECMS zwei auf mittleren Wirkungsgraden basierende Äquivalenzfaktoren zur Anwendung kommen, verwendet das Pontrjaginsche Minimumprinzip nur einen Faktor. Wie in [104] gezeigt wurde, sind die beiden Ansätze äquivalent, während für die optimale Betriebsweise lediglich ein Äquivalenzfaktor notwendig ist, dessen Verlauf sich entsprechend (3.11) ausbildet bzw. in guter Näherung als konstant angenommen werden kann. Seither wird die ECMS meist mit einem Äquivalenzfaktor als Echtzeitimplementierung des Pontrjaginschen Minimumprinzips realisiert. Dabei wird, im Unterschied zur ursprünglichen Variante, der Äquivalenzfaktor nicht mehr anhand der Wirkungsgradkette bestimmt. Der Äquivalenzfaktor wird stattdessen in Abhängigkeit des Ladezustands ausgeführt und ausgehend von einem mittleren, initialen Wert – entsprechend dem zuvor erläuterten Prinzip – bei hohem Ladezustand abgesenkt und bei niedrigem Ladezustand angehoben. Auf die verschiedenen Varianten wird in Kapitel 6.2 ausführlich eingegangen. Darüber hinaus sind Ansätze bekannt, bei denen der Äquivalenzfaktor entsprechend einer Mustererkennung („driving pattern recognition") für die entsprechende Fahrsituationen ausgewählt [40] oder mittels Informationen über das zukünftige Fahrprofil bestimmt wird [2], [74]. Die ECMS wird dabei meist als Adaptive-ECMS (A-ECMS) bezeichnet. Hingegen dem Pontrjaginschen Minimumprinzip, bei dem der Äquivalenzfaktor bzw. die Adjungierte iterativ bestimmt wird, ist die ECMS vollständig kausal, allerdings aufgrund der Anpassung des Äquivalenzfaktors nicht global sondern nur lokal optimal.

Neben der ECMS wird in [100], [101] eine weitere Form einer Betriebsstrategie mit unmittelbarer Minimierung vorgestellt, welche auch in [50], [58] zur Anwendung kommt. Hierbei wird nicht ein äquivalenter Kraftstoffmassenstrom sondern die Verlustleistung minimiert. Der Betriebszustand wird dabei von der Betriebsstrategie so gewählt, dass die im gesamten System auftretende Verlustleistung in jedem Zeitschritt minimal ist. Im Gegensatz zur ECMS wird bei diesem Ansatz jedoch nicht berücksichtigt, dass aus der Batterie entnommene Energie wieder unter Kraftstoffeinsatz und dabei auftretenden Verlusten nachgeladen werden muss. In [82] wurde gezeigt, dass die ECMS hierdurch bei annähernd gleicher Komplexität und gleichem Rechenaufwand bis zu 5 Prozent besser im Kraftstoffverbrauch ist.

3.3 Regelbasierte Betriebsstrategien

Im Gegensatz zu den optimierungsbasierten Betriebsstrategien werden bei den regelbasierten Betriebsstrategien die Entscheidungen anhand von vorab definierten Regeln und Kriterien getroffen. Die Regeln sind meist als Zustandsautomaten und/oder in Form von Kennfeldern umgesetzt, welche die Entscheidungen entweder direkt in Abhängigkeit verschiedener Eingangsgrößen beinhalten und/oder in denen Größen und Grenzwerte hinterlegt sind, anhand derer die Entscheidungen getroffen werden [41]. Die Zustandsautomaten kommen dabei vorrangig zur Steuerung der verschiedenen Hybridbetriebszustände mittels Übergangsbedingungen zur Anwendung. Neben den kennfeldbasierten Ansätzen und Zustandsautomaten sind darüber hinaus Ansätze bekannt, welche auf eine Fuzzylogik setzen [65], [94]. Wie bereits erläutert, reichen die Ausprägungen der Regeln bzw. deren Auslegung von relativ einfachen, in erster Linie auf der Intuition der Ingenieure basierenden Ansätzen, bis hin zu komplexen, auf Optimierungsergebnissen beruhenden Umsetzungen. Im Folgenden werden verschiedene dieser Ansätze vorgestellt und neben der Funktionsweise der Betriebsstrategien vor allem auf die zur Auslegung durchgeführten Untersuchungen eingegangen. Die Betriebsstrategien werden dabei in die folgenden Kategorien eingeteilt:

- Auf Intuition und einfachen Zusammenhängen basierende Ansätze
- Auf Effizienzanalysen basierende Ansätze
- Ansätze über spezifische Kosten und Ersparnisse
- Ansätze mit aus optimalem Betriebsverhalten abgeleiteten Regeln
- Ansätze über Offlinelösung des Optimalsteuerungsproblems.

Vor dem Hintergrund, dass die meisten Fahrzeughersteller keine oder nur sehr wenige Details zur Funktionsweise ihrer regelbasierten Betriebsstrategien veröffentlichen, werden vor allem die Ergebnisse und Betriebsstrategien aus Forschungsarbeiten aufgegriffen.

Auf Intuition und einfachen Zusammenhängen basierende Ansätze

Ein typisches Beispiel der prinzipiellen Funktionsweise der dieser Kategorie zugeordneten regelbasierten Betriebsstrategien ist in Abbildung 3.5 schematisch dargestellt. Wie im linken Diagramm zu sehen ist, wird bei diesen Ansätzen die Wahl des Hybridbetriebszustands in erster Linie in Abhängigkeit der Drehmoment- bzw. Leistungsanforderung sowie der Fahrzeuggeschwindigkeit oder

Drehzahl getroffen, vgl. [18], [19], [41], [43], [120]. Um zudem auf einen hohen oder niedrigen Ladezustand reagieren zu können, sind die Grenzen zwischen den Betriebszuständen in der Regel zusätzlich in Abhängigkeit des Ladezustands ausgeführt [18], [19], [43], [96]. Ist der Ladezustand hoch, so wird, wie dem rechten Diagramm zu entnehmen, vermehrt elektrische Fahrt und weniger Lastpunktanhebung vollzogen, während bei geringem Ladezustand die elektrische Fahrt (E-Fahrt) und der Boost eingeschränkt bzw. komplett unterbunden werden.

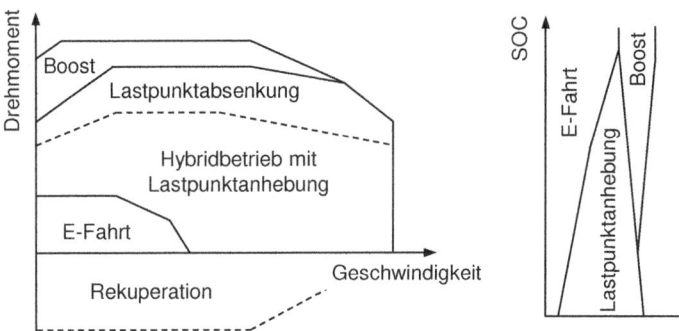

Abbildung 3.5: Schematische Darstellung einer typischen regelbasierten Betriebsstrategie eines Parallelhybridfahrzeugs, nach [19] und [43]

Während der Komplexität der Regeln keine Grenzen gesetzt sind, haben die Regeln der dieser Kategorie zugeordneten Betriebsstrategien gemein, dass sie in erster Linie auf der Intuition und dem Systemverständnis der Ingenieure basieren bzw. anhand von Wirkungsgradkennfeldern und einfachen Zusammenhängen abgeleitet werden. Zur generellen Orientierung, in welchen Fahrzuständen im Hybridbetriebsmodus und in welchen elektrisch gefahren wird, kommt meist das Prinzip zur Anwendung, in den Betriebspunkten elektrischen zu fahren, in denen der Wirkungsgrad des Verbrennungsmotors am geringsten ist [41]. Da dies typischerweise bei geringen Lasten der Fall ist und der Wirkungsgrad von Verbrennungsmotoren mit steigendem Drehmoment ansteigt, erstreckt sich die elektrische Fahrt in der Regel auf den Bereich der geringen Drehmomentanforderungen bzw. Geschwindigkeiten, vgl. links unten in Abbildung 3.5. Die Festlegung des Grenzverlaufs erfolgt oft entweder rein intuitiv, so dass bis zu einer bestimmten Geschwindigkeit oder Leistung elektrisch gefahren wird, oder anhand eines einfachen Wirkungsgradvergleichs. Nach letzterem Ansatz wurde bspw. in [19] die Geschwindigkeitsgrenze, bei welcher zwischen der elektrischen Fahrt und dem Hybridbetrieb gewechselt wird, mittels eines Vergleichs der Primärenergiewirkungsgrade beider Antriebsarten bei verschiedenen Geschwindigkeiten bestimmt. Hierbei wurden allerdings nur Konstantfahrten in Betracht gezogen.

Zudem wird bei einem direkten Vergleich der Primärenergiewirkungsgrade die Erzeugung der elektrischen Energie über Lastpunktanhebung nicht berücksichtigt.

Ein im Zusammenhang mit der Festlegung des Freiheitsgrads der Drehmomentaufteilung oft verfolgtes Prinzip ist es, den Betriebspunkt des Verbrennungsmotors in dessen Bestpunkt bzw. zu dem besten Wirkungsgrad bei der jeweiligen Drehzahl zu verschieben [41], [46]. Derartige regelbasierte Betriebsstrategien sind auch unter dem Namen „Power Follower" bekannt [91]. Da hierbei sowohl die Verluste des elektrischen Systems nicht berücksichtigt werden als auch außer Acht gelassen wird, ob die elektrische Energie wieder rentabel eingesetzt werden kann, wird zwar ein Hybridbetrieb aus Lastpunktverschiebung und elektrischer Fahrt erreicht, jedoch ist dieser nicht optimal hinsichtlich des Kraftstoffverbrauchs.

Auf Effizienzanalysen basierende Ansätze

Während die regelbasierten Betriebsstrategien im vorherigen Abschnitt die Prinzipien einer kraftstoffeffizienten Betriebsweise ungefähr verfolgen, deren Fokus jedoch nicht primär auf einer optimalen Betriebsweise liegt, werden im Folgenden auf Effizienzanalysen basierende Ansätze vorgestellt. Bei diesen Ansätzen wird anhand einer Analyse der Zusammenhänge bzw. einer Herleitung der optimalen Grenze zwischen elektrischer Fahrt und Hybridbetrieb (E-Fahrt-Grenze) und der optimalen Lastpunktverschiebungsmomente versucht, einen möglichst kraftstoffeffizienten Betrieb zu erreichen.

In [12] wird als E-Fahrt-Grenze für ein P2-Hybridfahrzeug hergeleitet, bis wohin es aus Sicht des Kraftstoffverbrauchs effizient ist, mit der Energie aus der Lastpunktanhebung elektrisch zu fahren. Der mathematischen Herleitung wird eine analytische und linearisierte Beschreibung der Antriebsstrangkomponenten zugrunde gelegt, bei der insbesondere der Verbrennungsmotor mit Willans-Linien[4] konstanter Steigung angenommen wird. Da aufgrund dieser Annahme der zusätzliche Kraftstoffmassenstrom bei einer Lastpunktverschiebung in allen Betriebspunkten gleich ist, kann der Kraftstoffverbrauch, der für eine elektrische Fahrt mit Energie aus der Lastpunktanhebung notwendig ist, unabhängig davon, wo die Lastpunktanhebung stattfindet, berechnet werden. Dem Kraftstoffverbrauch der rein verbrennungsmotorischen Fahrt gegenübergestellt, wird hieraus bestimmt, in welchen Betriebspunkten es sich mit der Energie aus der Lastpunktanhebung lohnt, elektrisch zu fahren. In Abbildung 3.6 ist dies auf der linken Seite für eine Drehzahl schematisch dargestellt. Die rechte Seite zeigt die sich

---

[4] Willans-Linien: Kraftstoffmassenstrom des Verbrennungsmotors für konstante Drehzahlen über dem effektiven Drehmoment aufgetragen [6], [80], vgl. Anhang A.2

3.3 Regelbasierte Betriebsstrategien

hieraus ergebende E-Fahrt-Grenze, sowohl für eine permanent erregte Synchronmaschine (PSM) als auch eine Asynchronmaschine (ASM). Neben dem zugrunde liegenden Prinzip ist anhand der linken Darstellung des Weiteren zu sehen „woher Hybridfahrzeuge einen Teil ihres Verbrauchspotentials schöpfen" [12]. Während der lastabhängige Kraftstoffverbrauch der elektrischen Fahrt aufgrund der Wirkungsgradkette steiler ansteigt, ist die elektrische Fahrt aufgrund der deutlich geringeren Nullleistungsverluste bei geringen Drehmomenten effizienter.

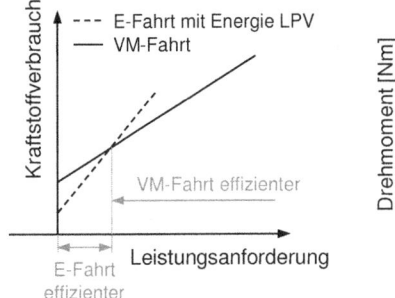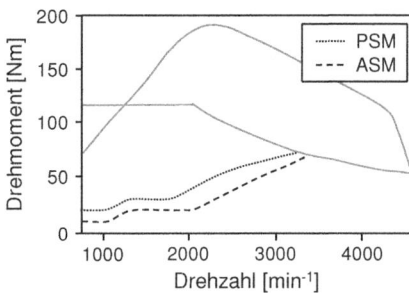

Abbildung 3.6: Prinzip der Berechnung der optimalen E-Fahrt-Grenze (links) und sich daraus ergebende E-Fahrt-Grenzen für zwei verschiedene E-Maschinen (rechts) [12]

Da bei diesem Ansatz die Steigung der Willans-Linien als konstant angenommen wird – was die Grundlage der Herleitung darstellt –, ist abhängig vom tatsächlichen Verlauf der Willans-Linien mit einer Abweichung von der optimalen E-Fahrt-Grenze zu rechnen. Außerdem wird beim Vergleich der elektrischen Fahrt mit dem verbrennungsmotorischen Betrieb vernachlässigt, dass der verbrennungsmotorische Betriebspunkt eine Lastpunktverschiebung erfährt. Wie später im Rahmen dieser Arbeit zu sehen ist, führt dies zu einer weiteren Abweichung vom Optimum.

Hinsichtlich der Höhe des in Verbindung mit der berechneten E-Fahrt-Grenze optimalen Lastpunktverschiebungsmoments, werden in [12] keine Untersuchungen durchgeführt. Stattdessen wird ein Ansatz vorgestellt, bei dem das Lastpunktverschiebungsmoment adaptiv aus der Forderung bestimmt wird, die Differenz der für elektrische Fahrt eingesetzten und der aus der Rekuperation zurückgewonnenen Energie auszugleichen. In Anbetracht der Tatsache, dass, bedingt durch die annähernd quadratisch ansteigende, elektrische Verlustleistung, die Höhe des Lastpunktverschiebungsmoments einen Einfluss auf die E-Fahrt-Grenze hat, sind hierdurch die Energieerzeugung und deren Einsatz nicht kraftstoffoptimal miteinander gekoppelt. Hierauf wird in Kapitel 5.3 genauer eingegangen.

Im Unterschied hierzu wird in [32] ein regelbasierter Betriebsstrategieansatz – ebenfalls für ein P2-Hybridfahrzeug – vorgestellt, dessen Ziel sowohl eine wirkungsgradoptimierte und bedarfsgerechte Ladestrategie als auch eine kraftstoffoptimale Kopplung zwischen E-Fahrt- und Ladestrategie ist. Die Ladestrategie besteht dabei aus mehreren Lade- bzw. Entladekennfeldern, welche abhängig von einem relativen Ladezustand, der Fahrzeuggeschwindigkeit und weiteren Größen wie der Nebenverbraucherleistung ausgewählt werden, siehe Abbildung 3.7. Die einzelnen Kennfelder unterscheiden sich in der Ladeeffizienz und dem Lastpunktverschiebungsmoment, wobei mit geringerem relativen Ladezustand stärker und ineffizienter geladen wird.

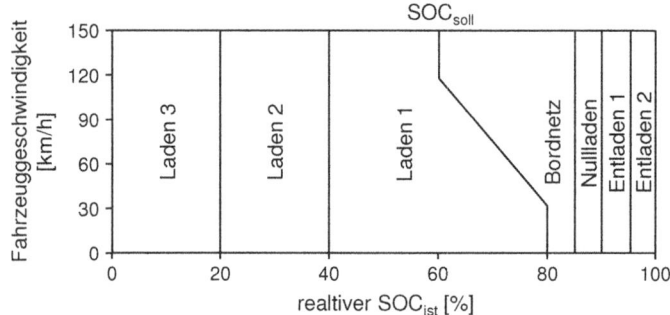

Abbildung 3.7: Auswahl der Lade- und Entladekennfelder der regelbasierten Betriebsstrategie aus [32]

Zur Definition der Ladestrategie wurde die Lastpunktverschiebung zunächst anhand eines Ladewirkungsgrads, bestehend aus dem effektiven Wirkungsgrad der E-Maschine und der Batterie sowie dem relativen Wirkungsgrad des Verbrennungsmotors, analysiert. Der sich hierbei ergebende Ladewirkungsgrad ist in Abbildung 3.8 über dem Lastpunktverschiebungsmoment dargestellt. Anhand der Kurven ist zu sehen, dass der auf diese Weise berechnete Ladewirkungsgrad bei steigendem Lastpunktverschiebungsmoment zunächst auf ein Maximum ansteigt und anschließend mit weiter steigender Lastpunktverschiebung kontinuierlich abfällt. Zudem geht hervor, dass der Ladewirkungsgrad mit steigendem Fahrerwunschmoment geringer wird. Letzteres ist laut Autor auf den mit steigendem Drehmoment schlechter werdenden relativen Wirkungsgrad des Verbrennungsmotors zurückzuführen. Bei der zuvor in [12] getroffenen Annahme einer konstanten Steigung der Willans-Linien wird dieser Einfluss vernachlässigt.

3.3 Regelbasierte Betriebsstrategien

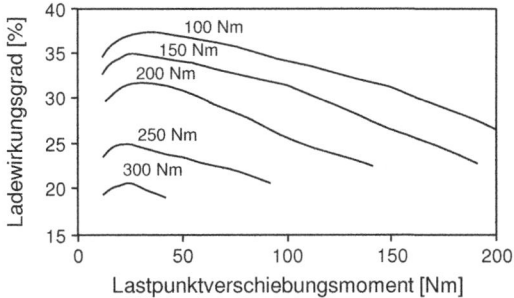

Abbildung 3.8: Ladewirkungsgrad über dem Lastpunktverschiebungsmoment für verschiedene Drehmomentanforderungen [32]

Mit dem Gütekriterium einer für jedes Ladekennfeld minimalen Ladeeffizienz und der Festlegung, die Lastpunktverschiebung immer mit dem maximalen Lastpunktverschiebungsmoment auszuführen, welches den jeweiligen minimalen Ladewirkungsgrad erfüllt, wurden hierüber die verschiedenen Ladekennfelder berechnet. Das Gütekriterium gewährleistet dabei, dass, abhängig vom jeweiligen Kennfeld, die elektrische Energie immer mindestens mit dem vorgegebenen Ladewirkungsgrad geladen wird. Wird der Ladewirkungsgrad in Form eines sogenannten Energiekostenindikators *EKI* ausgedrückt, welcher den Kraftstoffverbrauch pro Ladezustandsanhebung angibt, stehen für jedes Ladekennfeld die maximalen Kraftstoffkosten für die elektrische Energie fest. Mit der für die elektrische Fahrt notwendigen Batterieleistung $P_{ES,Entladen}$ kann hierüber wie folgt ein äquivalenter Kraftstoffverbrauch für die elektrische Fahrt $b_{H,Äquivalent}$ berechnet werden:

$$b_{H,Äquivalent} = EKI \cdot P_{ES,Entladen}. \tag{3.18}$$

Dem Kraftstoffverbrauch der verbrennungsmotorischen Fahrt gegenübergestellt, wird hierüber für jedes Ladekennfeld die elektrische Leistung berechnet, bis zu der es sich mit der über dieses Kennfeld erzeugten elektrischen Energie lohnt, rein elektrisch zu fahren. Das grundsätzliche Prinzip zur Festlegung der E-Fahrt-Grenze ist dabei dasselbe wie bei dem zuvor vorgestellten Ansatz aus [12], auch wenn die Ausführung sich geringfügig unterscheidet. Der wesentliche Unterschied der beiden Betriebsstrategien ist jedoch, dass in [32] für jedes Ladekennfeld und dementsprechend an die Effizienz der Energieerzeugung gekoppelt, eine E-Fahrt-Grenze ausgelegt wird. Hierdurch wird berücksichtigt, dass sich bei ineffizienterem Laden die elektrische Fahrt nur unter effizienteren Bedingungen lohnt.

Eine weitere Betriebsstrategie, bei der die Entscheidung zwischen der elektrischen Fahrt und dem Hybridbetrieb basierend auf einem äquivalenten Kraftstoffverbrauch erfolgt, wird in [87] vorgestellt – für ein Erdgashybridfahrzeug. Die Ausführung liegt dabei allerdings sehr nahe an der ECMS. Analog zur ECMS wird ein äquivalenter Kraftstoffmassenstrom aus dem Kraftstoffmassenstrom des Verbrennungsmotors und der über einen Äquivalenzfaktor gewichteten Leistung der Batterie gebildet. Dieser wird für die elektrische Fahrt und den Hybridbetrieb berechnet. Im Unterschied zur ECMS wird im Hybridbetrieb die Drehmomentaufteilung nicht über eine Minimumsuche bestimmt, sondern das Lastpunktverschiebungsmoment aus einem vorher berechneten Kennfeld vorgegeben. Über einen während des Fahrbetriebs stattfindenden Vergleich des äquivalenten Kraftstoffmassenstroms der elektrischen Fahrt und des Hybridbetriebs wird entschieden, welcher Betriebszustand effizienter ist. Ist der äquivalente Kraftstoffmassenstrom der elektrischen Fahrt geringer, wird diese gewählt. Um ein häufiges Wechseln zwischen den Betriebszuständen zu verhindern, kommt bei der Entscheidung eine Hysterese zur Anwendung.

Wie bereits erwähnt, wird in [87] die Lastpunktverschiebung im Hybridbetrieb nicht über das Minimum des äquivalenten Kraftstoffmassenstroms ermittelt, sondern aus einem berechneten Kennfeld vorgegeben. Zur Erstellung des Kennfelds wurde die Bedingung, welche für eine optimale Lastpunktverschiebung gelten muss, mathematisch hergeleitet. Die Problemstellung der optimalen Lastpunktverschiebung wurde dabei als Optimierungsproblem betrachtet und unter Anwendung der Euler-Lagrange-Gleichung gelöst. Hierbei wurde ein Zusammenhang aufgestellt, welcher sich im Rahmen dieser Arbeit bei den Untersuchungen zur Lastpunktverschiebung auf einem anderen Weg ebenfalls ergeben hat. Hierauf wird in Kapitel 5.2 im Detail eingegangen. In [87] wird über diesen Zusammenhang das optimale Lastpunktverschiebungsmoment dann in Abhängigkeit verschiedener Eingangsgrößen berechnet und in der Steuerung hinterlegt. Hierbei werden allerdings die Willans-Linien mit konstanter Steigung angenommen, wodurch sich das Lastpunktverschiebungsmoment als konstant über der Drehmomentanforderung ergibt.

Ansätze über spezifische Kosten und Ersparnisse

Eine weitere Kategorie der regelbasierten Betriebsstrategien stellen die Ansätze dar, bei denen die Betriebsstrategieentscheidungen, basierend auf sogenannten spezifischen Kosten und Ersparnissen, getroffen werden. Je nach Quelle werden auch Bezeichnungen wie Nutzungsgrad [5], [88] oder Aufwand und Nutzen [89] verwendet. Die Methodik geht ursprünglich auf [70] zurück. Dort werden die spezifischen Kosten und Ersparnisse sowohl zur Bewertung verwendet, in welchen Fahrzuständen welcher Hybridbetriebszustand am effizientesten ist, als

3.3 Regelbasierte Betriebsstrategien

auch gezeigt, wie mit diesen eine einfache Betriebsstrategie für Parallelhybridfahrzeuge realisiert werden kann. In [30] wird darauf aufbauend, mit Beteiligung desselben Autors, eine regelbasierte Betriebsstrategie für Parallelhybridfahrzeuge vorgestellt. Im Folgenden wird kurz auf die Methodik der spezifischen Kosten und Ersparnisse eingegangen und anschließend die Funktionsweise der Betriebsstrategie aus [30] erläutert.

Die Idee der spezifischen Kosten und Ersparnisse basiert darauf, dass in einem Hybridbetrieb permanent Kraftstoff gegen elektrische Energie und umgekehrt eingetauscht wird. Vor dem Hintergrund, dass sich dies nur lohnt, wenn die zur Erzeugung der elektrischen Energie eingesetzte Kraftstoffmenge, unter Berücksichtigung aller Verluste, geringer als der beim Einsatz der Energie eingesparte Kraftstoff ist, wird in [70] eine Bewertung anhand von spezifischen Kosten und Ersparnissen vorgeschlagen. Die spezifischen Kosten und Ersparnisse stellen dabei zwei Größen dar, welche den Mehraufwand bzw. die Ersparnis an Kraftstoff ins Verhältnis zur erzielten bzw. eingesetzten Batterieladung setzen. Mit ihnen ist eine Gegenüberstellung der Erzeugung und des Einsatzes der elektrischen Energie bzw. der elektrischen Fahrt und Lastpunktverschiebung möglich. Im Gegensatz zu auf äquivalentem Kraftstoffmassenstrom basierenden Methoden (vgl. ECMS im vorherigen Kapitel) wird hierbei kein Bezug auf andere Zeitpunkte genommen, so dass die spezifischen Kosten und Ersparnisse nur von den Bedingungen des jeweiligen Betriebspunkts abhängen.

Wie zuvor erwähnt, ist mit den spezifischen Kosten und Ersparnissen nicht nur eine Bewertung der Hybridbetriebszustände möglich, sondern auch, wie in [30] vorgestellt, unter Einführung eines Grenzwerts, eine regelbasierte Betriebsstrategie. Die spezifischen Kosten und Ersparnisse werden hierzu abhängig von Drehmoment und Drehzahl in Form von Kennfeldern in der Steuerung hinterlegt und anhand der in Abbildung 3.9 dargestellten Logik die Wahl des Hybridbetriebszustands vorgenommen. Sind die spezifischen Ersparnisse der elektrischen Fahrt im aktuellen Betriebspunkt größer als der Grenzwert, wird die elektrische Fahrt gewählt. Sind diese kleiner, wird im Hybridbetrieb gefahren und in einem nächsten Schritt, basierend auf den spezifischen Kosten der Lastpunktanhebung bzw. den spezifischen Ersparnissen der Lastpunktabsenkung, entschieden, ob eine Lastpunktanhebung oder -absenkung stattfinden soll. Durch den Vergleich der Kosten und Ersparnisse wird bei diesem Ansatz die elektrische Fahrt nur dann ausgeführt, wenn die Kraftstoffersparnisse größer als die Kosten für die Energieerzeugung sind bzw. eine Lastpunktanhebung nur dann, wenn die Kosten geringer als die Ersparnisse sind. Dass dies allerdings nicht den kraftstoffoptimalen Betrieb darstellt, sondern die optimale E-Fahrt-Grenze bei etwas geringeren spezifischen Ersparnissen liegt, wird in Kapitel 5.3 gezeigt.

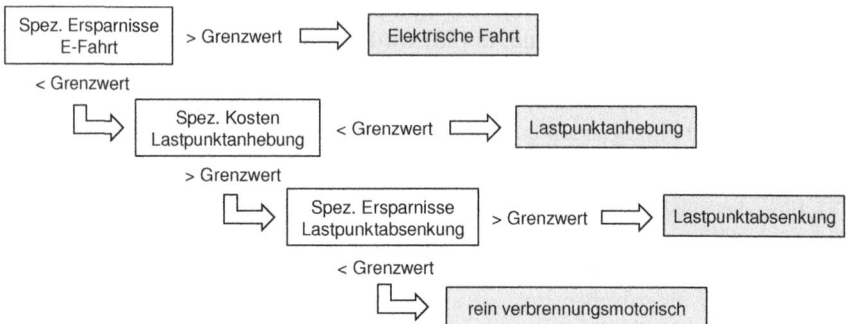

Abbildung 3.9: Wahl der Betriebszustände der auf spezifischen Kosten und Ersparnissen basierenden Betriebsstrategie [30]

Da über die Höhe des Grenzwerts das Verhältnis zwischen Erzeugung und Einsatz von elektrischer Energie festgelegt wird, ist die Höhe des Grenzwerts vom Fahrprofil abhängig. Ist das Fahrprofil bekannt, kann der Grenzwert iterativ unter der Nebenbedingung des zu erreichenden Ladezustands bestimmt werden – analog zur Adjungierten des Pontrjaginschen Minimumprinzips. Sofern das Ziel jedoch eine kausale Betriebsstrategie ist, wird vorgeschlagen, den Grenzwert in Abhängigkeit des Ladezustands zu setzen. Hierbei wird, wie bereits aus der A-ECMS bekannt, auf einen steigenden bzw. sinkenden Ladezustand mit einer Verkleinerung bzw. Erhöhung des Grenzwerts reagiert und so eine kausale Implementierung erreicht, vgl. Kapitel 3.2.

Während mit der vorgestellten Logik entschieden wird, ob eine Lastpunktverschiebung ausgeführt werden soll, wird die zweite Entscheidung der Höhe der Lastpunktverschiebung über die Bedingung festgelegt, dass die Lastpunktverschiebung mit minimalen spezifischen Kosten bzw. maximalen Ersparnissen erfolgt [70]. Betrachtet man in diesem Zusammenhang die in [70] verwendete Berechnung der spezifischen Kosten:

$$Spezifische\ Kosten = \frac{1}{\Delta\eta_{VM} \cdot \eta_{EM} \cdot \eta_{Batt}} \tag{3.19}$$

mit $\Delta\eta_{VM}$ dem differentiellen Wirkungsgrad[5] des Verbrennungsmotors, η_{EM} dem effektiven Wirkungsgrad der E-Maschine und η_{Batt} dem Wirkungsgrad der Batterie, stellt man fest, dass die spezifischen Kosten dem Kehrwert des Ladewirkungsgrads aus [32] (vgl. Abbildung 3.8) entsprechen. Wie bereits zuvor erläutert, weist dieser ein, hauptsächlich durch den Wirkungsgrad der E-Maschine

---

[5] Unterschied effektiver und differentieller Wirkungsgrad, siehe Anhang A.3

bedingtes, Maximum bzw. Minimum auf, über welches das Lastpunktverschiebungsmoment, hier abhängig von der Drehzahl und der Drehmomentanforderung, bestimmt und in einem Kennfeld abgelegt wird.

Neben der regelbasierten Betriebsstrategie aus [30], [70] wird auch in [64] eine regelbasierte Betriebsstrategie mit ähnlicher Funktionsweise vorgestellt – allerdings nur in nicht kausaler Form zur Vorauslegung von Hybridfahrzeugen. Aufgrund der laut Autor besseren Regelbarkeit, wird die Entscheidung zwischen der elektrischen Fahrt und dem Hybridbetrieb nicht basierend auf den spezifischen Ersparnissen, sondern anhand der elektrischen Leistung getroffen. Des Weiteren wird auch in [88] die Lastpunktverschiebung auf die zuvor erläuterte Weise über das Minimum der spezifischen Kosten ausgelegt. Ob dies die optimale Lastpunktverschiebung darstellt, wird in Kapitel 5 im Detail betrachtet.

Ein weiterer Ansatz einer regelbasierten Betriebsstrategie, bei der die Entscheidungen der Lastpunktanhebung und Lastpunktabsenkung anhand von spezifischen Kosten und Ersparnissen – dort mit Aufwand und Nutzen bezeichnet – getroffen werden, wird in [89], [90] vorgestellt. Im Gegensatz zur Variante aus [30] kommen hier zwei Grenzwerte, einer für den maximalen Aufwand und einer für den minimalen Nutzen, mit einer dazwischen liegenden Hysterese zur Anwendung. Die Grenzwerte sind dabei nicht nur in Abhängigkeit des Ladezustands ausgeführt, sondern werden zudem anhand des gleitenden Mittelwerts des Aufwands und Nutzens, mit dem die elektrische Energie erzeugt bzw. bei dem sie eingesetzt wurde, adaptiert. Hierdurch wird eine Lastpunktanhebung bzw. Lastpunktabsenkung nur dann durchgeführt, wenn der Aufwand kleiner bzw. der Nutzen größer als der Durchschnitt der letzten Sekunden ist. Außerdem wird die Lastpunktverschiebung nicht auf ein Minimum oder Maximum im Verlauf des Aufwands oder Nutzens ausgelegt, sondern wie in [32] mit der maximal möglichen Leistung ausgeführt, deren Nutzen größer bzw. deren Aufwand kleiner als der Grenzwert ist.

Ansätze mit aus optimalem Betriebsverhalten abgeleiteten Regeln

Ein weiterer Ansatz zur Auslegung regelbasierter Betriebsstrategien, welcher erstmals von Lin et al. [67] vorgestellt und seither auf verschiedene Hybridantriebsstränge angewandt wurde [9], [10], [26], [72], [121], besteht darin, die Regeln aus dem optimalen Betriebsverhalten abzuleiten. Hierbei wird die optimale Betriebsweise für ein oder mehrere Fahrprofile mittels Dynamischer Programmierung berechnet und diese anschließend analysiert. Das Ziel der Analyse ist es, Gesetzmäßigkeiten und Grenzwerte, bei denen bspw. zwischen den verschiedenen Hybridbetriebszuständen gewechselt wird, abzuleiten, anhand derer dann kausale Regeln aufgestellt oder ausgelegt werden. In [10] werden hierzu für ein P2-Hybridfahrzeug alle Betriebspunkte, getrennt nach elektrischer Fahrt und

Hybridbetrieb, über der Getriebeeingangsdrehzahl und der Leistungsanforderung aufgetragen und hieraus die Drehzahl- und Leistungsgrenze ermittelt, bei der zwischen den beiden Betriebszuständen gewechselt wird. Des Weiteren wird zur Analyse des Lastpunktverschiebungsmoments dieses für alle Betriebspunkte im Hybridbetriebsmodus über der Drehmomentanforderung aufgetragen und hieraus ein linearer Zusammenhang abgeleitet.

Da sich das optimale Betriebsverhalten allerdings nicht exakt über lineare oder quadratische Zusammenhänge oder anhand von einfachen Leistungs-, Drehmoment- und Drehzahlgrenzen beschreiben lässt, können immer nur annähernd optimale Zusammenhänge abgeleitet werden. Darüber hinaus besteht das Problem, dass bei der Verwendung eines Fahrprofils nur das Verhalten dieses Fahrprofils abgebildet wird. Werden stattdessen mehrere, unterschiedliche Fahrprofile herangezogen und gemeinsam betrachtet, wird das Verhalten für verschiedene Lambda-Werte zusammen analysiert. Auf die Bedeutung des Lambda-Werts und den Zusammenhang mit dem Fahrprofil wird in Kapitel 5 eingegangen. Wie dort gezeigt wird, hängen die optimalen Grenzen oder Lastpunktverschiebungsmomente von dem Lambda-Wert und dementsprechend von dem jeweiligen Fahrprofil ab.

In [127] wird zusätzlich zur Ableitung der Regeln aus dem optimalen Betriebsverhalten vorgeschlagen, die ermittelten Grenzwerte und Parameter für ausgewählte Fahrprofile mittels eines genetischen Algorithmus zu optimieren. Hierdurch wird zwar eine Verbesserung für die herangezogenen Fahrprofile erzielt, allerdings nicht unbedingt im realen Fahrverhalten.

Ansätze über Offlinelösung des Optimalsteuerungsproblems

Im Unterschied zu den Ansätzen der vorherigen Kategorie werden bei den folgenden Ansätzen keine Regeln abgeleitet, sondern das optimale Betriebsverhalten für den gesamten Lösungsraum offline berechnet und in Kennfeldern abgespeichert. In der Steuerung des Fahrzeugs hinterlegt, werden aus den Kennfeldern dann die Entscheidungen der Betriebsstrategie in Abhängigkeit verschiedener Eingangsgrößen ausgelesen. Derartige Ansätze sind bspw. aus [13], [92], [108], [116], [117] bekannt.

Zur Generierung des optimalen Betriebsverhaltens wird das Optimalsteuerungsproblem aus Kapitel 3.2 für den gesamten Lösungsraum aus verschiedenen Eingangsgrößen unter Anwendung des Pontrjaginschen Minimumprinzips bzw. der ECMS gelöst. Die sich dabei ergebenden optimalen Steuergrößen werden dann in Abhängigkeit der Eingangsgrößen als Kennfelder abgespeichert. In [109] werden als Eingangsgrößen die Fahrzeuggeschwindigkeit und Drehmomentanforderung verwendet, wobei die Einbindung weiterer Eingangsgrößen ebenfalls

3.3 Regelbasierte Betriebsstrategien

möglich ist, sich hierdurch allerdings die Dimension der Kennfelder erhöht. Als Steuergrößen kommen, entsprechend der Freiheitsgrade der Antriebsstrangkonfiguration, der Getriebegang und die Drehmomentaufteilung zur Anwendung.

Neben den Eingangsgrößen werden die Ergebnisse des Weiteren in Abhängigkeit des Äquivalenzfaktors berechnet, wodurch dieser eine weitere Dimension der Kennfelder darstellt. In der Steuerung wird der Äquivalenzfaktor analog zur A-ECMS in Abhängigkeit des Ladezustands gesetzt und so eine kausale Implementierung erreicht. Die Ansätze werden daher teilweise auch als kennfeldbasierte ECMS [109] bezeichnet. Abgesehen von Fehlern durch die Diskretisierung der Kennfelder und Interpolation, sind die Ergebnisse identisch zur online minimierenden ECMS aus Kapitel 3.2.

Während mit diesem „regelbasierten" Ansatz, wie soeben erläutert, die optimale Betriebsweise erzielt wird, liegt der Nachteil jedoch darin, dass mit der nicht mehr gegebenen Nachvollziehbarkeit der Betriebsstrategieentscheidungen ein wesentlicher Vorteil der regelbasierten Betriebsstrategien verloren geht. Die Berechnung der Kennfelder erfolgt dabei ohne tieferen Einblick in die Hintergründe, warum unter gewissen Umständen ein gewisser Betrieb optimal ist.

Ein weiterer regelbasierter Ansatz, bei dem das optimale Betriebsverhalten aus dem Pontrjaginschen Minimumprinzip abgeleitet wird, wird in [4] vorgestellt. Hierbei wird allerdings nicht die optimale Steuerung für den gesamten Lösungsraum verschiedener Eingangsgrößen berechnet, sondern die Hamiltonische Funktion unter analytischer Beschreibung der Antriebsstrangkomponenten gelöst. Als Ergebnis wird sowohl eine abschnittsweise mathematische Beschreibung der optimalen Drehmomentaufteilung in den verschiedenen Hybridbetriebszuständen als auch eine mathematische Beschreibung der Grenzen zwischen den Hybridbetriebszuständen präsentiert. Die mathematischen Beschreibungen sind dabei, wie die Kennfelder des vorherigen Ansatzes, abhängig vom Äquivalenzfaktor, welcher auch hier für eine kausale Implementierung in Abhängigkeit des Ladezustands gesetzt wird. Ergebnisse in drei verschiedenen Fahrprofilen zeigen, dass hiermit ein Kraftstoffverbrauch innerhalb von 1,7 Prozent des globalen Optimums erreicht werden kann.

4 Modellbildung und Berechnung der optimalen Betriebsweise

In diesem Kapitel werden zunächst der den Untersuchungen und Simulationsergebnissen zugrunde liegende Hybridantriebsstrang sowie die verwendeten Simulationsmodelle und deren Modellierung vorgestellt. Anschließend geht Kapitel 4.3 auf das zur Berechnung der global optimalen Betriebsweise zur Anwendung kommende Verfahren der Dynamischen Programmierung ein. Die Dynamische Programmierung bzw. die damit berechnete global optimale Betriebsweise wird im Rahmen der Arbeit sowohl als Benchmark als auch zur Verifikation hergeleiteter Zusammenhänge verwendet.

4.1 Verwendeter Hybridantriebsstrang

Wie in der Einleitung bereits erwähnt, liegt den Untersuchungen und Simulationen dieser Arbeit ein P2-Hybridantriebsstrang zugrunde. Die verwendete Anordnung der Antriebsstrangkomponenten ist in Abbildung 4.1 schematisch dargestellt. Der Darstellung ist zu entnehmen, dass es sich hierbei um die Variante ohne Drehmomentwandler handelt, welche bspw. von Mercedes-Benz in verschiedenen Hybridfahrzeugen zum Einsatz kommt [52], [53], [54] oder in weiteren Arbeiten [1], [34], [76] herangezogen wird. Da sich diese Variante weitestgehend in den für die Ergebnisse dieser Arbeit unerheblichen Funktionalitäten von anderen Ausführungen unterscheidet, sind die Ergebnisse, unter Berücksichtigung der sich ändernden Verluste gewisser Antriebsstrangkomponenten, auch auf andere P2- bzw. weitere parallele Hybridantriebsstränge übertragbar.

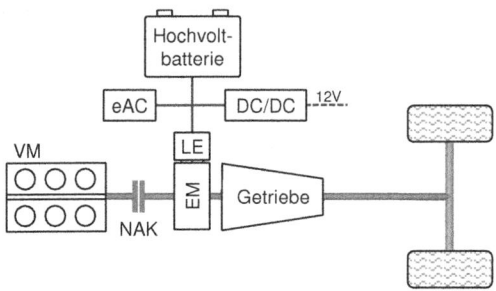

Abbildung 4.1: Antriebsstranganordnung des verwendeten P2-Hybridantriebsstrangs

Betrachtet man zunächst den mechanischen Teil des Antriebsstrangs, so setzt sich dieser aus einem 7-Gang-Automatgetriebe, auf dessen Eingangswelle anstatt des Drehmomentwandlers die E-Maschine (EM) verbaut ist, sowie einer nassen Anfahrkupplung (NAK) zusammen. Die zwischen der E-Maschine und dem Verbrennungsmotor (VM) sitzende nasse Anfahrkupplung ist dabei sowohl als Anfahr- als auch Trennelement ausgeführt, über welches der Verbrennungsmotor vom restlichen Antriebsstrang abgekuppelt werden kann. Aufgrund der im Ölbad laufenden Lamellen weist diese im geöffneten Zustand, wie später zu sehen sein wird, ein in vielen Fällen nicht zu vernachlässigendes Schleppmoment auf. Als Verbrennungsmotor kommt standardmäßig ein 3,0 Liter turboaufgeladener 6-Zylinder Ottomotor mit einer maximalen Leistung von 245 kW, welcher dem Mercedes-Benz Motor M276 [97] entspricht, zum Einsatz. Um den Einfluss des Verbrennungsmotors auf die Ergebnisse zu analysieren, werden an einigen Stellen der Arbeit auch andere Verbrennungsmotoren verwendet. Diese Motoren werden an den entsprechenden Stellen vorgestellt.

Im elektrischen Teil des Antriebsstrangs wird als E-Maschine eine permanenterregte Synchronmaschine mit einer maximalen Leistung von 80 kW verwendet. Die E-Maschine ist über deren Leistungselektronik (LE) an das Hochvoltsystem und somit an die, zur Speicherung der elektrischen Energie verwendeten, Hochvoltbatterie angeschlossen. Wie in Abbildung 4.1 zu sehen ist, umfasst das Hochvoltsystem neben der E-Maschine und der Hochvoltbatterie des Weiteren den Kältemittelverdichter der elektrischen Klimaanlage (eAC) sowie einen DC/DC-Wandler, welcher das 12-Volt-System und damit die weiteren Nebenverbraucher mit Strom aus dem Hochvoltsystem versorgt. Als Hochvoltbatterie kommt eine Lithium-Ionen-Batterie auf Lithium-Eisenphosphat-Basis mit einem Energieinhalt von 8,7 kWh, wie sie im Mercedes S500 Plug-In Hybrid [52] eingesetzt wird, zur Anwendung. Da diese vom Energieinhalt eine Plug-In-Batterie darstellt, die Simulationen jedoch nur für den „Charge-Sustaining"-Betrieb durchgeführt werden, wird ausschließlich der Ladezustandsbereich zwischen zehn und 40 Prozent verwendet. Eine Zusammenstellung dieser sowie weiterer Daten des Hybridantriebsstrangs ist in Tabelle A.1 im Anhang zu finden.

Da über die den Antriebsstrang betreffenden Untersuchungen hinaus auch Simulationen unter Vorgabe von Fahrprofilen durchgeführt werden, sind neben den Daten des Antriebsstrangs auch die des Fahrzeugs erforderlich. Die Fahrzeugparameter wurden so gewählt, dass diese ein durchschnittliches Oberklassefahrzeug mit einem Gewicht von 2300 kg darstellen. Des Weiteren werden bei den Simulationen die Temperaturen der Antriebsstrangkomponenten, sofern nicht anders vermerkt, als betriebswarm und konstant angenommen.

Hybridbetriebszustände und Gangwahl

Wie im Rahmen der verschiedenen Hybridantriebsstränge in Kapitel 2.1 erläutert, sind mit einer derartigen P2-Hybridantriebsstranganordnung die Hybridbetriebszustände elektrische Fahrt, Rekuperation, Boost und Lastpunktverschiebung möglich. Die Lastpunktverschiebung kann dabei, wie in Abbildung 2.2 dargestellt, innerhalb der verbrennungsmotorischen und elektrischen Grenzen bei der sich aus dem Getriebegang ergebenden Drehzahl in der Drehmomentachse erfolgen. Da die Gangwahl im Rahmen dieser Arbeit über Schaltlinien ohne direkte Kopplung mit der Betriebsstrategie erfolgt, besteht, wie in Kapitel 3 erläutert, lediglich der Freiheitsgrad der Drehmomentaufteilung. Als Schaltlinien, sowohl für die elektrische Fahrt als auch den Hybridbetriebsmodus, kommen die vorrangig auf Effizienz aber auch unter Fahrbarkeits- und Komfortaspekten ausgelegten Schaltlinien des Mercedes S500 Plug-In Hybrid [52], dem auch die verwendeten Gangstufungen entsprechen, zur Anwendung.

4.2 Simulationsmodelle

Wie bereits erläutert, werden die Untersuchungen und Bewertungen in dieser Arbeit sowohl anhand von Simulationen des im vorherigen Kapitel vorgestellten P2-Hybridfahrzeugs bzw. Antriebsstrangs durchgeführt, als auch die global optimale Betriebsweise, berechnet mittels Dynamischer Programmierung, zur Bewertung und Verifikation herangezogen. Da für Letztere ebenfalls ein Simulationsmodell notwendig ist, allerdings mit anderen Erfordernissen, wurden zwei verschiedene Simulationsmodelle des Hybridantriebsstrangs erstellt: ein vorwärts- und ein rückwärtsgerichtetes Modell. Während die Berechnung der global optimalen Betriebsweise mittels Dynamischer Programmierung eine zeitdiskrete Modellierung erfordert, eignet sich für die Simulationen ein vorwärtsgerichteter Modellansatz wesentlich besser [124]. Dieser hat den Vorteil, dass die Wirkrichtung mit der im realen Fahrzeug übereinstimmt und so die Funktionsweise der Betriebsstrategie analog zu einer Implementierung im Fahrzeug simuliert werden kann.

Da in beiden Fällen lediglich energetische Aspekte von Interesse sind und hierfür eine Betrachtung der Längsdynamik, unter Vernachlässigung der querdynamischen Effekte, ausreichend ist [41], wurden beide Simulationsmodelle als reine Längsdynamikmodelle aufgebaut. Zur Modellierung wurde Matlab/Simulink verwendet. Im Folgenden werden die beiden Modellansätze mit der jeweiligen mathematischen Beschreibung vorgestellt. Anschließend geht Kapitel 4.2.3 auf die Modellierung der Antriebsstrangkomponenten ein. Die Antriebsstrangkomponenten sind derart als quasistatische, kennfeldbasierte Modelle ausgeführt, dass diese bis auf geringe Unterschiede in beiden Simulationsmodellen zur Anwendung kommen.

4.2.1 Rückwärtsgerichteter Modellansatz

Der rückwärtsgerichtete Modellansatz zeichnet sich dadurch aus, dass die Berechnung rückwärts von den Rädern hin zu den Antriebsaggregaten erfolgt. Wie in Abbildung 4.2 dargestellt, werden hierbei für jeden Zeitschritt die Drehmomente und Drehzahlen bzw. Leistungen, ausgehend vom Fahrzustand, berechnet. Im Gegensatz zu einem vorwärtsgerichteten Ansatz ist hierdurch eine zeitdiskrete Berechnung der Drehmomente bzw. Leistungen, welche notwendig sind, um dem Fahrprofil zu folgen, sowie der sich ergebenden Drehzahlen möglich. Es kann allerdings nicht der Fall berücksichtigt werden, dass das Fahrzeug aufgrund seiner Antriebsleistung dem Fahrprofil nicht folgen kann [124]. Hierzu ist ein geschlossener Regelkreis, wie beim vorwärtsgerichteten Ansatz, notwendig.

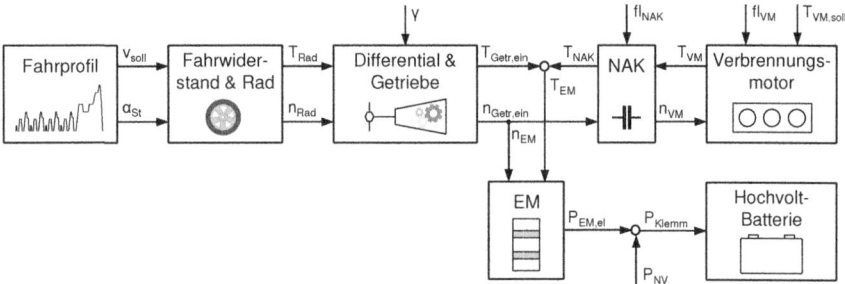

Abbildung 4.2: Schematische Darstellung des Prinzips des rückwärtsgerichteten Modellansatzes

Im Folgenden wird vorgestellt, wie sich die Drehmomente und Drehzahlen bzw. Leistungen aus den den Fahrzustand beschreibenden Größen Geschwindigkeit, Beschleunigung und Steigung berechnen. Die erläuterten mathematischen Zusammenhänge stellen die Grundlage des rückwärtsgerichteten Simulationsmodells dar.

Die Fahrwiderstandskraft F_{FW}, welche zur Überwindung des Rollwiderstands F_{Roll}, des Luftwiderstands F_{Luft} und des Steigungswiderstands F_{Steig} notwendig ist, ergibt sich mit den Fahrzeugparametern (Rollwiderstandskoeffizienten f_R, Luftwiderstandsbeiwert c_w, projizierten Stirnfläche A und Fahrzeugmasse m_{Fzg}) aus der Sollgeschwindigkeit des Fahrprofils v_{soll} und der zu befahrenden Steigung α_{St} wie folgt:

4.2 Simulationsmodelle

$$F_{FW} = F_{Roll} + F_{Luft} + F_{Steig}$$
$$= m_{Fzg} \cdot g \cdot f_R \cdot \cos \alpha_{St} + \frac{1}{2} \cdot \rho_{Luft} \cdot c_w \cdot A \cdot v_{soll}^2 \qquad (4.1)$$
$$+ m_{Fzg} \cdot g \cdot \sin \alpha_{St}.$$

Zusammen mit der Beschleunigung a_{Fzg}, welche notwendig ist, um dem Fahrprofil zu folgen, und dem dynamischen Radhalbmesser r_{dyn} wird hieraus das an den Rädern erforderliche Drehmoment T_{Rad} sowie die sich ergebende Raddrehzahl n_{Rad} berechnet:

$$T_{Rad} = \left(F_{FW} + (m_{Fzg} + m_r) \cdot a_{Fzg}\right) \cdot r_{dyn}, \qquad (4.2)$$

$$n_{Rad} = \frac{v_{Soll}}{2\pi \cdot r_{dyn}} \qquad (4.3)$$

wobei m_r die äquivalente Masse der rotierenden Antriebsstrangkomponenten darstellt.

Unter Berücksichtigung der Verluste des Hinterachsdifferentials $T_{Diff,Verl}$ und Getriebes $T_{Getr,Verl}$ sowie der jeweiligen Übersetzungen i_{Diff} und i_{Getr} ergeben sich weiter das Drehmoment auf der Getriebeeingangsseite $T_{Getr,ein}$:

$$T_{Getr,ein} = \left(\frac{T_{Rad}}{i_{Diff}} - T_{Diff,Verl}\right) \cdot \frac{1}{i_{Getr}} - T_{Getr,Verl} \qquad (4.4)$$

sowie die getriebeeingangsseitige Drehzahl $n_{Getr,ein}$:

$$n_{Getr,ein} = n_{Rad} \cdot i_{Diff} \cdot i_{Getr}. \qquad (4.5)$$

Wurde das Drehmoment bis zu dieser Stelle direkt berechnet, teilt es sich nun zwischen dem Verbrennungsmotor und der E-Maschine auf. Die Drehmomentaufteilung wird dabei durch das Drehmoment des Verbrennungsmotors T_{VM} bestimmt. Abhängig vom Zustand der Kupplung fl_{NAK}, berechnet sich hiermit das Drehmoment der E-Maschine T_{EM} wie folgt:

$$T_{EM} = T_{Getr,ein} - T_{NAK} \qquad (4.6)$$

mit:

$$T_{NAK} = \begin{cases} T_{VM} & \text{wenn } fl_{NAK} = 1 \\ -T_{NAK,Schlepp} & \text{wenn } fl_{NAK} = 0. \end{cases} \qquad (4.7)$$

Während im geschlossenen Zustand ($fl_{NAK} = 1$) das Drehmoment des Verbrennungsmotors von der Kupplung übertragen wird und sich dementsprechend das

Drehmoment der E-Maschine als Differenz zum Getriebeeingangsmoment ergibt, muss im geöffneten Zustand ($fl_{NAK} = 0$) das Schleppmoment der Kupplung $T_{NAK,Schlepp}$ zusätzlich von der E-Maschine aufgebracht werden.

Aufgrund der direkten Kopplung mit der Getriebeeingangswelle ist die Drehzahl der E-Maschine n_{EM} gleich der Getriebeeingangsdrehzahl:

$$n_{EM} = n_{Getr,ein}. \tag{4.8}$$

Die Drehzahl des Verbrennungsmotors n_{VM} ist dagegen abhängig davon, ob der Verbrennungsmotor eingeschaltet ($fl_{VM} = 1$) und die Kupplung geöffnet oder geschlossen ist:

$$n_{VM} = \begin{cases} 0 & wenn\ fl_{VM} = fl_{NAK} = 0 \\ n_{LL} & wenn\ fl_{VM} = 1\ und\ fl_{NAK} = 0 \\ & oder\ fl_{VM} = fl_{NAK} = 1 \\ & und\ n_{Getr,ein} < n_{LL} \\ n_{Getr,ein} & wenn\ fl_{VM} = fl_{NAK} = 1 \\ & und\ n_{Getr,ein} \geq n_{LL} \\ & oder\ fl_{VM} = 0\ und\ fl_{NAK} = 1. \end{cases} \tag{4.9}$$

Sofern die Kupplung geöffnet und der Verbrennungsmotor eingeschaltet ist oder bei geschlossener Kupplung die Drehzahl des Verbrennungsmotors unterhalb der Leerlaufdrehzahl n_{LL} liegt, wird angenommen, dass der Verbrennungsmotor sich im Leerlauf befindet. Wie sich aus der Drehzahl und dem Drehmoment des Verbrennungsmotors schlussendlich der Kraftstoffmassenstrom ergibt, wird im Rahmen der Antriebsstrangmodelle in Kapitel 4.2.3 erläutert.

Dasselbe gilt auch für die Berechnung der elektrischen Leistung der E-Maschine $P_{EM,el}$. Zusammen mit dem Leistungsbedarf der Nebenverbraucher P_{NV} ergibt sich hieraus die an den Klemmen der Batterie anliegende Leistung P_{Klemm} wie folgt:

$$P_{Klemm} = P_{EM,el}(T_{EM}, n_{EM}) + P_{NV}. \tag{4.10}$$

Wie sich aus der Batterieleistung die Änderung des Ladezustands ΔSOC berechnet, wird im Rahmen des Batteriemodells in Kapitel 4.2.3 erläutert.

4.2.2 Vorwärtsgerichteter Modellansatz

Im Gegensatz zum rückwärtsgerichteten Ansatz, bei dem die notwendige Antriebsleistung ausgehend vom Fahrzustand bestimmt wird, wird beim vorwärtsgerichteten Ansatz aus der Antriebsleistung der Antriebsaggregate die an den

Rädern ankommende Leistung und hieraus die resultierende Geschwindigkeit des Fahrzeugs berechnet. Das Prinzip ist in Abbildung 4.3 schematisch dargestellt. Im Vergleich zu Abbildung 4.2 ist zu erkennen, dass das Drehmoment, ausgehend vom Verbrennungsmotor und der E-Maschine, in Richtung der Räder berechnet wird, während die Berechnung der aus der Geschwindigkeit resultierenden Drehzahlen weiterhin rückwärts erfolgt. Wie bereits erwähnt, entspricht dies sowohl bei dem Drehmoment als auch bei der Drehzahl der Wirkrichtung im realen Fahrzeug, weshalb dieser Ansatz die Informations- und Energieflüsse wesentlich besser abbildet.

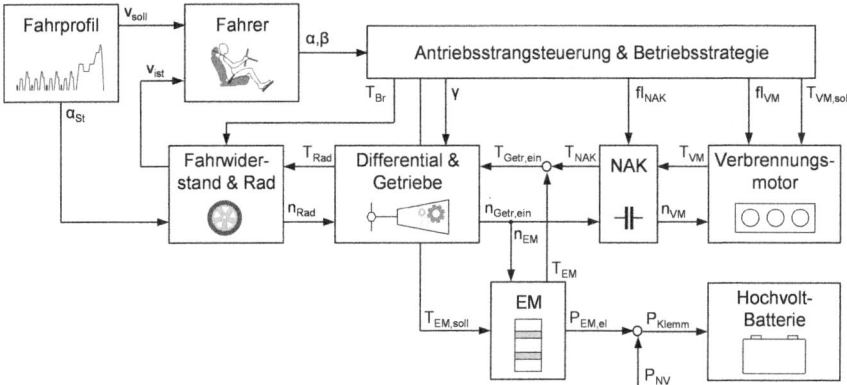

Abbildung 4.3: Schematische Darstellung des Prinzips des vorwärtsgerichteten Modellansatzes

Zur Vorgabe des von den Antriebsaggregaten aufzubringenden Drehmoments, welches notwendig ist, um dem Fahrprofil zu folgen, verfügt der vorwärtsgerichtete Ansatz des Weiteren über ein Fahrermodell. Das als PI-Regler ausgeführte Fahrermodell vergleicht in jedem Berechnungsschritt die aktuelle Geschwindigkeit v_{Fzg} mit der Sollgeschwindigkeit des Fahrprofils v_{soll} und gibt darauf basierend einen Fahrpedalstellung α (0...1) und Bremspedalstellung β (-1...0) aus. Über die Fahrpedalaufspannung umgerechnet in eine Drehmomentanforderung, bestimmt sich hieraus, entsprechend der Betriebsstrategie, das vom Verbrennungsmotor T_{VMsoll}, der E-Maschine T_{EMsoll} und den Reibbremsen T_{Br} aufzubringende Drehmoment. Unter Berücksichtigung der jeweiligen Drehmomentgrenzen wird dann, abhängig vom Status der Kupplung sowie mit den Verlusten und Übersetzungen des Getriebes und Differentials, das an den Rädern ankommende Drehmoment T_{Rad} berechnet:

$$T_{Rad} = \left((T_{NAK} + T_{EM} + T_{Getr,Verl}) \cdot i_{Getr} + T_{Diff,Verl}\right) \cdot i_{Diff}. \tag{4.11}$$

Je nachdem, ob eine positive Drehmoment- oder negative Bremsanforderung, welche rekuperativ erfüllt werden soll, vorliegt, ist T_{Rad} entweder positiv oder negativ. Zusammen mit der zur Überwindung der Fahrwiderstände notwendigen Kraft F_{FW} nach (4.1) sowie dem Bremsmoment der Reibbremsen T_{Br}, welches eine das maximale Rekuperationsmoment überschreitende Bremsanforderung abdeckt, berechnet sich hieraus wie folgt die Änderung der Fahrzeuggeschwindigkeit:

$$\frac{dv_{Fzg}(t)}{dt} = \frac{1}{m_{äqv}} \cdot \left(\frac{T_{Rad}}{r_{dyn}} - F_{FW} - F_{Br} \right) \tag{4.12}$$

mit der äquivalenten Masse $m_{äqv}$:

$$m_{äqv} = m_{Fzg} + \frac{1}{r_{dyn}^2} \cdot \left(\Theta_{n_{Rad}} + i_{Diff}^2 \cdot \Theta_{n_{Diff}} + i_{Diff}^2 \cdot i_{Getr}^2 \cdot \Theta_{n_{Getr,ein}} \right). \tag{4.13}$$

Die äquivalente Masse setzt sich dabei aus der translatorisch zu beschleunigenden Masse des Fahrzeugs m_{Fzg} sowie der rotatorischen Trägheitsmomente der mit Raddrehzahl Θ_{nRad}, der mit Differentialgetriebedrehzahl Θ_{nDiff} sowie der mit Getriebeeingangsdrehzahl $\Theta_{nGetr,ein}$ drehenden Bauteile unter Berücksichtigung der entsprechenden Übersetzungsverhältnisse zusammen.

Die sich mittels zeitlicher Integration von (4.12) ergebende Fahrzeuggeschwindigkeit v_{Fzg}, wird dann im nächsten Berechnungsschritt wieder dem Fahrermodell zugeführt, wodurch, wie in Abbildung 4.3 ersichtlich, beim vorwärtsgerichteten Modell ein geschlossener Regelkreis vorliegt. Im Gegensatz zum rückwärtsgerichteten Ansatz ist dadurch keine zeitdiskrete Berechnung möglich, wie sie für die Dynamische Programmierung in Kapitel 4.3 benötigt wird.

Wie bereits erwähnt, werden die Drehzahlen beim vorwärtsgerichteten Ansatz analog zum rückwärtsgerichteten aus der Fahrzeuggeschwindigkeit unter Verwendung von (4.5), (4.8) und (4.9) berechnet. Dasselbe gilt auch für die Leistung der Batterie, welche sich wie in (4.10) aus der elektrischen Leistung der E-Maschine und dem Leistungsbedarf der Nebenverbraucher zusammensetzt.

4.2.3 Modellierung der Antriebsstrangkomponenten

Nachdem zuvor die Struktur der beiden Simulationsmodelle vorgestellt wurde, wird im Folgenden auf die Modellierung der verwendeten Antriebsstrangkomponenten eingegangen. Wie anfangs des Kapitels erwähnt, sind die Antriebsstrangkomponenten als quasistatische, kennfeldbasierte Modelle umgesetzt. Bis auf geringe Unterschiede, die an entsprechender Stelle hervorgehoben werden,

4.2 Simulationsmodelle

kommen die Modelle der Antriebsstrangkomponenten sowohl im vorwärts- als auch im rückwärtsgerichteten Simulationsmodell zur Anwendung.

Differential und Getriebe

Das Hinterachsdifferential und das Getriebe sind sowohl in Form ihrer Übersetzungen als auch des zwischen Eingangs- und Ausgangswelle auftretenden Verlustmoments abgebildet. Das Verlustmoment des Differentials $T_{Diff,Verl}$ ist dabei in Abhängigkeit des eingangsseitigen Drehmoments T_{Diff}, der eingangsseitigen Drehzahl n_{Diff} sowie für verschiedene Öltemperaturen $\vartheta_{Diff,Öl}$ ausgeführt:

$$T_{Diff,Verl} = f(T_{Diff}, n_{Diff}, \vartheta_{Diff,Öl}). \tag{4.14}$$

Im Fall des Getriebes ist das Verlustmoment $T_{Getr,Verl}$ zusätzlich abhängig vom jeweiligen Gang γ:

$$T_{Getr,Verl} = f(T_{Getr,ein}, n_{Getr,ein}, \gamma, \vartheta_{Getr,Öl}). \tag{4.15}$$

Neben den Reibungsverlusten der Zahnradpaarungen, Lagern, Kupplungen etc. beinhaltet das Verlustmoment des Getriebes die zum Antrieb der Ölpumpe notwendige Leistung. Die verwendeten Daten stammen aus Verlustmessungen bei verschiedenen Drehzahlen und Öltemperaturen. Um zusätzlich einen lastabhängigen Einfluss zu berücksichtigen, wurde dieser über einen konstanten, vom Gang abhängigen Wirkungsgrad in den Verlustmomentkennfeldern abgebildet.

Wie in Kapitel 4.1 bereits erläutert, wurde die Wahl des Getriebegangs im Rahmen dieser Arbeit anhand der Schaltlinien des Mercedes S500 Plug-In Hybrid [52] umgesetzt. Die Schaltlinien sind dabei als Funktion der Fahrpedalstellung α sowie der getriebeausgangsseitigen Drehzahl n_{Diff} ausgeführt. Zudem wird die Entscheidung über einen Gangwechsel abhängig davon getroffen, ob sich das Fahrzeug in elektrischer Fahrt (fl_{NAK} = 0) oder im Hybridbetrieb (fl_{NAK} = 1) befindet und, beim vorwärtsgerichteten Modell, welcher Gang γ aktuell eingelegt ist:

$$\gamma(t+1) = f\left(n_{Diff}, \alpha, fl_{NAK}, \gamma(t)\right). \tag{4.16}$$

Während beim Rückwärtsmodell aufgrund der zeitdiskreten Berechnung der Gangwechsel sofort vollzogen wird, erfolgt dieser beim vorwärtsgerichteten Modell mit einer Verzögerung von 0,3 Sekunden. Zudem wird das Übersetzungsverhältnis dynamisch in Form einer Tangens Hyperbolicus Funktion geändert.

Nasse Anfahrkupplung

Da das Anfahren im Rahmen der durchgeführten Simulationen im Normalfall rein elektrisch erfolgt und die Kupplung dementsprechend nur als Trennelement während der elektrischen Fahrt fungiert, ist diese vereinfacht als System mit lediglich zwei Zuständen ausgeführt, siehe (4.7). Im geschlossenen Zustand ($fl_{NAK} = 1$) wird unter Vernachlässigung von Schlupf angenommen, dass die Leistung verlustfrei übertragen wird. Im geöffneten Zustand wird das Verhalten durch ein von der Differenzdrehzahl der Kupplungslamellen sowie der Öltemperatur $\vartheta_{Getr,Öl}$ abhängiges Schleppmoment $T_{NAK,Schlepp}$ abgebildet:

$$T_{NAK,Schlepp} = f(n_{Getr,ein} - n_{VM}, \vartheta_{Getr,Öl}). \tag{4.17}$$

Die verwendeten Daten stammen dabei aus Schleppmessungen einer nassen Anfahrkupplung mit sechs Lamellen. Der Verlauf des Schleppmoments über der Differenzdrehzahl ist in Abbildung A.1 im Anhang dargestellt. Wie anhand der Kurven zu sehen ist, steigt das Schleppmoment sowohl mit der Differenzdrehzahl als auch mit sinkender Öltemperatur an. Die Anstiege sind auf die mit der Viskosität und der Drehzahldifferenz ansteigende Scherspannung des sich zwischen den Kupplungslamellen befindlichen Öls zurückzuführen.

Verbrennungsmotor

Um verschiedene Verbrennungsmotoren möglichst einfach austauschen zu können, wurde der Verbrennungsmotor ebenfalls in Form eines stationären Kennfelds abgebildet. Da im Rahmen dieser Arbeit nur der Kraftstoffverbrauch im betriebswarmen Zustand und keine Emissionen von Interesse sind sowie keine dynamischen Effekte betrachtet werden, ist diese Art der Abbildung für eine Simulation des Kraftstoffverbrauchs ausreichend [41]. Das Kennfeld ist als Kraftstoffmassenstrom $\dot{m}_{KS}$ in Abhängigkeit des Drehmoments T_{VM} und der Drehzahl n_{VM} ausgeführt:

$$\dot{m}_{KS} = f(T_{VM}, n_{VM}). \tag{4.18}$$

Darüber hinaus wird das Schleppverhalten des Verbrennungsmotors über ein von der Drehzahl abhängiges Schleppmoment $T_{VM,Schlepp}$ abgebildet:

$$T_{VM,Schlepp} = f(n_{VM}), \tag{4.19}$$

welches das Verbrennungsmotormoment im ausgeschalteten Zustand bzw. in der Schubabschaltung ($fl_{VM} = 0$) darstellt:

4.2 Simulationsmodelle

$$T_{VM} = \begin{cases} T_{VM,soll} & wenn\ fl_{VM} = 1 \\ T_{VM,Schlepp} & wenn\ fl_{VM} = 0. \end{cases} \quad (4.20)$$

Die Logik zur Steuerung der Schubabschaltung wurde vereinfacht so umgesetzt, dass diese aktiv ist, wenn die Drehmomentanforderung an den Verbrennungsmotor kleiner Null ist und die Drehzahl oberhalb der Drehzahlschwelle n_{Schub} liegt, wobei sowohl beim Drehmoment als auch der Drehzahl eine Hysterese zwischen der Einschalt- und Ausschaltschwelle implementiert wurde.

Die verwendeten Daten des Kraftstoffmassenstroms sowie der Schleppkennlinie stammen aus Prüfstandsmessungen des Mercedes-Benz Motors M276 [97] und sind in Abbildung A.2 im Anhang dargestellt. Auf die als Willans-Linien [6], [80] bekannten Kurven des Kraftstoffmassenstroms über dem effektiven Drehmoment für konstante Drehzahlen, wird im Rahmen der Untersuchungen zur kraftstoffoptimalen Betriebsweise in Kapitel 5 genauer eingegangen.

Während beim rückwärtsgerichteten Ansatz aufgrund der zeitdiskreten Berechnung eine Berücksichtigung der Dynamik des Drehmoments nicht möglich ist, wurde beim vorwärtsgerichteten Modell ein verzögertes Verhalten mittels eines PT1-Glieds abgebildet.

E-Maschine mit Leistungselektronik

Wie die anderen Antriebsstrangkomponenten, wurde die E-Maschine zusammen mit deren Leistungselektronik als stationäres Kennfeld abgebildet. Die Abbildung erfolgt dabei in Form der elektrischen Leistung $P_{EM,el}$ als Funktion des Drehmoments T_{EM} und der Drehzahl n_{EM}:

$$P_{EM,el} = f(T_{EM}, n_{EM}). \quad (4.21)$$

Im Gegensatz zu einer Abbildung mittels Wirkungsgradkennfeld, werden hierbei die Nullleistungsverluste bzw. der elektrische Leistungsbedarf bei Nullmoment mit dargestellt [41], vgl. Abbildung A.3 im Anhang. Die verwendeten Daten sowie die minimale und maximale Drehmomentkennlinien stammen aus Prüfstandsmessungen der im Mercedes S500 Plug-In Hybrid [52] verwendeten permanenterregten E-Maschine. Die Messungen wurden bei einer mittleren Spannungslage im betriebswarmen Zustand durchgeführt. Während im rückwärtsgerichteten Modell aufgrund der zeitdiskreten Berechnung generell keine Verzögerung berücksichtigt wird, wurde beim vorwärtsgerichteten Ansatz angenommen, dass auch bei diesem das an die E-Maschine gestellte Solldrehmoment ohne Verzögerung abgegeben werden kann.

Hochvoltbatterie

Die Hochvoltbatterie wurde in Form eines Ersatzschaltbildmodells mit ebenfalls in Kennfeldern hinterlegten Batterieparametern abgebildet. Für die beiden Simulationsmodelle werden zwei verschiedene Modellierungen, eine statische und eine dynamische, verwendet, siehe Abbildung 4.4 und Abbildung 4.5. Bei einer etwas höheren Rechenzeit und Komplexität hat die dynamische Modellierung den Vorteil, dass das zeitliche Verhalten der dynamischen Effekte [51], wie bspw. der Doppelschichtkapazität, des Ladungsdurchtritts oder der Diffusion, abgebildet werden kann. In [123] wurde gezeigt, dass vor allem in etwas dynamischeren realen Fahrprofilen, wie sie im Rahmen dieser Arbeit simuliert werden, eine dynamische Modellierung für eine hohe Simulationsgüte von Vorteil ist. Da allerdings aufgrund des Erfordernisses der zeitdiskreten Berechnung beim rückwärtsgerichteten Ansatz keine dynamische Modellierung zur Anwendung kommen kann, wurde zusätzlich auf eine statische Modellierung zurückgegriffen. Die beiden Modelle werden im Folgenden mit der verwendeten mathematischen Beschreibung erläutert.

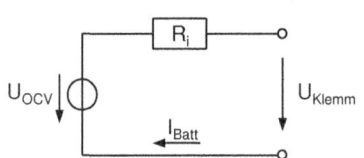

Abbildung 4.4: Ersatzschaltbild des statischen Batteriemodells

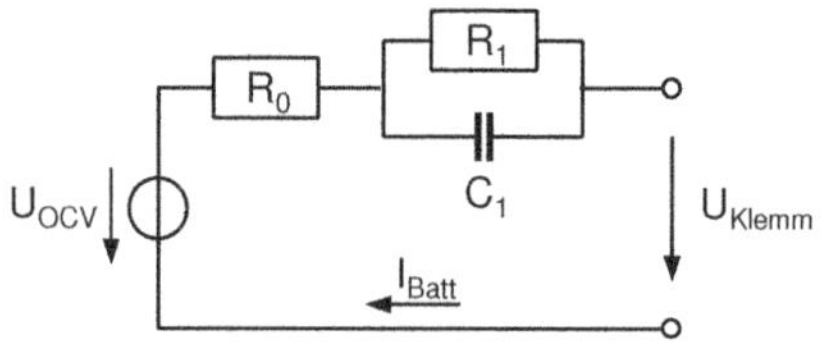

Abbildung 4.5: Ersatzschaltbild des dynamischen Batteriemodells

Wie Abbildung 4.4 zu entnehmen ist, besteht das Ersatzschaltbild des statischen Batteriemodells lediglich aus einer Gleichspannungsquelle, welche die Ruhespannung U_{OCV} wiedergibt, sowie einem in Serie geschalteten Widerstand R_i. Im Anwendungsgebiet der Simulation von Hybridfahrzeugen stellt dies eine oft gewählte Modellierung dar [9], [76], [79], [108]. Unter Anwendung des zweiten Kirchhoffschen Gesetzes und Lösung des quadratischen Gleichungssystems kann der Batteriestrom I_{Batt} bei dieser Art der Modellierung mit der an den Klemmen der Batterie anliegenden Leistung P_{Klemm} aus (4.10) wie folgt berechnet werden:

$$I_{Batt} = \frac{U_{OVC} - \sqrt{U_{OVC}^2 - 4 \cdot R_i \cdot P_{Klemm}}}{2 \cdot R_i}. \tag{4.22}$$

Mit der Kapazität der Batterie Q_0 ergibt sich hieraus die Änderung des Ladezustands ΔSOC im jeweiligen Simulationsschritt zu:

4.2 Simulationsmodelle

$$\Delta SOC = \frac{I_{Batt}}{Q_0} \cdot \Delta t \qquad (4.23)$$

wobei Δt die Simulationsschrittweite darstellt.

Des Weiteren berechnet sich mit dem Batteriestrom und der Leerlaufspannung die im Rahmen der Arbeit verwendete Batterieleistung P_{Batt} wie folgt:

$$P_{Batt} = I_{Batt} \cdot U_{OCV}. \qquad (4.24)$$

Gegenüber der Klemmleistung P_{Klemm} sind in P_{Batt} die beim Laden bzw. Entladen auftretenden Verluste der Batterie enthalten.

Zur Abbildung des zeitabhängigen Verhaltens verfügt das dynamische Ersatzschaltbildmodell zusätzlich über ein in Serie geschaltetes RC-Glied, vgl. Abbildung 4.5. Im Gegensatz zu dem sich zeitdiskret aus der Batterieleistung ergebenden Batteriestrom, wird hier das Verhalten über folgende Differentialgleichung beschrieben [41]:

$$R_0 \cdot C_1 \cdot \frac{dU_1(t)}{dt} = U_{OCV} - U_{Klemm} - U_1 \cdot \left(1 + \frac{R_0}{R_1}\right), \qquad (4.25)$$

welche sich ebenfalls unter Anwendung der Kirchhoffschen Gesetze aus dem Ersatzschaltbild ableiten lässt.

Bei beiden Simulationsmodellen wurden die Ruhespannung U_{OCV} und der Innenwiderstand R_i sowohl in Abhängigkeit des Ladezustands als auch der Temperatur ausgeführt. Die Werte des Innenwiderstands wurden zudem abhängig von der Stromflussrichtung (Laden oder Entladen) hinterlegt. Der Verlauf der Ruhespannung über dem Ladezustand und die verwendeten Werte des Innenwiderstands sind in Abbildung A.4 und Abbildung A.5 im Anhang dargestellt. Bei der statischen Modellierung wurden die Werte des Innenwiderstands so gewählt, dass nicht nur der Spannungsabfall durch den Ohm'sche Widerstand abgebildet wird, sondern auch die dynamischen Effekte berücksichtigt werden – wenn auch nicht in ihrem zeitlichen Verlauf. Die Werte wurden anhand des Spannungseinbruchs nach zehn Sekunden für ein Laden bzw. Entladen mit 1 C bestimmt. Beim dynamischen Modell wurden hingegen für den Widerstand R_0 die Werte für 0,1 Sekunden verwendet, da hier das dynamische Verhalten über das RC-Glied abgebildet ist. Im Gegensatz zu den 10-Sekunden-Werten beinhalten diese nahezu ausschließlich den Ohm'schen Widerstand. Während diese Werte aus Vermessungen einer Batterie stammen, wurden die Werte des RC-Glieds anhand eines Vergleichs der simulierten Batteriespannung mit der in verschiedenen Fahrprofilen gemessenen bestimmt.

4.3 Berechnung der optimalen Betriebsweise mittels Dynamischer Programmierung

Wie in Kapitel 3.2 einführend erläutert, stellt die Dynamische Programmierung eine numerische Methode zur Lösung von Optimalsteuerungsproblemen dar, mit der die optimale Betriebsweise eines Hybridfahrzeugs für ein vorgegebenes Fahrprofil berechnet werden kann. Das Optimierungsproblem wird dabei von der Dynamischen Programmierung gesamthaft betrachtet, wodurch diese das global optimale Ergebnis liefert. Im Folgenden wird auf die mathematischen Grundlagen und den allgemeinen Berechnungsablauf eingegangen. Die Erläuterungen gehen dabei auf [1], [41], [103] zurück. Anschließend wird die im Rahmen dieser Arbeit zur Berechnung der optimalen Betriebsweise verwendete Umsetzung der Dynamischen Programmierung vorgestellt.

Grundlagen der Dynamischen Programmierung

Die Dynamische Programmierung basiert auf dem Optimalitätsprinzip von Bellman [7]. Dieses besagt, dass bei einer optimalen Entscheidungsfolge, unabhängig davon wie die ersten Entscheidungen ausfielen, die bis zum Ende verbleibenden Entscheidungen, ausgehend von dem aus den ersten Entscheidungen resultierenden Zustand, ebenfalls eine optimale Entscheidungsfolge bilden. Hierdurch ist es möglich ein Optimierungsproblem, welches sich in Teilprobleme zerlegen lässt, schrittweise, beginnend am Ende des Problems, zu lösen. Die Dynamische Programmierung macht sich dies zunutze.

Zur Zerlegung in Teilprobleme wird das kontinuierliche dynamische System aus (3.1) zeitlich diskretisiert:

$$x_{k+1} = f_k(x_k, u_k), \quad k = 0, 1, \ldots, N - 1 \quad (4.26)$$

mit der Zustandsvariablen $x_k \in X_k$ und der Kontrollvariablen $u_k \in U_k$.

Im Folgenden sei $\pi = \{u_0, u_1, \ldots, u_{N-1}\}$ eine Entscheidungsfolge und die Kosten dieser Entscheidungsfolge, ausgehend von dem initialen Zustand $x(0) = x_0$, gegeben durch:

$$J_\pi(x_0) = L_N(x_N) + \sum_{k=0}^{N-1} L_k\big(x_k, u_k(x_k)\big) \quad (4.27)$$

mit L_k den Kosten des Zeitschritts k analog zu (3.2) und L_N den Endkosten.

4.3 Berechnung der optimalen Betriebsweise mittels Dynamischer Programmierung

Die optimale Entscheidungsfolge π^* ist die Entscheidungsfolge, welche die Gesamtkosten J_π minimiert:

$$J^*(x_0) = \min_\pi J_\pi(x_0). \qquad (4.28)$$

Die Bestimmung der optimalen Entscheidungsfolge erfolgt bei der Dynamischen Programmierung über die Berechnung sogenannter Cost-to-go für jeden Zustandspunkt[6] x_k^i. Die Cost-to-go $J_k(x^i)$ sind diejenigen Kosten, welche bei optimaler Entscheidungsfolge notwendig sind um vom Zustandspunkt x^i im Zeitschritt k zum Endzustand x_N im Zeitschritt N zu gelangen. Die Berechnung der Cost-to-go für die einzelnen Zeitschritte erfolgt schrittweise rückwärts, ausgehend vom Zeitschritt N. Die Cost-to-go berechnen sich dabei in jedem Zeitschritt wie folgt als das Minimum der Summe der Kosten des aktuellen Zeitschritts L_k und der Cost-to-go J_{k+1} des vorherigen Berechnungsschritts:

$$J_k(x^i) = \min_{u_k} \left\{ L_k\left(x^i, u_k(x_k)\right) + J_{k+1}\left(f_k(x^i, u_k)\right) \right\}. \qquad (4.29)$$

Als diejenige Steuergröße, welche jeweils zu dem Minimum der Cost-to-go führt, ergibt sich hieraus für jeden Zustandspunkt die optimale Steuergröße $u_k^{i\,*}$:

$$u_k^{i\,*} = arg \min_{u_k} \left\{ L_k\left(x^i, u_k(x_k)\right) + J_{k+1}\left(f_k(x^i, u_k)\right) \right\}. \qquad (4.30)$$

Aus dem Rückwärtsdurchlauf der Zeitschritte N bis 0 liegt somit als Ergebnis die optimale Steuergröße für jeden Zustandspunkt in jedem Zeitschritt vor. Mit einem anschließenden Vorwärtsdurchlauf wird hiermit, ausgehend von einem initialen Zustand x_0, der für diesen initialen Zustand optimale Steuergrößenverlauf $\pi^*(x_0)$ bestimmt. Gemäß dem Optimalitätsprinzip von Bellman stellt dieser den global optimalen Verlauf dar.

In Abbildung 4.6 ist die Berechnung der Cost-to-go und die Bestimmung der optimalen Steuergröße am Beispiel des Zustandspunkts x_k^2 schematisch dargestellt. Die schwarzen Pfeile zeigen die sich, entsprechend der optimalen Steuergrößen der Zeitschritte $k+1$ bis N, ergebenden optimalen Wege von den Zustandspunkten x^1, x^2 und x^3 im Zeitschritt $k+1$ zum Endpunkt x_N. Die Cost-to-go J_{k+1} sind die hierfür jeweils notwendigen Kosten. Entsprechend der Definition der Cost-to-go sind diese die minimalen Kosten um von den jeweiligen Zustandspunkten zum Endpunkt zu gelangen. Die grauen Pfeile stellen die sich für verschiedene Werte der Steuergröße u ergebende Änderung der Zustandsgröße

---

[6] Bei der verwendeten Notation stellt k den Zeitindex und i den Zustandsindex dar.

im Zeitschritt k dar. L_k sind die hierbei jeweils auftretenden Kosten. Zur Bestimmung der optimalen Steuergröße werden diese Kosten für jeden aus dem Wertebereich der Steuergröße resultierenden Weg gemäß (4.29) mit den entsprechenden Cost-to-go addiert und der Weg mit den geringsten Gesamtkosten als der optimale ausgewählt. Da nicht alle grauen Pfeile genau auf einen Zustandspunkt treffen, für welchen die Cost-to-go J_{k+1} vorliegen, müssen diese entsprechend interpoliert werden. Je feiner die Diskretisierung der Zustandsgrößen, umso geringer ist der hieraus resultierende Fehler.

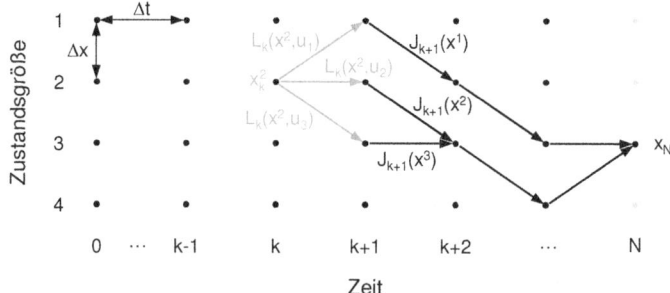

Abbildung 4.6: Schematische Darstellung der Berechnung der Cost-to-go der Dynamischen Programmierung

Die sich aus der Minimierung ergebende optimale Steuergröße und die minimalen Gesamtkosten (Cost-to-go) werden für den Zustandspunkt entsprechend abgespeichert. Während die optimale Steuergröße einen Teil des Gesamtergebnisses darstellt, aus welchem im anschließenden Vorwärtsdurchlauf der optimale Steuergrößenverlauf ermittelt wird, sind die Cost-to-go des Zeitschritts k für die Berechnung der Cost-to-go im Zeitschritt k-1 notwendig.

Verwendete Umsetzung der Dynamischen Programmierung

Im Folgenden wird auf die im Rahmen dieser Arbeit verwendete Umsetzung der Dynamischen Programmierung zur Berechnung der optimalen Betriebsweise des zugrunde liegenden P2-Hybridfahrzeugs eingegangen. Für den eigentlichen Algorithmus der Dynamischen Programmierung wurde auf eine Open Source Matlab-Funktion (DPM-Funktion) [111] des Instituts für Dynamische Systeme und Regelungstechnik der ETH Zürich zurückgegriffen. Die DPM-Funktion wurde dabei mit dem in Simulink erstellten, rückwärtsgerichteten Simulationsmodell aus Kapitel 4.2.1 gekoppelt. Während mit dem Simulationsmodell die Kosten und Zustandsänderungen in jedem Zeitschritt berechnet werden, führt die DPM-Funktion die im vorherigen Abschnitt erläuterte Berechnung der Cost-to-

4.3 Berechnung der optimalen Betriebsweise mittels Dynamischer Programmierung

go und der optimalen Steuergrößen durch. Für eine detaillierte Erläuterung des Berechnungsalgorithmus und die zur Anwendung kommende Boundary-Line- und Level-Set-Methode sei auf [28], [111], [112] verwiesen.

Die Kopplung der DPM-Funktion mit dem rückwärtsgerichteten Simulationsmodell und der Ablauf der gesamten Berechnung sind in Abbildung 4.7 dargestellt. Wie der Darstellung zu entnehmen ist, wird, ausgehend von einem Start-File, in welchem das Optimierungsproblem definiert wird, die DPM-Funktion aufgerufen, die den gesamten Berechnungsablauf aus Rückwärts- und Vorwärtsberechnung beinhaltet. Neben der Angabe des Fahrprofils, der Fahrzeugparameter und der Simulationsrandbedingungen werden in dem Start-File des Weiteren die Zustands- und Steuergrößen mit der jeweiligen Diskretisierung definiert sowie die Anfangs- und Endbedingungen x_0 und x_N festgelegt. Innerhalb der DPM-Funktion wird, wie in den Grundlagen der Dynamischen Programmierung erläutert, zunächst in einem Rückwärtsdurchlauf die optimale Steuergröße für jeden sich aus der Diskretisierung der Zustandsgrößen ergebenden Zustandspunkt aller Zeitschritte berechnet. Die für die Berechnung notwendigen Kosten L_k und Zustandsänderungen Δx_k werden in jedem Zeitschritt mit dem rückwärtsgerichteten Simulationsmodell für den gesamten Zustands- und Steuergrößenraum bestimmt. Das Simulationsmodell wird hierzu von der DPM-Funktion in jedem Zeitschritt aufgerufen und die den Fahrzustand dieses Zeitschritts beschreibenden Größen Geschwindigkeit $v_{soll,k}$, Steigung $\alpha_{Steig,k}$, Beschleunigung $a_{Fzg,k}$ etc. sowie der zu berechnende Zustands- und Steuergrößenraum übergeben.

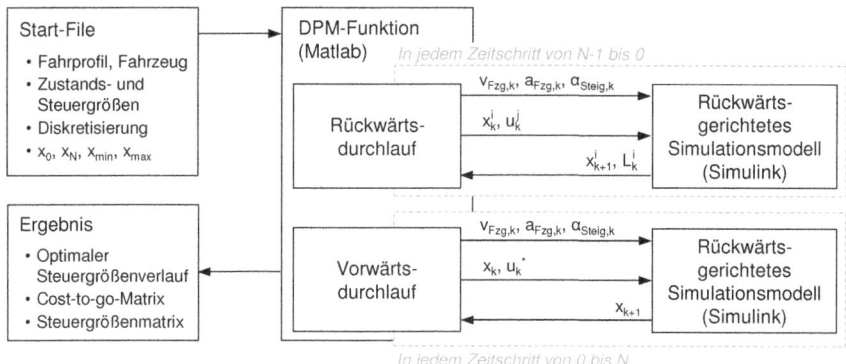

Abbildung 4.7: Kopplung der DPM-Funktion [111] mit dem rückwärtsgerichteten Simulationsmodell und Ablauf der Berechnung der optimalen Betriebsweise

Die Berechnungen werden von dem Simulationsmodell nicht für jeden Zustandspunkt einzeln ausgeführt, sondern in Form eines Vektors bzw. einer Matrix für alle Zustandspunkte eines Zeitschritts gemeinsam [111]. Zudem wurde zur Reduzierung der Rechenzeit eine Aufteilung der Berechnung auf mehrere Kerne implementiert. Da die Berechnung der Kosten und Zustandsänderungen, aufgrund der schrittweisen, zeitlich rückwärts ablaufenden Berechnungen der Cost-to-go, immer nur für einen Zeitschritt erfolgen kann, wird, wie in Kapitel 4.2 bereits erwähnt, bei der Dynamischen Programmierung, im Unterschied zu den anderen Simulationen, ein statisches rückwärtsgerichtetes Simulationsmodell verwendet.

Beim anschließenden Vorwärtsdurchlauf wird dann, aus den für jeden Zustandspunkt berechneten, optimalen Steuergrößen, die vom initialen Zustand x_0 ausgehende optimale Trajektorie zum Endzustand x_N bestimmt. Hierbei kommt auch wieder das rückwärtsgerichtete Simulationsmodell zur Anwendung, um in jedem Zeitschritt die sich mit der optimalen Steuergröße $u_k{*}$ aus der Zustandsgröße x_k ergebende Zustandsgröße x_{k+1} zu berechnen. Die optimale Steuergröße $u_k{*}$ wird dabei von der DPM-Funktion in jedem Zeitschritt mit der Zustandsgröße x_k aus den zuvor berechneten optimalen Steuergrößen interpoliert. Nach dem Vorwärtsdurchlauf wird als finales Ergebnis sowohl der optimale Steuergrößenverlauf $\pi{*}(x_0)$ für den gewählten Anfangszustand x_0 als auch die Cost-to-go-Matrix und die Matrix der für jeden Zustandspunkt optimalen Steuergröße ausgegeben.

Kostenfunktion und Wahl der Zustands- und Steuergrößen

Da die Optimierung im Rahmen dieser Arbeit ausschließlich hinsichtlich des Kraftstoffverbrauchs erfolgt, setzt sich, wie in (3.7), die Kostenfunktion L_k lediglich aus dem im jeweiligen Zeitschritt k notwendigen Kraftstoff $m_{KS,k}$ zusammen:

$$L_k = m_{KS,k}. \tag{4.31}$$

Als Zustandsgrößen werden sowohl der Ladezustand der Batterie SOC als auch der Zustand des Verbrennungsmotors im vorherigen Zeitschritt fl_{VM-1} verwendet. Während die Zustandsgröße des Ladezustands unerlässlich ist, da hierüber das Hybridfahrzeug, wie in Kapitel 3.2 erläutert, als dynamisches System beschrieben wird, ermöglicht letztere die Berücksichtigung von sogenannten Verbrennungsmotorstartkosten (VM-Start-Kosten). Die Verbrennungsmotorstartkosten sind zusätzliche Kosten in Form von Kraftstoff, welche berücksichtigen, dass zum Start des Verbrennungsmotors eine gewisse Energiemenge notwendig ist. Da der Verbrennungsmotorstart im rückwärtsgerichteten Simulationsmodell nicht abgebildet ist bzw. aufgrund der zeitdiskreten Berechnung der Dynamischen Programmierung nicht abgebildet werden kann und das Ein- bzw. Ab-

4.3 Berechnung der optimalen Betriebsweise mittels Dynamischer Programmierung

schalten des Verbrennungsmotors vom einen auf den anderen Zeitschritt erfolgt, wird die zum Start des Verbrennungsmotors notwendige Energie über derartige Startkosten berücksichtigt. Die Verbrennungsmotorstartkosten m_{Start} fallen dabei zusätzlich zum Kraftstoffmassenstrom $\dot{m}_{KS}$ im Zeitschritt k an, wenn der Verbrennungsmotor im Zeitschritt $k-1$ ausgeschaltet ($fl_{VM} = 0$) war und im Zeitschritt k eingeschaltet ist:

$$m_{KS,k} = \begin{cases} \dot{m}_{KS,k} \cdot \Delta t + m_{Start} & \text{wenn } fl_{VM,k} = 1 \\ & \text{und } fl_{VM,k-1} = 0 \\ \dot{m}_{KS,k} \cdot \Delta t & \text{sonst.} \end{cases} \quad (4.32)$$

Die Startkosten setzen sich je nach Ausführung des Verbrennungsmotorstarts (siehe hierzu [31]) aus der elektrischen Energie des Starters, umgerechnet in Kraftstoff, und der bis zum Ende der Synchronisation eingespritzten Kraftstoffmenge, die nicht zum Vortrieb beiträgt, zusammen. Da diese im Rahmen der Arbeit nicht messtechnisch bestimmt werden konnte, wurde ein nach groben Abschätzungen plausibler Wert von m_{Start} = 0,5 g herangezogen. Im Vergleich hierzu werden in [76] für einen deutlich kleineren Motor 0,3 g verwendet.

Da beim Rückwärtsdurchlauf der Dynamischen Programmierung im Zeitschritt k allerdings nicht bekannt ist, ob der Verbrennungsmotor im Zeitschritt $k-1$ an- oder ausgeschaltet ist, wird der Status des Verbrennungsmotors im vorherigen Zeitschritt fl_{VM-1} als binäre Zustandsgröße hinzugefügt. Die zuvor zweidimensionale Zustandsebene aus Zustandsgröße und Zeit (vgl. Abbildung 4.7) wird hierdurch zu einem dreidimensionalen Zustandsraum, bestehend aus zwei Zustandsebenen – eine für fl_{VM-1} = 0 und eine für fl_{VM-1} = 1. Bei der Berechnung der Cost-to-go und der Bestimmung der optimalen Steuergrößen werden so die Wege mit und ohne Starten des Verbrennungsmotors jeweils miteinander verglichen. Auf diese Weise kann entschieden werden, ob es sich insgesamt in Anbetracht der zusätzlichen Kosten lohnt den Verbrennungsmotor an- bzw. abzuschalten.

Als Steuergröße kommt entsprechend dem einen bestehenden Freiheitsgrad der Drehmomentaufteilung zwischen dem verbrennungsmotorischen und elektrischen Antriebssystem eine das Drehmoment des Verbrennungsmotors und der E-Maschine festlegende Größe zur Anwendung. Wie bspw. in [41] wird hierzu ein dimensionsloser Drehmomentaufteilungsfaktor $u_{TS} \in (-\infty, 1]$, welcher das Drehmoment der E-Maschine ins Verhältnis zur gesamten aufzubringenden Drehmomentanforderung setzt, verwendet. Das Drehmoment des Verbrennungsmotors T_{VM} und das Drehmoment der E-Maschine T_{EM} sind hierüber wie folgt in Abhängigkeit der Drehmomentanforderung T_{Anf} festgelegt:

$$T_{EM} = u_{TS} \cdot T_{Anf}, \qquad (4.33)$$

$$T_{VM} = (1 - u_{TS}) \cdot T_{Anf}. \qquad (4.34)$$

Ist der Drehmomentaufteilungsfaktor $u_{TS} = 1$, wird die gesamte Drehmomentanforderung von der E-Maschine aufgebracht. In diesem Fall liegt der Hybridbetriebszustand der elektrischen Fahrt vor, wonach der Verbrennungsmotor entsprechend abgeschaltet ($fl_{VM} = 0$) und die Kupplung geöffnet wird ($fl_{NAK} = 0$). In allen anderen Fällen befindet sich das Fahrzeug im Hybridbetrieb mit angeschaltetem Verbrennungsmotor und geschlossener Kupplung. Für $0 < u_{TS} < 1$ erfolgt eine Lastpunktabsenkung und für $u_{TS} < 0$ wird der Betriebspunkt des Verbrennungsmotors angehoben. Die Differenz zur Drehmomentanforderung wird entsprechend von der E-Maschine aufgebracht. $u_{TS} = 0$ stellt den Fall der rein verbrennungsmotorischen Fahrt dar.

5 Untersuchungen zur kraftstoffoptimalen Betriebsweise

In diesem Kapitel werden die Untersuchungen, die im Rahmen dieser Arbeit zur kraftstoffoptimalen Betriebsweise von P2-Hybridfahrzeugen durchgeführt wurden, und deren Ergebnisse vorgestellt. Die hierbei hergeleiteten Zusammenhänge und Gesetzmäßigkeiten bilden die Grundlage für die Auslegung der regelbasierten Betriebsstrategie in Kapitel 6. Den ersten Schritt der Untersuchungen stellt eine Betrachtung der verschiedenen Hybridbetriebszustände und eine Analyse dar, unter welchen Betriebsbedingungen die verschiedenen Hybridbetriebszustände angesichts der zugrunde liegenden physikalischen Zusammenhänge am effizientesten sind. In einem zweiten Schritt werden dann in Kapitel 5.2 und Kapitel 5.3 die kraftstoffoptimale Lastpunktverschiebung sowie die Entscheidung zwischen der elektrischen Fahrt und dem Hybridbetrieb genauer betrachtet. Basierend auf den durchgeführten Untersuchungen werden zwei Gesetzmäßigkeiten hergeleitet, über welche sich diese beiden wesentlichen Entscheidungen der Betriebsstrategie eines P2-Hybridfahrzeugs im kraftstoffoptimalen Fall beschreiben lassen. Die Untersuchungen werden dabei für den stationären Zustand unter konstanten Randbedingungen durchgeführt. Da bestimmte Randbedingungen jedoch einen nicht zu vernachlässigenden Einfluss auf die optimale Betriebsweise haben, wird auf diesen Einfluss der Randbedingungen in Kapitel 5.4 gesondert eingegangen.

5.1 Betriebspunktabhängige Effizienzanalyse der Hybridbetriebszustände

Den ersten Teil der Untersuchungen zur kraftstoffoptimalen Betriebsweise stellt eine Effizienzanalyse und Bewertung der Betriebszustände elektrische Fahrt und Hybridbetrieb bzw. Lastpunktverschiebung, zwischen denen sich die Betriebsstrategie eines P2-Hybridfahrzeugs zu entscheiden hat, dar. Hierbei wird untersucht, in welchen Betriebspunkten diese Betriebszustände am effizientesten sind und wie dies mit den physikalischen Eigenschaften der Antriebsstrangkomponenten zusammenhängt. Zur Analyse wird auf die bereits in Kapitel 3.3 erwähnte Methodik der spezifischen Kosten und Ersparnisse aus [70] zurückgegriffen. Bei dieser Methodik werden zur Bewertung der elektrischen Fahrt und Lastpunktverschiebung sogenannte spezifische Kosten und Ersparnisse, welche den Mehraufwand bzw. die Einsparnis an Kraftstoff ins Verhältnis zur damit erzielten

Batterieladung bzw. der eingesetzten elektrischen Energie setzen, verwendet. Aufgrund des spezifischen Charakters, kann mit diesen Größen die Erzeugung und der Einsatz der elektrischen Energie in verschiedenen Betriebspunkten verglichen werden. Hierdurch ist sowohl eine Bewertung unter welchen Betriebsbedingungen eine elektrische Fahrt und Lastpunktverschiebung am effizientesten ist als auch eine Gegenüberstellung der Erzeugung und des Einsatzes der elektrischen Energie möglich. Wird bei der Berechnung der Größen in beiden Fällen die Leistung in der Hochvoltbatterie verwendet, so wird hierbei die gesamte, für die Erzeugung und den Einsatz relevante Wirkungsgradkette berücksichtigt.

Im Vergleich zu [70] und [5], [32], [64], [88] wird eine veränderte Berechnung der spezifischen Kosten und Ersparnisse – im Folgenden mit spezifischen Energiekosten und Kraftstoffersparnissen bezeichnet – verwendet. Die Veränderung basiert auf im Rahmen dieser Arbeit gewonnenen Erkenntnissen, welche im Folgenden zusammen mit den Berechnungsgleichungen vorgestellt werden. Anschließend werden unter Verwendung dieser beiden Kenngrößen die beiden Hybridbetriebszustände Lastpunktverschiebung und elektrische Fahrt am Beispiel des in Kapitel 4.1 vorgestellten P2-Hybridantriebsstrangs mit 6-Zylinder Ottomotor analysiert. Da, wie sich später zeigen wird, die Eigenschaften des Verbrennungsmotors eine wesentliche Rolle spielen, werden in Kapitel 5.1.4, zusätzlich zu den Ausführungen des 6-Zylinder Ottomotors, weitere Verbrennungsmotoren herangezogen und darauf eingegangen, welchen Einfluss die sich ändernden Eigenschaften haben.

5.1.1 Spezifische Energiekosten und Kraftstoffersparnisse

Im Folgenden wird die im Rahmen dieser Arbeit verwendete Berechnung der spezifischen Energiekosten und Kraftstoffersparnisse vorgestellt. Wie anfangs des Kapitels erläutert, gehen die hier verwendeten Definitionen auf [70] zurück, wobei deren Berechnung angepasst wurde.

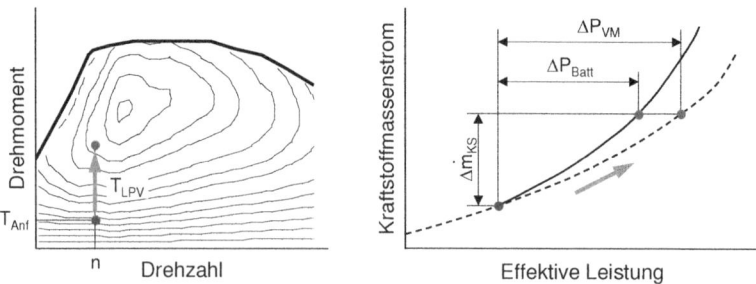

Abbildung 5.1: Schematische Darstellung einer Lastpunktanhebung im Verbrennungsmotorkennfeld (links) und in Form der Willans-Linien (rechts)

5.1 Betriebspunktabhängige Effizienzanalyse der Hybridbetriebszustände

In Abbildung 5.1 ist das Prinzip einer Lastpunktanhebung zusammen mit den für die Berechnung der spezifischen Energiekosten relevanten Größen schematisch dargestellt. Im Verbrennungsmotorkennfeld auf der linken Seite ist zu sehen, dass der verbrennungsmotorische Betriebspunkt, ausgehend von dem Grundlastbetriebspunkt mit der Drehmomentanforderung T_{Anf}, um das Lastpunktverschiebungsmoment T_{LPV} nach oben verschoben wird. Im Diagramm auf der rechten Seite ist dies nochmals in Form der als Willans-Linien bekannten Darstellung des Kraftstoffmassenstroms über der effektiven Leistung des Verbrennungsmotors abgebildet. Anhand der gestrichelten Linie im rechten Diagramm in Abbildung 5.1 ist zu sehen, dass sich infolge der Lastpunktanhebung der Kraftstoffmassenstrom um $\Delta \dot{m}_{KS}$ erhöht und hierdurch die effektive Leistung ΔP_{VM} zusätzlich vom Verbrennungsmotor abgegeben wird. Da diese, von der als Generator arbeitenden E-Maschine aufgenommene Leistung, bis zur Speicherung in der Hochvoltbatterie Verlusten in der E-Maschine, der Leistungselektronik sowie der Batterie unterliegt, kommt lediglich die anhand der durchgezogenen Linie dargestellte, reduzierte Leistung ΔP_{Batt} in der Batterie an. Wie der Darstellung zu entnehmen ist, steigen die Verluste aufgrund der Abhängigkeit vom Strom mit steigender Lastpunktverschiebung an. Auf die sich hieraus ergebenden Auswirkungen wird bei der Analyse der Lastpunktverschiebung genauer eingegangen.

Setzt man den zusätzlichen Kraftstoffmassenstrom $\Delta \dot{m}_{KS}$ ins Verhältnis zu der in der Batterie ankommenden Leistung ΔP_{Batt}, so lassen sich die spezifischen Energiekosten der Lastpunktanhebung b_{LPan}, welche gemäß [70] als Kraftstoffaufwand pro erzielter Batterieladung definiert sind, wie folgt berechnen:

$$b_{LPan} = \frac{\Delta \dot{m}_{KS}}{\Delta P_{Batt}} = \frac{\dot{m}_{KS}(T_{Anf} + T_{LPV}, n) - \dot{m}_{KS}(T_{Anf}, n)}{P_{Batt}(-T_{LPV}, n) - P_{Batt}(T = 0, n)}. \tag{5.1}$$

Als Bezugsbetriebspunkt, gegenüber welchem die Differenz gebildet wird, wird wie in [70] der rein verbrennungsmotorische Betriebspunkt (T_{Anf}, n) ohne Lastpunktverschiebung verwendet. Hierdurch sind die spezifischen Energiekosten eine Größe, welche für den zugrunde liegenden Betriebspunkt angibt, wie viel Gramm Kraftstoff bei einer Lastpunktverschiebung mit dem Lastpunktverschiebungsmoment T_{LPV} pro in der Hochvoltbatterie ankommender Energie eingesetzt werden müssen.

Wird der Betriebspunkt des Verbrennungsmotors nicht angehoben, sondern durch einen unterstützenden, motorischen Betrieb der E-Maschine abgesenkt, lassen sich die gemäß [70] als Einsparung an Kraftstoff pro verbrauchter Batterieladung definierten spezifischen Kraftstoffersparnisse der Lastpunktabsenkung b_{LPab} wie folgt berechnen:

$$b_{LPab} = \frac{\Delta \dot{m}_{KS}}{\Delta P_{Batt}} = \frac{\dot{m}_{KS}(T_{Anf} + T_{LPV}, n) - \dot{m}_{KS}(T_{Anf}, n)}{P_{Batt}(-T_{LPV}, n) - P_{Batt}(T = 0, n)}. \tag{5.2}$$

Das Lastpunktverschiebungsmoment wird in diesem Fall mit einem negativen Vorzeichen berücksichtigt, wodurch sich die Berechnungsgleichung gegenüber der Lastpunktanhebung nicht verändert. Als Bezugsbetriebspunkt kommt wieder der rein verbrennungsmotorische Betrieb zur Anwendung. Hierdurch geben die spezifischen Kraftstoffersparnisse an, wie viel Gramm Kraftstoff pro Kilowattstunde elektrischer Energie bei einer Lastpunktabsenkung mit dem Lastpunktverschiebungsmoment T_{LPV} gegenüber dem Grundlastbetriebspunkt eingespart werden.

In Anbetracht der Tatsache, dass bei einem P2-Hybridfahrzeug der Verbrennungsmotor im Betriebsmodus der elektrischen Fahrt ausgeschaltet ist, reduziert sich das Delta des Kraftstoffmassenstroms auf den Kraftstoffmassenstrom des Bezugsbetriebspunkts. Hierdurch stellt sich die Berechnung der spezifischen Kraftstoffersparnisse der elektrischen Fahrt b_{EF} wie folgt dar:

$$b_{EF} = \frac{\Delta \dot{m}_{KS}}{\Delta P_{Batt}} = \frac{\dot{m}_{KS}(T_{Anf}, n)}{P_{Batt}(T = 0, n) - P_{Batt}(T_{Anf} + T_{NAK,Schlepp}, n)}. \tag{5.3}$$

Da sich aufgrund des abgekoppelten Verbrennungsmotors die Drehmomentanforderung während der elektrischen Fahrt von der des Hybridbetriebsmodus unterscheiden kann, muss dies zur vollständigen Bewertung der elektrischen Fahrt berücksichtigt werden. Einen wesentlichen Anteil stellt meist das Reibmoment der Kupplung zwischen Verbrennungsmotor und E-Maschine dar, welches im geöffneten Zustand zusätzlich zur Fahranforderung im Hybridbetriebsmodus aufgebracht werden muss. In (5.3) wird dies durch $T_{NAK,Schlepp}$ berücksichtigt.

Wie bereits erwähnt, unterscheidet sich die hier verwendete Berechnung der spezifischen Energiekosten und Kraftstoffersparnisse von dem in [5], [32], [64], [70], [88] verwendeten Berechnungsansatz. Im Gegensatz zu diesen werden hier sowohl der Kraftstoffmassenstrom des Verbrennungsmotors als auch die elektrische Leistung der Hochvoltbatterie als Differenz zum Bezugsbetriebspunkt betrachtet. In den zuvor genannten Arbeiten erfolgt die Berechnung der spezifischen Energiekosten bzw. Kraftstoffersparnisse durch Multiplikation bzw. Division des differentiellen Wirkungsgrads des Verbrennungsmotors mit dem effektiven Wirkungsgrad der E-Maschine und der Hochvoltbatterie, vgl. (3.19) in Kapitel 3.3. Bei diesem Berechnungsansatz wird zwar, über den differentiellen

Wirkungsgrad des Verbrennungsmotors, beim Kraftstoffmassenstrom die Differenz gegenüber dem Bezugsbetriebspunkt gebildet, jedoch wird durch die Verwendung des effektiven Wirkungsgrads der E-Maschine die Leistung der Hochvoltbatterie im Bezugsbetriebspunkt nicht berücksichtigt. Da E-Maschinen typischerweise aufgrund der Leerlaufverluste eine gewisse Leistungsaufnahme bei Nullmoment verzeichnen [41], [95], ist die Leistung der Hochvoltbatterie während des rein verbrennungsmotorischen Betriebs ungleich Null. Zusätzlich wird bei Verwendung des Gesamtwirkungsgrads, inklusive der Reibungsverluste, der E-Maschine nicht berücksichtigt, dass aufgrund der meist festen mechanischen Kopplung des Rotors mit der Getriebeeingangswelle die Reibungsverluste auch ohne aktive Verwendung der E-Maschine im rein verbrennungsmotorischen Betrieb auftreten.

Führt man die Berechnungsgleichungen (5.1) bis (5.3) in Gleichungen mit Wirkungsgraden über, geht hieraus hervor, dass nicht nur der differentielle Wirkungsgrad des Verbrennungsmotors, sondern auch der der E-Maschine und der Batterie zur Berechnung der spezifischen Energiekosten und Kraftstoffersparnisse verwendet werden müssen, vgl. Anhang A.4. Dieser Unterschied hat sich im Rahmen der Untersuchungen als entscheidend für die Ergebnisse herausgestellt. Auf die Auswirkungen dieses Unterschieds wird in den folgenden Kapiteln bei der Analyse der spezifischen Energiekosten und Kraftstoffersparnisse genauer eingegangen.

5.1.2 Analyse der Lastpunktverschiebung

Im Folgenden wird anhand der zuvor definierten spezifischen Energiekosten (5.1) und Kraftstoffersparnisse (5.2) eine Analyse der Lastpunktverschiebung durchgeführt. Hierbei wird vor allem darauf eingegangen, wie sich die Effizienz der Lastpunktverschiebung, abhängig vom Grundlastbetriebspunkt sowie vom Lastpunktverschiebungsmoment, verändert und welche physikalischen Hintergründe dafür maßgebend sind. Wie bereits anfangs des Kapitels 5 erwähnt, wird hierbei der stationäre Zustand betrachtet.

Lastpunktanhebung

In Abbildung 5.2 sind die spezifischen Energiekosten der Lastpunktanhebung über dem Lastpunktverschiebungsmoment für zwei unterschiedliche Drehzahlen dargestellt. Die einzelnen Linien repräsentieren verschiedene Grundlastpunkte von denen aus die Lastpunktverschiebung erfolgt. Anhand dieser Graphen sind zwei für die effiziente Betriebsweise von Parallelhybridfahrzeugen wesentliche Sachverhalte der Lastpunktverschiebung gut zu erkennen. Zum einen geht hervor, dass die spezifischen Energiekosten monoton über dem Lastpunktverschiebungsmoment ansteigen und folglich mit steigender Lastpunktverschiebung mehr Kraftstoff pro Batterieladung aufgebracht werden muss. Zum anderen steigen die spezifischen Energiekosten auch mit der Drehmomentanforderung des Grundlastbetriebspunkts an. Folglich ist es für die Effizienz der Lastpunktanhebung nicht nur relevant, mit welchem Lastpunktverschiebungsmoment diese durchgeführt wird, sondern auch in welchen Betriebspunkten diese stattfindet. Während, wie in Kapitel 3.3 erläutert, Letzteres sich auch in [32] für den dort verwendeten Ottomotor ergab, unterscheidet sich der Verlauf über dem Lastpunktverschiebungsmoment, vgl. Abbildung 3.8. Hierauf wird nach der Erläuterung der den Anstiegen zugrunde liegenden physikalischen Zusammenhänge im Detail eingegangen.

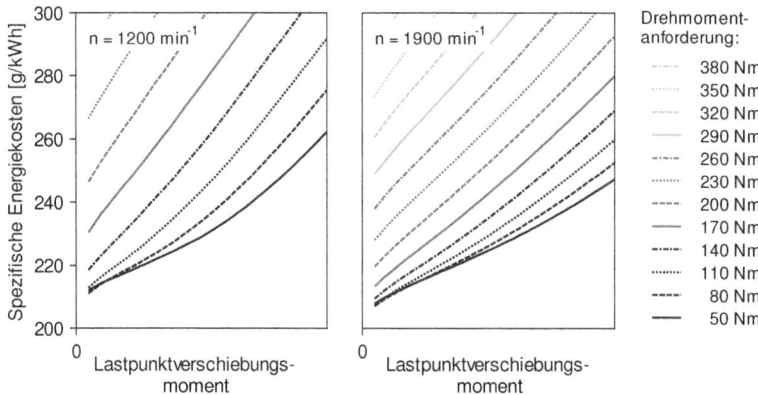

Abbildung 5.2: Spezifische Energiekosten der Lastpunktanhebung über dem Lastpunktverschiebungsmoment für verschiedene Drehmomentanforderungen

Der Anstieg der spezifischen Energiekosten über dem Lastpunktverschiebungsmoment ist sowohl auf die Verluste des elektrischen Antriebssystems als auch die ansteigenden Willans-Linien des Verbrennungsmotors zurückzuführen. Zur Erläuterung Ersteren zeigt Abbildung 5.3 den Verlauf der Verlustleistung über dem Drehmoment und den differentiellen Wirkungsgrad $\Delta\eta_{EM}$ gegenüber dem Nullmoment für die den Berechnungen zugrunde liegende E-Maschine, inklusive deren Leistungselektronik. Anhand beider Diagramme ist deutlich zu sehen, dass die Verlustleistung im gesamten Drehzahlbereich überproportional mit dem Drehmoment der E-Maschine ansteigt und deshalb der differentielle Wirkungsgrad mit steigendem Drehmoment geringer wird. Neben der E-Maschine zeigt die Batterie ebenfalls ein derartiges Verhalten. Infolge der verwendeten Modellierung als statisches Ersatzschaltbildmodell besteht hier ein quadratischer Zusammenhang zwischen der Verlustleistung und der an den Klemmen anliegenden

5.1 Betriebspunktabhängige Effizienzanalyse der Hybridbetriebszustände

Lade- bzw. Entladeleistung, vgl. Kapitel 4.2.3. Da aufgrund dieses Verhaltens der E-Maschine und der Batterie mit steigender Lastpunktverschiebung anteilig eine höhere zusätzliche Leistung vom Verbrennungsmotor bereitgestellt werden muss, steigen die spezifischen Energiekosten mit steigendem Lastpunktverschiebungsmoment an, bzw. die Effizienz der Lastpunktverschiebung nimmt ab.

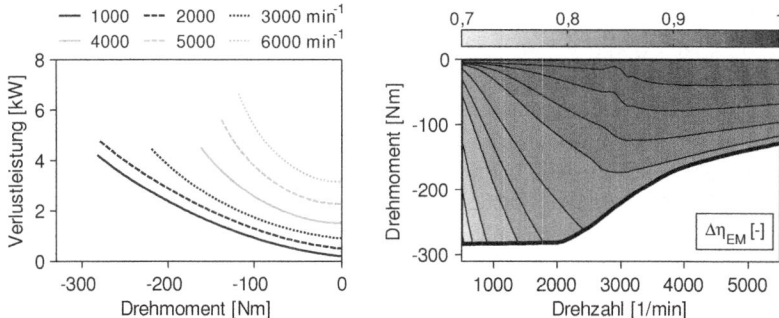

Abbildung 5.3: Verlustleistung (links) und differentieller Wirkungsgrad (rechts) der zugrunde liegenden E-Maschine inkl. Leistungselektronik im generatorischen Betrieb

Betrachtet man die Verluste der E-Maschine und der Leistungselektronik näher, setzen sich die Verluste der E-Maschine größtenteils aus den Stromwärmeverlusten in den Ständerwicklungen, den Wirbelstrom- und Hystereseverlusten in den Ständerblechpaketen sowie den Reibungs- und Ventilationsverlusten zusammen [11], [110]. In der Leistungselektronik sind vor allem die Durchlass- und Schaltverluste in den Halbleiterbauteilen, welche sowohl von der Leistung als auch der Schaltfrequenz abhängen, relevant [71]. Sieht man von den Reibungsverlusten ab, dominieren bei kleineren Drehzahlen vor dem Eckpunkt[7] der E-Maschine vor allem die Stromwärmeverluste [23], welche annähernd quadratisch mit dem durch die Leiter fließenden Strom ansteigen. In Abbildung 5.3 ist der über dem Drehmoment zu erwartende quadratische Anstieg der Verlustleistung, anhand der in diesem Bereich liegenden Drehzahlen, gut zu erkennen. Des Weiteren ist zu sehen, dass die Verlustleistung in diesem Drehzahlbereich mit steigender Drehzahl nur geringfügig zunimmt, wodurch der im rechten Diagramm abgebildete differentielle Wirkungsgrad mit steigender Drehzahl ansteigt. Die Zunahme der Verlustleistung geht hierbei in erster Linie auf die linear mit der Drehzahl ansteigenden Hystereseverluste [110] sowie die quadratisch über der Drehzahl

---

[7] Übergang zwischen Konstant-Drehmoment-Bereich bzw. Grunddrehzahlbereich und Konstant-Leistungs-Bereich bzw. Feldschwächbereich, ab dem die Drehmomentkennlinie abfällt

zunehmende Wirbelstromverlustleistung [110] zurück. Da der Strom in den Ständerwicklungen im Grunddrehzahlbereich vor dem Eckpunkt der E-Maschine über der Drehzahl annährend konstant ist, steigen die Stromwärmeverluste in diesem Bereich nicht über der Drehzahl an – sofern von Stromverdrängungseffekten, welche erst bei höheren Drehzahlen eine entscheidende Rolle spielen, abgesehen wird.

In Abbildung 5.4 sind die zuvor in Abbildung 5.2 für verschiedene Drehmomentanforderungen dargestellten spezifischen Energiekosten über der Drehzahl für die Drehmomentanforderung von 100 Nm abgebildet. Wie anhand dieser Darstellung zu erkennen ist, nehmen, aufgrund des zuvor herausgestellten Anstiegs des differentiellen Wirkungsgrads der E-Maschine vor dem Eckpunkt, die spezifischen Energiekosten der Lastpunktanhebung mit steigender Drehzahl zunächst ab. Die Abnahme der spezifischen Energiekosten beschränkt sich jedoch nur auf den Grunddrehzahlbereich der E-Maschine. Wie aus Abbildung 5.4 hervorgeht, nehmen nach dem Eckpunkt im Feldschwächbereich die spezifischen Energiekosten bei konstantem Lastpunktverschiebungsmoment mit weiter steigender Drehzahl wieder zu. Dieser Anstieg ist auf die steigende Leistung und die damit quadratisch ansteigenden Verluste der Batterie zurückzuführen. Zudem steigen im Feldschwächbereich der E-Maschine sowohl die Stromwärmeverluste in den Ständerwicklungen als auch die entsprechenden Verluste der Leistungselektronik aufgrund des zusätzlichen Feldschwächstroms an [11], [25]. In Abbildung 5.3 ist dies anhand des differentiellen Wirkungsgrads und dem Verlauf der Verlustleistung der E-Maschine zu sehen. Während der differentielle Wirkungsgrad im Grunddrehzahlbereich mit steigender Drehzahl zunimmt, fällt dieser im Feldschwächbereich wieder leicht ab.

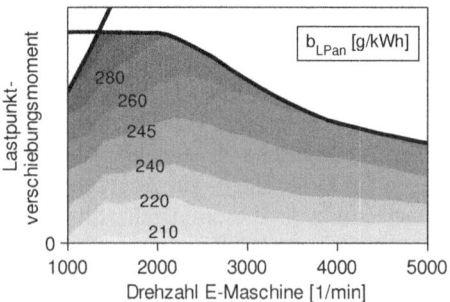

Abbildung 5.4: Spezifische Energiekosten der Lastpunktanhebung über der Drehzahl und dem Lastpunktverschiebungsmoment für eine Drehmomentanforderung von 100 Nm

5.1 Betriebspunktabhängige Effizienzanalyse der Hybridbetriebszustände

Der in Abbildung 5.2 als zweiter wesentlicher Punkt herausgestellte Anstieg der spezifischen Energiekosten über der Drehmomentanforderung des Grundlastbetriebspunkts lässt sich anhand der Willans-Linien des Verbrennungsmotors erklären. Diese den Kraftstoffmassenstrom über dem effektiven Drehmoment des Verbrennungsmotors beschreibenden Kurven sind für den zugrunde liegenden 6-Zylinder Turbo-Ottomotor für verschiedene Drehzahlen in Abbildung 5.5 im oberen Diagramm dargestellt. Das untere der beiden Diagramme zeigt die Ableitung dieser Kurven nach der effektiven Leistung des Verbrennungsmotors. Anhand dieser geht hervor, dass die Willans-Linien für einen derartigen Verbrennungsmotor hingegen der vielfach getroffenen Annahme [12], [16], [41], [87], [122] keine Geraden sind, sondern sich deren Steigung über dem Drehmoment verändert – wie ebenfalls in [32] herausgestellt. Es ist deutlich zu sehen, dass die Steigung im Teillastbereich, in dem die Drosselverluste mit steigender Drehmomentanforderung abnehmen, wesentlich geringer als bei höheren Drehmomenten oberhalb der Saugvollast ist.

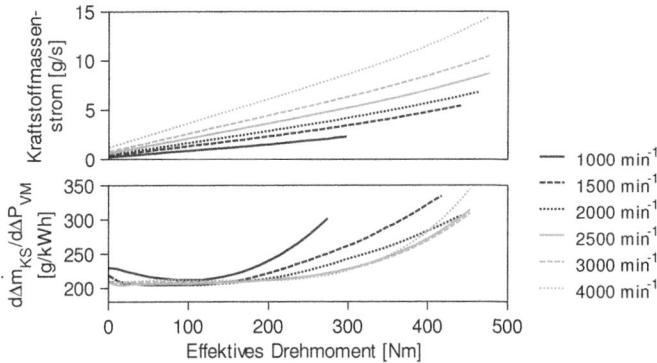

Abbildung 5.5: Willans-Linien (oben) des zugrunde liegenden Verbrennungsmotors und deren Steigung (unten) für verschiedene Drehzahlen

Zieht man die sich über der Drehmomentanforderung verändernde Steigung der Willans-Linien zur Analyse der spezifischen Energiekosten heran, wird deutlich, dass bei einer Lastpunktanhebung im Bereich geringer Drehmomentanforderungen für dieselbe zusätzliche Leistungsabgabe des Verbrennungsmotors ein wesentlich geringerer zusätzlicher Kraftstoffmassenstrom notwendig ist, als bei höheren Drehmomenten, bei denen die Willans-Linien wesentlich steiler ansteigen. Hierdurch lässt sich erklären, warum die spezifischen Energiekosten mit steigender Drehmomentanforderung zunächst relativ gering und dann ab ca. 150 Nm deutlich stärker ansteigen. Des Weiteren zeigt sich anhand dieser Zusammenhänge der bereits bspw. in [5], [32], [88], [122] herausgestellte Sachverhalt, dass für eine Lastpunktverschiebung nicht der effektive Wirkungsgrad des Verbrennungsmotors relevant ist, sondern die Lastpunktanhebung in den Bereichen am effizientesten ist, in denen die Steigung der Willans-Linien am geringsten und dementsprechend der differentielle Wirkungsgrad des Verbrennungsmotors am größten ist.

Vergleicht man den Verlauf der spezifischen Energiekosten über dem Lastpunktverschiebungsmoment (Abbildung 5.2) mit den Verläufen aus [5], [32], [64], [70], [88], sinken in diesen Arbeiten die spezifischen Energiekosten zunächst auf ein Minimum ab und steigen dann wieder an (vgl. Abbildung 3.8; Zu beachten: hier ist mit dem Ladewirkungsgrad der Kehrwert dargestellt). Bei der Berechnung der spezifischen Energiekosten wurde bereits darauf eingegangen, dass in diesen Arbeiten durch die Verwendung des effektiven Wirkungsgrads der E-Maschine und der Batterie die Leistung der Batterie im Bezugsbetriebspunkt nicht berücksichtigt wird. Wird diese korrekterweise berücksichtigt, steigen, wie in Abbildung 5.2 ersichtlich, die spezifischen Energiekosten monoton an, ohne zunächst auf ein Minimum abzufallen – auf welches, wie in Kapitel 3.3 erläutert, die Lastpunktverschiebung bspw. in [5], [64], [70], [88], ausgelegt wird.

Lastpunktabsenkung

Neben den spezifischen Energiekosten der Lastpunktanhebung sind in Abbildung 5.6 im Bereich der negativen Lastpunktverschiebungsmomente die spezifischen Kraftstoffersparnisse der Lastpunktabsenkung dargestellt. Anhand der Darstellung ist zu sehen, dass, analog zum Anstieg der spezifischen Energiekosten, die spezifischen Kraftstoffersparnisse monoton über dem Lastpunktverschiebungsmoment abfallen. Wie bei der Lastpunktanhebung lässt sich auch hier der Verlauf hauptsächlich auf die mit dem Drehmoment überproportional ansteigenden Verluste im elektrischen System zurückführen. Da hierdurch bei einer stärkeren Lastpunktabsenkung anteilig mehr elektrische Energie notwendig ist, sinken die spezifischen Kraftstoffersparnisse mit steigendem Lastpunktabsenkungsmoment. Neben der Abhängigkeit vom Lastpunktverschiebungsmoment ist es auch hier von Bedeutung, von welcher Drehmomentanforderung die Absenkung des verbrennungsmotorischen Betriebspunkts erfolgt. So wie der steilere Verlauf der Willans-Linien bei höheren Drehmomenten zu höheren spezifischen Energiekosten geführt hat, kann, wie Abbildung 5.6 zeigt, im Fall der Lastpunktabsenkung bei höheren Drehmomenten deutlich mehr Kraftstoff eingespart werden als dies im Teillastbereich bei geringerer Steigung der Willans-Linien der Fall ist.

5.1 Betriebspunktabhängige Effizienzanalyse der Hybridbetriebszustände

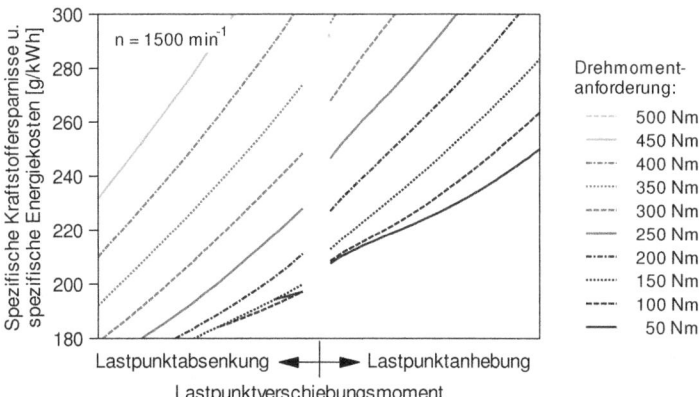

Abbildung 5.6: Spezifische Kraftstoffersparnisse der Lastpunktabsenkung und spezifische Energiekosten der Lastpunktanhebung für verschiedene Drehmomentanforderungen

Stellt man die spezifischen Kraftstoffersparnisse und Energiekosten bei gleicher Drehmomentanforderung einander gegenüber, so geht hervor, dass sich eine Lastpunktanhebung mit anschließender Lastpunktabsenkung im selben Grundlastbetriebspunkt in keinem Fall lohnt. Wie Abbildung 5.6 zu entnehmen ist, sind die spezifischen Energiekosten immer größer als die im gleichen Betriebspunkt durch Lastpunktabsenkung erzielbaren Kraftstoffersparnisse. Der Grund hierfür liegt in den Verlusten des elektrischen Systems, aber auch der Verlauf der Willans-Linien trägt hierzu bei. Werden hingegen verschiedene Grundlastbetriebspunkte für die Lastpunktanhebung und die Lastpunktabsenkung herangezogen, so gibt es durchaus Situationen, in denen es sich lohnt, den verbrennungsmotorischen Betriebspunkt anzuheben und hierbei diejenige elektrische Energie zu erzeugen, welche in anderen Betriebspunkten dann wieder zur Lastpunktabsenkung eingesetzt wird. Gerade wenn sowohl Betriebspunkte sehr geringer Drehmomentanforderung für die Lastpunktanhebung als auch Betriebspunkte sehr hoher Drehmomentanforderung, in denen die Lastpunktabsenkung stattfinden kann, vorliegen, kann sich, wie aus Abbildung 5.6 hervorgeht, ein derartiger Betrieb aus Lastpunktanhebung und Lastpunktabsenkung hinsichtlich des Kraftstoffverbrauchs lohnen.

5.1.3 Analyse der elektrischen Fahrt

Da im Betriebsmodus der elektrischen Fahrt kein Freiheitsgrad bei der Drehmomentaufteilung besteht, sind die spezifischen Kraftstoffersparnisse der elektrischen Fahrt neben den Randbedingungen nur von der Drehmomentanforderung und der Drehzahl des betrachteten Betriebspunkts abhängig. Die im Folgenden zur Analyse verwendeten Ergebnisse wurden, wie im vorherigen Kapitel, für den in Kapitel 4.1 vorgestellten P2-Hybridantriebsstrang unter denselben Randbedingungen berechnet.

In Abbildung 5.7 sind die spezifischen Kraftstoffersparnisse der elektrischen Fahrt über der Drehmomentanforderung und der Drehzahl dargestellt. Anhand der Abbildung ist zu sehen, dass die größten Kraftstoffersparnisse in den Betriebspunkten mit der geringsten Drehmomentanforderung auftreten und die Kraftstoffersparnisse sowohl mit der Drehmomentanforderung als auch der Drehzahl monoton abnehmen. Die Abnahme mit der Drehmomentanforderung ist in erster Linie auf die Verluste im elektrischen System zurückzuführen. Wie in Abbildung 5.3 für den generatorischen Betrieb der E-Maschine dargestellt, steigt auch im motorischen Betrieb die Verlustleistung überproportional über dem Drehmoment der E-Maschine an, wodurch der differentielle Wirkungsgrad des elektrischen Systems, und somit auch die spezifischen Kraftstoffersparnisse, mit der Drehmomentanforderung abnehmen. Zusätzlich hierzu steigt in diesem Drehmomentbereich der effektive Wirkungsgrad des Verbrennungsmotors mit steigender Drehmomentanforderung an. Da hierdurch der Vorteil der elektrischen Fahrt gegenüber dem verbrennungsmotorischen Betrieb geringer wird, nehmen die spezifischen Kraftstoffersparnisse entsprechend zusätzlich ab.

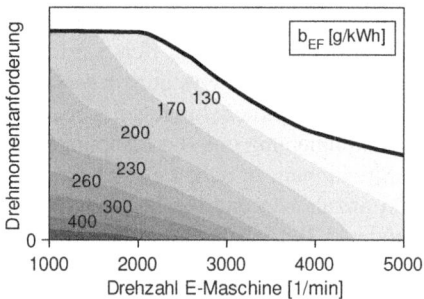

Abbildung 5.7: Spezifische Kraftstoffersparnisse der elektrischen Fahrt

Die Abnahme der spezifischen Kraftstoffersparnisse über der Drehzahl ist im Wesentlichen auf das Reibmoment der geöffneten Trennkupplung zwischen Verbrennungsmotor und E-Maschine zurückzuführen. Da dieses mit steigender Drehzahldifferenz der Kupplungslamellen ansteigende Schleppmoment (vgl. Abbildung A.1 im Anhang) während der elektrischen Fahrt zusätzlich von der E-Maschine aufgebracht werden muss, wird die elektrische Fahrt mit steigender Drehzahl zunehmend ineffizienter gegenüber dem verbrennungsmotorischen

5.1 Betriebspunktabhängige Effizienzanalyse der Hybridbetriebszustände

Betrieb mit geschlossener Trennkupplung. Der Einfluss des sich über der Drehzahl verbessernden differentiellen Wirkungsgrads der E-Maschine spielt dabei eine untergeordnete Rolle und wird nahezu vollständig durch den sich ebenfalls verbessernden Wirkungsgrad des Verbrennungsmotors aufgehoben.

Vergleich der elektrischen Fahrt mit der Lastpunktabsenkung

Die Gegenüberstellung der spezifischen Kraftstoffersparnisse der Lastpunktabsenkung mit den spezifischen Energiekosten der Lastpunktanhebung hat im vorherigen Kapitel gezeigt, dass sich eine Lastpunktanhebung und anschließende Lastpunktabsenkung im selben Betriebspunkt hinsichtlich des Kraftstoffverbrauchs nicht lohnt. Wird die elektrische Energie hingegen für die elektrische Fahrt eingesetzt, so drehen sich die Verhältnisse um. Vor allem in Betriebspunkten geringer Drehmomentanforderung liegen die spezifischen Kraftstoffersparnisse infolge des Ausschaltens und Abkoppelns des Verbrennungsmotors deutlich über denen einer Lastpunktabsenkung. In Abbildung 5.8 sind für einen derartigen Vergleich sowohl die spezifischen Kraftstoffersparnisse der Lastpunktabsenkung über dem Lastpunktverschiebungsmoment (Linien) als auch die der elektrischen Fahrt in Form von einzelnen Punkten für verschiedene Drehmomentanforderungen dargestellt.

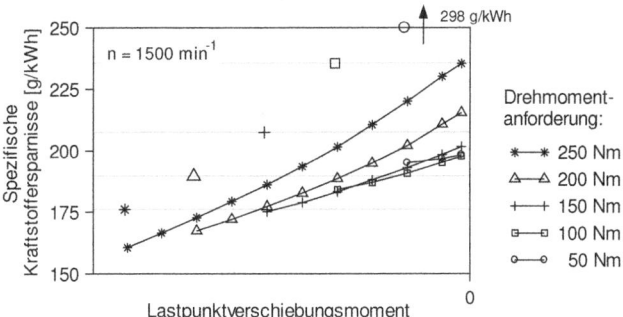

Abbildung 5.8: Vergleich der spezifischen Kraftstoffersparnisse zwischen elektrischer Fahrt (einzelne Punkte) und Lastpunktabsenkung (Linien)

Anhand von Abbildung 5.8 ist zu erkennen, dass, unabhängig vom Lastpunktverschiebungsmoment, bis zu einer Drehmomentanforderung von ca. 150 Nm die spezifischen Kraftstoffersparnisse der elektrischen Fahrt über denen der Lastpunktabsenkung liegen. Ab einer Drehmomentanforderung von ca. 150 Nm dreht sich dies jedoch für die hier dargestellte Drehzahl um. Wie anhand der Linien für 200 Nm und 250 Nm zu sehen ist, liegen bis zu einem gewissen Lastpunktverschiebungsmoment die spezifischen Kraftstoffersparnisse der Lastpunktabsenkung über denen der elektrischen Fahrt. Hieran zeigt sich, dass die Lastpunktabsenkung vor allem bei leistungsstarken E-Maschinen in gewissen Betriebsbereichen ihre Berechtigung hat und sich effizienter gegenüber der elektrischen Fahrt gestalten kann. Wie sich anhand der Darstellung zeigt, kann es besonders bei hohen Drehmoment- und Leistungsanforderungen, bei denen die Verluste des elektrischen Antriebssystems aufgrund der quadratischen Abhängigkeit vom Strom sehr hoch sind, von Vorteil sein, den verbrennungsmotorischen Betriebspunkt unter geringerer elektrischer Leistung abzusenken und dafür den Verbrennungsmotor angeschaltet zu lassen.

Bis zu welcher Grenze es sich lohnt, elektrische Energie über Lastpunktanhebung zu erzeugen, um diese dann wieder für elektrische Fahrt oder Lastpunktabsenkung einzusetzen, und wie dies bei einer kraftstoffoptimalen Betriebsweise aussieht, wird in den Kapiteln 5.2 und 5.3 näher betrachtet. Im Folgenden wird zunächst darauf eingegangen, wie sich andere Verbrennungsmotoren auf die Verläufe der spezifischen Energiekosten und Kraftstoffersparnisse, sowie die sich hieraus ergebenden Zusammenhänge auswirken.

5.1.4 Einfluss verschiedener Verbrennungsmotoren

Nachdem die Ergebnisse bisher beispielhaft für den in Kapitel 4.1 vorgestellten P2-Hybridantriebsstrang mit 6-Zylinder Ottomotor betrachtet wurden, wird in diesem Kapitel gezeigt, welchen Einfluss andere Verbrennungsmotoren mit anderen Eigenschaften haben. Hierzu wird zum einen ein ebenfalls turboaufgeladener, direkteinspritzender Ottomotor derselben Motorengeneration mit einem kleineren Hubraum von 2,0 Litern und 4-Zylindern herangezogen. Des Weiteren kommt ein 4-Zylinder Dieselmotor mit 2,2 Litern Hubraum und einer Leistung von 150 kW zur Anwendung. Diese Motoren wurden für den Vergleich ausgewählt, da hierdurch einerseits der Einfluss des Downsizings bei nahezu gleicher Motortechnologie herausgestellt werden kann und andererseits anhand des Dieselaggregats die Auswirkungen eines Brennverfahrens, welches ohne Drosselung im Teillastbereich auskommt, zu sehen sind. Des Weiteren kommt deren Relevanz für Hybridfahrzeuge hinzu, die sich nicht nur darin zeigt, dass diese Motoren in verschiedenen Hybridfahrzeugen von Mercedes-Benz zum Einsatz kommen, sondern auch andere Hersteller derzeit auf vergleichbare Aggregate setzen [39], [52], [53], [54], [102]. Um hierbei ausschließlich den Einfluss der Eigenschaften des Verbrennungsmotors bewerten zu können, blieb der restliche Hybridantriebsstrang bei den einzelnen Berechnungen unverändert.

In Abbildung 5.9 sind die spezifischen Energiekosten der Lastpunktanhebung für alle drei Verbrennungsmotoren nebeneinander dargestellt. Um trotz der unterschiedlichen Kraftstoffarten die Motoren miteinander vergleichen zu können,

5.1 Betriebspunktabhängige Effizienzanalyse der Hybridbetriebszustände

wurden die spezifischen Energiekosten mit dem unteren Heizwert H_u des jeweiligen Kraftstoffs multipliziert.

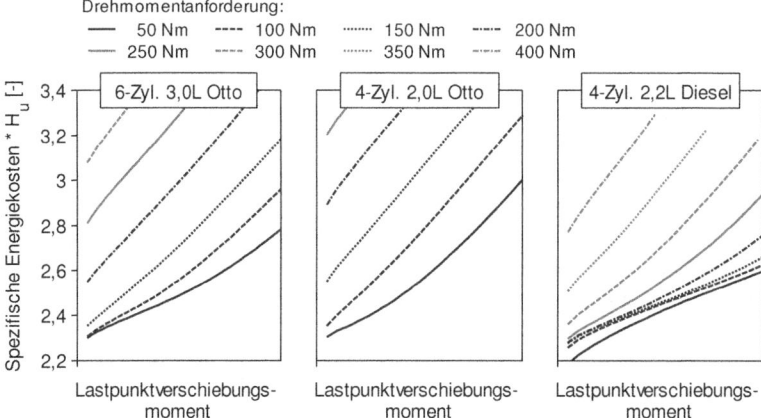

Abbildung 5.9: Vergleich der spezifischen Energiekosten der Lastpunktanhebung für drei verschiedene Verbrennungsmotoren (bei n = 1500 min^{-1})

Vergleicht man die spezifischen Energiekosten des Hybridantriebsstrangs mit dem 6-Zylinder Ottomotor mit denen des 4-Zylinder Ottomotors, fällt auf, dass der Verlauf der Kurven zunächst sehr ähnlich ist. In beiden Fällen steigen die spezifischen Energiekosten sowohl über dem Lastpunktverschiebungsmoment als auch über der Drehmomentanforderung des Grundlastbetriebspunkts an. Betrachtet man die Werte der spezifischen Energiekosten, liegen diese im unteren Teillastbereich bis zu einer Drehmomentanforderung von ca. 100 Nm annähernd auf demselben Niveau. Da sich in diesem Bereich zwar der effektive Wirkungsgrad der beiden Motoren aufgrund der geringeren Reibung des kleineren Aggregats unterscheidet, hingegen der differentielle Wirkungsgrad nahezu gleich ist, ist dies schlüssig. Zieht man allerdings höhere Drehmomentanforderungen heran, ist zu sehen, dass die spezifischen Energiekosten im Fall des 4-Zylinder Motors wesentlich steiler über der Drehmomentanforderung sowie dem Lastpunktverschiebungsmoment ansteigen als dies beim größeren 6-Zylinder Motor der Fall ist. Während die Kurve der Drehmomentanforderung von 150 Nm ca. zehn Prozent über der des 6-Zylinder Motors liegt, unterscheidet sich das Niveau bei einer Drehmomentanforderung von 200 Nm schon um ca. 20 Prozent. Vergleicht man die Willans-Linien beider Motoren (siehe Abbildung A.6 im Anhang), lässt sich dies nachvollziehen. Im Fall des kleineren 4-Zylinder Motors liegt der Punkt, ab dem die Willans-Linien deutlich steiler ansteigen, bei wesentlich geringeren Drehmomenten. Während sich der 6-Zylinder Motor noch im oberen Teillastbereich befindet, erfolgt die Lastpunktverschiebung beim kleineren Motor bereits oberhalb der Saugvolllast und damit in einem Bereich, in dem der Effekt der mit steigender Last geringer werdenden Drosselverluste nicht mehr ausgenutzt werden kann.

Zieht man zum Vergleich statt des 4-Zylinder Ottomotors den 4-Zylinder Dieselmotor heran, sind wesentlich größere Unterschiede zu erkennen. Es ist deutlich zu sehen, dass die Kurven der verschiedenen Drehmomentanforderungen wesentlich näher beieinander liegen bzw. im unteren Drehmomentbereich nahezu deckungsgleich verlaufen. Verwendet man zur Analyse erneut die Willans-Linien beider Motoren, lässt sich dies auf die im Fall des Dieselmotors über einen weiten Bereich mit nahezu konstanter Steigung verlaufenden Linien zurückführen. Wie in Abbildung A.7 im Anhang zu sehen ist, ist hier erst ab deutlich höheren Drehmomentanforderungen, oberhalb von ca. 300 Nm, ein etwas steilerer Verlauf auszumachen. Sieht man von diesen Betriebspunkten ab, wird deutlich, dass es aus Sicht des Kraftstoffverbrauchs bei einem Dieselmotor lediglich eine untergeordnete Rolle spielt, in welchen Betriebspunkten die Lastpunktverschiebung stattfindet. Da die spezifischen Energiekosten aufgrund der stromabhängigen Verluste im elektrischen Antriebssystem über dem Lastpunktverschiebungsmoment ansteigen – wenn auch wesentlich geringer – ist es weiterhin für die Effizienz der Lastpunktverschiebung von Bedeutung, mit welchem Lastpunktverschiebungsmoment die Lastpunktanhebung erfolgt. Der deutlich geringere Anstieg über dem Lastpunktverschiebungsmoment geht dabei ebenfalls auf den nahezu konstanten Verlauf der Willans-Linien zurück.

Da nicht nur die spezifischen Energiekosten der Lastpunktanhebung von den Eigenschaften des zugrunde liegenden Verbrennungsmotors abhängen, sondern auch der Verlauf der spezifischen Kraftstoffersparnisse, sind in Abbildung 5.10 die spezifischen Kraftstoffersparnisse der elektrischen Fahrt für alle drei Motoren dargestellt. Vergleicht man hier zunächst wieder die für den 6-Zylinder Ottomotor berechneten Werte mit denen des kleineren 4-Zylinder Ottomotors, stellt man fest, dass die spezifischen Kraftstoffersparnisse bei gleicher Drehmomentanforderung im Fall des kleineren Verbrennungsmotors auf einem etwas geringeren Niveau liegen. Da bei der elektrischen Fahrt der effektive Wirkungsgrad des Verbrennungsmotors maßgebend ist – und nicht wie zuvor bei der Lastpunktverschiebung der differentielle – ist dies vor dem Hintergrund der geringeren Reibung sowie der geringeren Drosselverluste des 4-Zylinder Motors schlüssig. In Anbetracht der Tatsache, dass hierdurch der Vorteil der elektrischen Fahrt wesentlich geringer ausfällt als dies bei einem größeren Motor mit schlechterem Teillastwirkungsgrad der Fall ist, liegen die spezifischen Kraftstoffersparnisse auf einem geringeren Niveau. Zusammen mit der Erkenntnis der etwas höheren spezifischen Energiekosten der Lastpunktanhebung bei mittleren und hohen

5.1 Betriebspunktabhängige Effizienzanalyse der Hybridbetriebszustände

Drehmomentanforderungen, lässt sich die Schlussfolgerung ziehen, dass es sich bei einem größeren Ottomotor bis zu wesentlich höheren Drehmomentanforderungen als effizient gestaltet, mit der Energie, die über Lastpunktanhebung erzeugt wurde, elektrisch zu fahren.

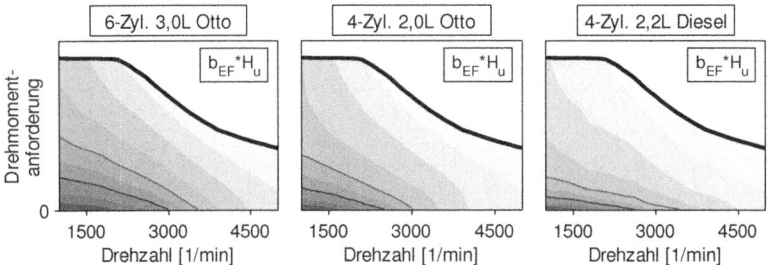

Abbildung 5.10: Vergleich der spezifischen Kraftstoffersparnisse der elektrischen Fahrt für drei verschiedene Verbrennungsmotoren

Zieht man zu diesem Vergleich den 4-Zylinder Dieselmotor hinzu, liegen die spezifischen Kraftstoffersparnisse auf einem noch geringeren Niveau. Dabei macht sich der deutlich höhere Teillastwirkungsgrad des Dieselmotors, welcher vor allem aufgrund der entfallenden Androsselung zustande kommt, bemerkbar. Jedoch muss zur vollständigen Bewertung der elektrischen Fahrt auch berücksichtigt werden, dass die spezifischen Energiekosten der Lastpunktanhebung im Bereich mittlerer und höherer Drehmomentanforderung auf einem deutlich geringeren Niveau liegen. Um dies veranschaulichend gegenüberzustellen, sind in Abbildung 5.11 zusätzlich zu den spezifischen Energiekosten die spezifischen Kraftstoffersparnisse für eine elektrische Fahrt bei zwei verschiedenen Drehmomentanforderungen $T_{EF,1}$ und $T_{EF,2}$ ($T_{EF,2} > T_{EF,1}$) eingetragen. Hierdurch wird deutlich, dass es sich bei einem größeren Ottomotor bis in höhere Drehmomentbereiche lohnt, mit der elektrischen Energie aus der Lastpunktanhebung elektrisch zu fahren. Während im Fall des 4-Zylinder Ottomotors die Energie für elektrische Fahrt bei $T_{EF,2}$ nicht mehr rentabel nachgeladen werden kann, ist dies beim größeren Motor noch bis zu einer Drehmomentanforderung von 200 Nm möglich. Betrachtet man den 4-Zylinder Dieselmotor, geht aus dem Diagramm hervor, dass sich auch hier eine elektrische Fahrt mit Energie aus der Lastpunktanhebung bei $T_{EF,2}$ nicht mehr lohnt, jedoch im Fall von $T_{EF,1}$ die Energie über einen wesentlich weiteren Betriebsbereich rentabel nachgeladen werden kann. Im Gegensatz zu dem 4-Zylinder Ottomotor, bei dem dies nur bis knapp oberhalb von 150 Nm möglich ist, liegen beim Dieselmotor die spezifischen Energiekosten erst ab einer Drehmomentanforderung von 350 Nm über den spezifischen Kraftstoffersparnissen der elektrischen Fahrt bei $T_{EF,1}$, wodurch sich die Lastpunktanhebung in einem wesentlich größeren Drehmomentbereich lohnt.

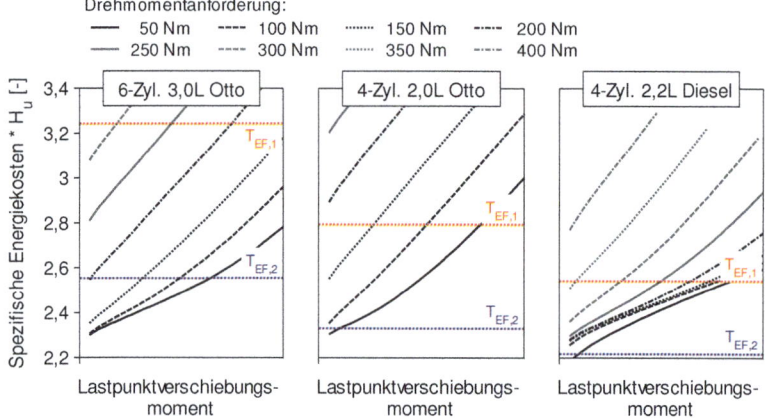

Abbildung 5.11: Spezifische Energiekosten der Lastpunktanhebung (graue Kurven) und spezifische Kraftstoffersparnisse der elektrischen Fahrt (farbige Linien) für verschiedene Drehmomentanforderungen

Wie die Vergleiche der verschiedenen Verbrennungsmotoren gezeigt haben, wirken sich die Eigenschaften des jeweiligen Verbrennungsmotors wesentlich auf die Lastpunktverschiebung und die elektrische Fahrt aus. Sie haben dabei einen nicht zu vernachlässigenden Einfluss, welcher bei der Auslegung der jeweiligen Betriebsstrategie berücksichtigt werden muss. Des Weiteren hat sich gezeigt, dass sich die in Kapitel 5.1.2 und 5.1.3 herausgestellten Zusammenhänge nicht grundsätzlich verändern. Auch wenn die Willans-Linien eines Dieselmotors in einem wesentlich größeren Bereich konstant ansteigen, steigen die spezifischen Energiekosten mit der Drehmomentanforderung an und dementsprechend muss bei einer Lastpunktanhebung im Bereich höherer Drehmomente mehr Kraftstoff eingesetzt werden als dies im Teillastbereich der Fall ist. Darüber hinaus sinken, wie aus Abbildung 5.10 hervorgeht, die spezifischen Kraftstoffersparnisse der elektrischen Fahrt unabhängig vom Typ des Verbrennungsmotors monoton über der Drehmomentanforderung. Zusammen mit der Eigenschaft der über dem Lastpunktverschiebungsmoment ansteigenden spezifischen Energiekosten, stellt dies einen im Folgenden für die Auslegung der Lastpunktverschiebung und der elektrischen Fahrt entscheidenden Zusammenhang dar. Da hierbei der Innenwiderstand der Hochvoltbatterie und die Verluste der E-Maschine zwar einen wesentlichen Einfluss darauf haben, wie steil die Energiekosten und Kraftstoffersparnisse ansteigen bzw. abfallen, sich auf die grundsätzlichen Verläufe und Zusammenhänge jedoch nicht auswirken, wird deren Einfluss an dieser Stelle nicht näher betrachtet. Auf den Effekt des sich über der Temperatur verändernden Innenwiderstands der Hochvoltbatterie wird in Kapitel 5.4 genauer eingegangen. Im Folgenden wird zunächst untersucht, wie sich die Lastpunktverschiebung und die Entscheidung zur elektrischen Fahrt im kraftstoffoptimalen Fall gestalten.

5.2 Kraftstoffoptimale Lastpunktverschiebung

Im Rahmen der Analysen im vorherigen Kapitel hat sich gezeigt, dass die Lastpunktanhebung bei sehr geringen Lastpunktverschiebungsmomenten am effizientesten ist und die spezifischen Energiekosten mit steigendem Lastpunktverschiebungsmoment ansteigen. Hieraus die Schlussfolgerung zu ziehen, ein Hybridfahrbetrieb mit keiner oder nur einer sehr geringen Lastpunktverschiebung ist am effizientesten, wäre jedoch falsch. Bei einer derartigen Bewertung muss ebenfalls die dabei umgesetzte elektrische Energie berücksichtigt werden. Für die absolute Kraftstoffersparnis ist nicht nur entscheidend, wie effizient die Lastpunktverschiebung und die elektrische Fahrt durchgeführt werden, sondern auch ausschlaggebend, wie viel elektrische Energie über Lastpunktanhebung erzeugt wird und damit für elektrische Fahrt oder Lastpunktabsenkung zur Verfügung steht. Es muss zudem beachtet werden, dass ein hohes Lastpunktverschiebungsmoment viel zur Verfügung stehende elektrische Energie liefert. Wenn diese jedoch unter größerem Kraftstoffeinsatz erzeugt wird als die damit erreichbaren Kraftstoffersparnisse, führt der Hybridfahrbetrieb insgesamt sogar zu einer Verschlechterung des Kraftstoffverbrauchs. Wie viel Lastpunktverschiebung kraftstoffoptimal ist und unter Berücksichtigung der elektrischen Fahrt oder Lastpunktabsenkung zu einer maximalen Kraftstoffersparnis führt, wird in Kapitel 5.3 betrachtet.

In diesem Kapitel wird zunächst darauf eingegangen, wie sich eine kraftstoffoptimale Lastpunktverschiebung im Fall verschiedener Betriebspunkte darstellt. Basis hierfür ist die Erkenntnis aus dem vorherigen Kapitel, dass die Effizienz der Lastpunktverschiebung nicht nur von der Höhe des Lastpunktverschiebungsmoments abhängt, sondern sich auch dahingehend unterscheidet, in welchen Betriebspunkten die Lastpunktverschiebung durchgeführt wird. Demnach stellt sich bei mehreren verschiedenen Betriebspunkten die Frage, wie viel Lastpunktverschiebung in dem einen Betriebspunkt und wie viel in dem anderen Betriebspunkt, in dem die spezifischen Kosten auf einem etwas höheren oder geringeren Niveau liegen, optimal ist. In diesem Zusammenhang wird in Kapitel 5.2.1 zunächst das optimale Lastpunktverschiebungsmoment in verschiedenen Betriebspunkten untersucht und ein allgemeingültiger Zusammenhang aufgestellt, über den sich die kraftstoffoptimale Lastpunktverschiebung in verschiedenen Betriebspunkten beschreiben lässt. In Kapitel 5.2.2 wird dieser Zusammenhang dann zur Ableitung jener Kennfelder angewandt, welche später in der regelbasierten Betriebsstrategie zur Steuerung der Drehmomentaufteilung zur Anwendung kommen.

5.2.1 Untersuchung und Herleitung der Zusammenhänge

Bei der Untersuchung der kraftstoffoptimalen Lastpunktverschiebung werden im Folgenden nur die Betriebspunkte im Hybridbetriebsmodus betrachtet. Des Weiteren wird vorausgesetzt, dass in diesen eine bestimmte elektrische Energie E_{LPV} in die Hochvoltbatterie geladen bzw. aus der Hochvoltbatterie entladen werden muss. Aus Sicht des gesamten Hybridfahrbetriebs stellt diese Energie die Differenz dar, welche in den anderen Betriebszuständen durch Rekuperation zurückgewonnen oder für elektrische Fahrt und Boost eingesetzt wurde. Über diesen Schritt lässt sich das Optimierungsproblem des gesamten Hybridfahrbetriebs auf die Problemstellung der kraftstoffoptimalen Lastpunktverschiebung reduzieren. Das reduzierte Optimierungsproblem umfasst dabei nur noch die Fragestellung, wie die Lastpunktverschiebung auf die verschiedenen zur Verfügung stehenden Grundlastbetriebspunkte, welche sich in den spezifischen Energiekosten der Lastpunktanhebung unterscheiden, aufzuteilen ist. Die Aufteilung soll dabei kraftstoffoptimal erfolgen, also so, dass die zu ladende elektrische Energie E_{LPV} mit minimalem Kraftstoffeinsatz erzeugt wird. Die vorgelagerte Entscheidung, in welchen Betriebspunkten elektrisch und in welchen im Hybridbetrieb gefahren wird sowie wie viel elektrische Energie im kraftstoffoptimalen Fall durch Lastpunktverschiebung erzeugt werden sollte, wird, wie im vorherigen Absatz erwähnt, nachfolgend in Kapitel 5.3 betrachtet. Wie später zu sehen ist, vereinfachen sich durch diese Aufteilung in zwei getrennte Problemstellungen die Zusammenhänge entscheidend, ohne Auswirkungen auf die Güte der gesamten Betriebsweise zu haben.

Vereinfachte Betrachtung in zwei Betriebspunkten

Um die Analyse der kraftstoffoptimalen Lastpunktverschiebung möglichst einfach zu gestalten, werden zunächst nur zwei Betriebspunkte betrachtet. In diesem vereinfachten Fall ist es möglich, das oben erläuterte Optimierungsproblem der kraftstoffoptimalen Aufteilung der Lastpunktverschiebung über einen Brute-Force-Ansatz mit verhältnismäßig geringem Rechenaufwand zu lösen. Hierbei werden alle möglichen Kombinationen an Lastpunktverschiebungsmomenten durchprobiert und unter diesen alle ausgewählt, welche die Nebenbedingung der zu ladenden bzw. entladenden Energie E_{LPV} erfüllen. Diejenige Kombination, welche dabei den geringsten Kraftstoffverbrauch aufweist, stellt die optimale

5.2 Kraftstoffoptimale Lastpunktverschiebung

Lösung dar. Hierdurch lässt sich nicht nur das optimale Lastpunktverschiebungsmoment beider Betriebspunkte einfach finden, sondern die zugrunde liegenden Zusammenhänge können auch leicht analysiert und dargestellt werden. In Abbildung 5.12 ist das Ergebnis einer derartigen Lösung für die beiden auf der rechten Seite dargestellten Betriebspunkte veranschaulicht. Bei den Berechnungen wurde unterstellt, dass die beiden Betriebspunkte jeweils zehn Sekunden gefahren werden und insgesamt eine Energie von 30 Wh in die Hochvoltbatterie geladen werden soll. Im oberen Diagramm auf der linken Seite ist der sich hierbei ergebende Kraftstoffverbrauch über die verschiedenen Kombinationen der Lastpunktverschiebung aufgetragen. Die dargestellten Kombinationen erfüllen dabei alle die Nebenbedingung der zu ladenden elektrischen Energie E_{LPV}. Im mittleren Diagramm ist das jeweils verwendete Lastpunktverschiebungsmoment der beiden Betriebspunkte abgebildet. Während dieses für den ersten Betriebspunkt über die dargestellten Kombinationen von links nach rechts ansteigt, wird das des zweiten Betriebspunkts entsprechend kleiner. Wie anhand der beiden Diagramme erkennbar ist, hängt die insgesamt zur Erzeugung der elektrischen Energie notwendige Kraftstoffmenge davon ab, wie die Lastpunktverschiebung auf die beiden Betriebspunkte verteilt wird.

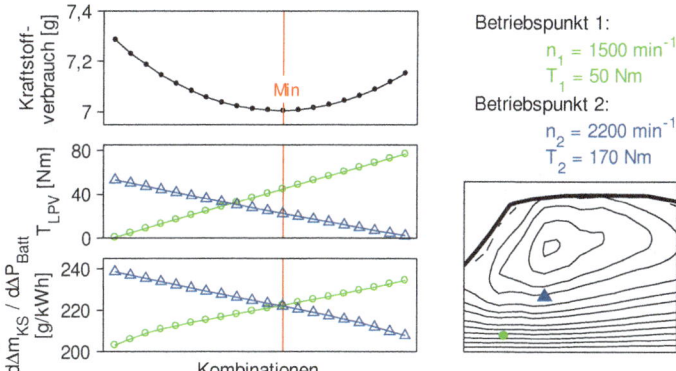

Abbildung 5.12: Ergebnis der Untersuchung der kraftstoffoptimalen Lastpunktverschiebung anhand von zwei verschiedenen Betriebspunkten

Zieht man das untere der drei Diagramme in Abbildung 5.12 hinzu, ist diesem zu entnehmen, dass der minimale Kraftstoffverbrauch erreicht wird, wenn die darin dargestellte Größe in beiden Betriebspunkten denselben Wert annimmt. Die hier aufgetragene und im Folgenden mit Lambda bezeichnete Größe stellt die Ableitung des zusätzlichen Kraftstoffmassenstroms der Lastpunktverschiebung $\Delta \dot{m}_{KS}$ nach der hieraus resultierenden Differenz der Leistung in der Batterie ΔP_{Batt} dar:

$$\frac{d\Delta \dot{m}_{KS}}{d\Delta P_{Batt}} = \lambda. \tag{5.4}$$

Im Unterschied zu den in (5.1) definierten spezifischen Energiekosten der Lastpunktanhebung, welche den zusätzlichen Kraftstoffmassenstrom $\Delta \dot{m}_{KS}$ ins Verhältnis zur Differenz der Batterieleistung ΔP_{Batt} setzen, ist Lambda als Ableitung dieser beiden Größen definiert. Der sich hieraus ergebende Unterschied ist in Abbildung 5.13 veranschaulicht. Die gestrichelte Linie stellt, wie in Abbildung 5.1, eine, den Kraftstoffmassenstrom über der effektiven Leistung beschreibende, Willans-Linie für eine bestimmte Drehzahl des Verbrennungsmotors dar. Die durchgezogene Linie repräsentiert den Zusammenhang zwischen dem zusätzlichen Kraftstoffmassenstrom $\Delta \dot{m}_{KS}$ und der daraus in der Batterie resultierenden Leistung ΔP_{Batt} bei einer Lastpunktverschiebung, ausgehend von dem eingezeichneten Grundlastbetriebspunkt. Wie aus der Abbildung hervorgeht, ist Lambda die Steigung dieser Kurve, welche die Beziehung zwischen der Eingangsgröße zusätzlicher Kraftstoffmassenstrom und der Ausgangsgröße zusätzlicher Batterieleistung beschreibt.

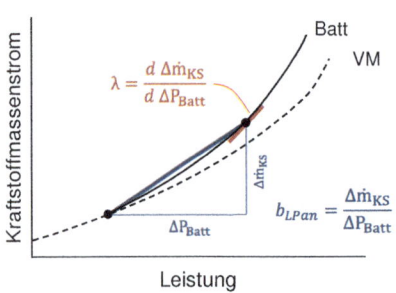
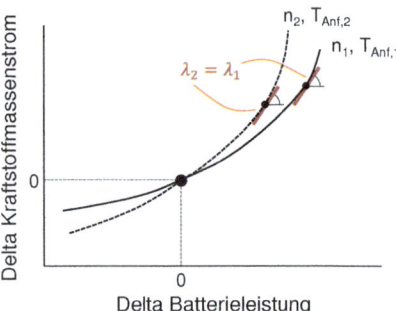

Abbildung 5.13: Schematische Darstellung des Unterschieds zwischen Lambda λ und den spezifischen Energiekosten b_{LPan}

Abbildung 5.14: Schematische Darstellung des Zusammenhangs zwischen Delta Kraftstoffmassenstrom und Delta Batterieleistung

Da die Steigung der Willans-Linien sowohl über der Drehmomentanforderung als auch der Drehzahl des Verbrennungsmotors variiert (vgl. Abbildung 5.5), unterscheidet sich der Verlauf dieser Kurven, je nachdem von welchem Grundlastbetriebspunkt aus die Lastpunktverschiebung erfolgt. In Abbildung 5.14 sind

5.2 Kraftstoffoptimale Lastpunktverschiebung

zwei dieser, das Delta des Kraftstoffmassenstroms über dem Delta der Batterieleistung beschreibenden, Kurven für zwei verschiedene Grundlastbetriebspunkte schematisch dargestellt. Soll in diesen eine bestimmte elektrische Energie kraftstoffoptimal erzeugt werden, so haben die Ergebnisse in Abbildung 5.12 gezeigt, ist die Lastpunktverschiebung derartig durchzuführen, dass die Steigungen dieser Kurven in den sich nach der Lastpunktverschiebung einstellenden Punkten gleich sind. Die Höhe der zu erreichenden Steigung bzw. des Lambda-Werts ist dabei abhängig von der zu ladenden elektrischen Energie E_{LPV}.

Anhand mehrerer Analysen in verschiedenen Betriebspunkten konnte im Rahmen der Untersuchungen zu dieser Arbeit gezeigt werden, dass der oben aufgestellte Zusammenhang unabhängig davon gilt, welche Betriebspunkte zugrunde gelegt werden oder wie hoch die zu ladende elektrische Energie ist. Dies trifft jedoch nur zu, solange keine Betriebsgrenze der Antriebsstrangkomponenten erreicht wird. Würde bei der optimalen Lastpunktverschiebung in einem Betriebspunkt bspw. das maximale Drehmoment der E-Maschine überschritten, so wird die Lastpunktverschiebung in diesem Betriebspunkt bis zur Grenze durchgeführt und muss im anderen Betriebspunkt entsprechend erhöht werden. Des Weiteren hat sich gezeigt, dass der Zusammenhang nicht nur für die Lastpunktanhebung, sondern auch bei einer Lastpunktabsenkung und einer während des Hybridbetriebs zu entladenden Energie gilt.

Allgemeingültige Betrachtung in N Betriebspunkten

Wie im Rahmen der regelbasierten Betriebsstrategien in Kapitel 3.3 dargestellt, wurde in [87] die Problemstellung der kraftstoffoptimalen Lastpunktverschiebung mit demselben Ergebnis bereits für ein Erdgashybridfahrzeug untersucht. Die Problemstellung wurde dabei als Optimierungsproblem mit Nebenbedingung angegangen und unter Anwendung der Euler-Lagrange-Gleichung mathematisch gelöst. Um auch hier die Allgemeingültigkeit zu zeigen, wird im Folgenden ebenfalls eine allgemeingültige, mathematische Betrachtung durchgeführt. Hierbei wird angewandt, dass sich die vorliegende Problemstellung der kraftstoffoptimalen Lastpunktverschiebung auf das wohlbekannte Economic Load Dispatch Problem zurückführen lässt. Das Economic Load Dispatch Problem stammt aus dem Bereich der Energieversorgung und setzt sich damit auseinander, wie mehrere, verschiedene Kraftwerke zu betreiben sind, um die geforderte elektrische Leistung so zu erfüllen, dass diese mit minimalen Kosten erzeugt wird [57], [107]. Während das Economic Load Dispatch Problem mehrere Stromerzeuger mit verschiedenen Eigenschaften zu einem Zeitpunkt betrachtet, umfasst die Problemstellung der kraftstoffoptimalen Lastpunktverschiebung die über einen bestimmten Zeitraum für die Lastpunktverschiebung zur Verfügung stehenden Betriebspunkte. So wie im Fall der Lastpunktverschiebung die Kurven des zusätzlichen Kraftstoffmassenstroms über der Leistung in der Batterie konvex verlaufen (vgl. Abbildung 5.14), wird auch beim Economic Load Dispatch Problem von einem konvexen Zusammenhang zwischen dem notwendigen Primärenergieverbrauch und der erzeugten elektrischen Energie ausgegangen. Die Kurven der verschiedenen Energieerzeuger unterscheiden sich dabei aufgrund unterschiedlicher Technologien oder der Systemgröße – wie auch die Kurven der Lastpunktverschiebung, ausgehend von unterschiedlichen Grundlastbetriebspunkten.

Die optimale Lösung des Economic Load Dispatch Problems stellt sich für diesen vereinfachten Fall so dar, dass jeder Stromerzeuger genau in dem Punkt betrieben wird, in dem die Ableitung der Primärenergiekosten nach der elektrischen Leistung gleich groß ist [57], [107]. Überträgt man dieses Ergebnis auf die Problemstellung der Lastpunktverschiebung, so gelangt man zu dem zuvor anhand der zwei Betriebspunkte erlangten Ergebnis. Im Folgenden wird der in [107] vorgestellte Lösungsansatz des Economic Load Dispatch Problems auf die Problemstellung der optimalen Lastpunktverschiebung angewandt. Es wird vereinfachend davon ausgegangen, dass die Betriebsgrenzen des Verbrennungsmotors, der E-Maschine sowie der Hochvoltbatterie nicht erreicht werden.

Betrachtet man die Problemstellung der kraftstoffoptimalen Lastpunktverschiebung für den allgemeinen Fall in N Betriebspunkten als Optimierungsproblem, so gilt es die folgende Zielfunktion, welche sich aus der in allen Betriebspunkten zusätzlich für die Lastpunktverschiebung eingesetzten Kraftstoffmasse zusammensetzt, zu minimieren:

$$\min_{\Delta P_{Batt,i}} \left[\Delta m_{KS}(\Delta P_{Batt,i}) = \sum_{i=1}^{N} \Delta \dot{m}_{KS,i}(\Delta P_{Batt,i}) \cdot \Delta t \right]. \tag{5.5}$$

Der zusätzlich eingesetzte Kraftstoff ist in jedem Betriebspunkt von der jeweiligen Lastpunktverschiebung und damit, wie in Abbildung 5.14 dargestellt, von der zusätzlich in der Batterie ankommenden Leistung abhängig. Aus der Forderung, dass in allen Betriebspunkten die elektrische Energie E_{LPV} geladen bzw. entladen werden muss, ergibt sich folgende Nebenbedingung:

$$E_{LPV} = \sum_{i=1}^{N} \Delta P_{Batt,i} \cdot \Delta t. \tag{5.6}$$

Wird zur Lösung dieses Optimierungsproblems mit Nebenbedingung analog zu [107] die Methode der Lagrange-Multiplikatoren verwendet, erfolgt die Bestimmung des Minimums unter Berücksichtigung der Nebenbedingung über die sogenannte Lagrange-Funktion. Die Lagrange-Funktion L setzt sich dabei aus der

5.2 Kraftstoffoptimale Lastpunktverschiebung

Zielfunktion sowie der Nebenbedingung, multipliziert mit dem Lagrange-Multiplikator λ, zusammen:

$$L(\Delta P_{Batt,i}, \lambda) = \Delta m_{KS}(\Delta P_{Batt,i}) - \lambda \cdot \left(\sum_{i=1}^{N} \Delta P_{Batt,i} \cdot dt - E_{LPV} \right). \quad (5.7)$$

Unter Verwendung der ersten notwendigen Optimalitätsbedingung [38], welche besagt, dass die partielle Ableitung der Lagrange-Funktion L nach der zu optimierenden Größe gleich Null sein muss:

$$\frac{\partial L}{\partial \Delta P_{Batt,i}} = 0, \quad (5.8)$$

ergibt sich zusammen mit (5.5) und der Bedingung, dass die Energie E_{LPV} konstant ist, folgender Zusammenhang für die optimale Lösung:

$$\frac{\partial \sum_{i=1}^{N} \Delta \dot{m}_{KS,i}}{\partial \Delta P_{Batt,i}} - \lambda = 0. \quad (5.9)$$

Da das Delta des Kraftstoffmassenstroms im Betriebspunkt i nur vom Delta der Batterieleistung im Betriebspunkt i abhängt und unabhängig von allen anderer Betriebspunkten ist, kann (5.9) wie folgt weiter aufgelöst werden:

$$\frac{\partial \Delta \dot{m}_{KS,1}}{\partial \Delta P_{Batt,1}} = \frac{\partial \Delta \dot{m}_{KS,2}}{\partial \Delta P_{Batt,2}} = \cdots = \frac{\partial \Delta \dot{m}_{KS,N}}{\partial \Delta P_{Batt,N}} = \lambda. \quad (5.10)$$

Wie aus (5.10) hervorgeht, zeigt die optimale Lösung, dass die Ableitung des Delta Kraftstoffmassenstroms nach dem Delta der Batterieleistung in jedem Betriebspunkt gleich sein muss. Damit ist der zuvor anhand der beiden Betriebspunkte herausgefundene Zusammenhang der kraftstoffoptimalen Lastpunktverschiebung für den allgemeinen Fall von beliebig vielen Betriebspunkten mathematisch bewiesen. Da es sich hierbei um eine konvexe Problemstellung handelt, ist dies nicht nur eine notwendige Optimalitätsbedingung, sondern sogar hinreichend für ein globales Minimum [38]. Die Konvexität der Problemstellung ist dadurch gegeben, dass sich aufgrund der monoton ansteigenden Steigung der Willans-Linien des Verbrennungsmotors und des annährend quadratischen Zusammenhangs der Verlustleistung im elektrischen System mit dem Lastpunktverschiebungsmoment ein konvexer Zusammenhang zwischen dem Delta Kraftstoffmassenstrom und dem Delta Batterieleistung ergibt (vgl. Abbildung 5.14).

5.2.2 Abbildung in Form von Kennfeldern

Im vorherigen Kapitel wurde ein Zusammenhang aufgestellt und mathematisch bewiesen, welcher die kraftstoffoptimale Aufteilung der Lastpunktverschiebung auf mehrere verschiedene Betriebspunkte beschreibt. Da hierüber für jeden Betriebspunkt die optimale Lastpunktverschiebung in Abhängigkeit von Lambda festgelegt ist [87], kann über diesen Zusammenhang das optimale Lastpunktverschiebungsmoment T_{LPVopt} als Funktion der Drehmomentanforderung T_{Anf}, der Drehzahl n und Lambda λ berechnet werden:

$$\frac{d\Delta\dot{m}_{KS}}{d\Delta P_{Batt}} = \lambda = konst. \quad \rightarrow \quad T_{LPVopt}(T_{Anf}, n, \lambda, ...). \tag{5.11}$$

Zur Bestimmung des optimalen Lastpunktverschiebungsmoments T_{LPVopt} wird für jeden Betriebspunkt das Lastpunktverschiebungsmoment gesucht, welches den entsprechenden Lambda-Wert ergibt, vgl. Abbildung 5.15. Unter Verwendung eines einfachen Algorithmus, der diese Berechnung für vorgegebene Drehzahl-Drehmoment-Kombinationen sowie für verschiedene Werte von Lambda durchläuft, ist es möglich, Kennfelder optimaler Lastpunktverschiebung automatisiert für einen bestimmten Hybridantriebsstrang zu berechnen. An Daten des Hybridantriebsstrangs sind dafür sowohl der Kraftstoffmassenstrom des Verbrennungsmotors sowie die elektrische Leistung der E-Maschine in Abhängigkeit von der Drehzahl und dem Drehmoment als auch eine statische Modellierung der Hochvoltbatterie (vgl. Kapitel 4.2.3) notwendig. Die Berechnung erfolgt jeweils für konstante Temperatur- und Nebenverbraucherrandbedingungen sowie einen konstanten Ladezustand der Batterie. Soll bspw. der Einfluss der Batterietemperatur oder der Nebenverbraucherleistung berücksichtigt werden, sind die Berechnungen zusätzlich für diese Randbedingungen durchzuführen. Die Dimension des Lastpunktverschiebungskennfelds erhöht sich hierdurch entsprechend. Auf den Einfluss der Randbedingungen wird in Kapitel 5.4 genauer eingegangen.

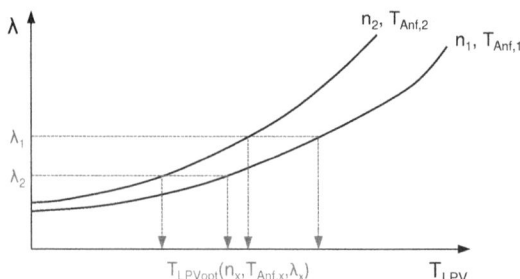

Abbildung 5.15: Schematische Darstellung der Berechnung des optimalen Lastpunktverschiebungsmoments

5.2 Kraftstoffoptimale Lastpunktverschiebung

Anhand dieser Lastpunktverschiebungskennfelder ist es nun möglich, die Lastpunktverschiebung für einen definierten Lambda-Wert so vorzugeben, dass diese über alle Betriebspunkte hinweg kraftstoffoptimal erfolgt und somit die hierbei zu ladende bzw. entladene elektrische Energie unter minimalem Kraftstoffeinsatz erzeugt wird bzw. unter größtmöglicher Kraftstoffersparnis für Lastpunktabsenkung eingesetzt wird. Wie hoch Lambda im kraftstoffoptimalen Fall ist und in welchen Betriebspunkten elektrisch oder im Hybridbetrieb mit Lastpunktverschiebung gefahren wird, ist bisher noch unbekannt. Hierauf wird, wie bereits erwähnt, im nächsten Kapitel bei den Untersuchungen zur elektrischen Fahrt eingegangen.

In Abbildung 5.16 sind zwei derartige Lastpunktverschiebungskennfelder für zwei verschiedene Lambda-Werte abgebildet. Das optimale Lastpunktverschiebungsmoment ist dabei über den beiden wesentlichen Einflussgrößen, Drehmomentanforderung und Drehzahl, als Höhenlinien dargestellt. Wie anhand der beiden Diagramme zu erkennen ist, variiert das optimale Lastpunktverschiebungsmoment über dem Betriebsbereich des Verbrennungsmotors deutlich. Die größten Lastpunktverschiebungsmomente treten dabei für beide Lambda-Werte im Teillastbereich des Verbrennungsmotors bei geringen Drehmomentanforderungen im Drehzahlbereich zwischen 1000 min^{-1} und 2000 min^{-1} auf. Zieht man zur Erklärung wieder die Willans-Linien des Verbrennungsmotors heran, ist anhand von Abbildung 5.5 in Kapitel 5.1.2 zu sehen, dass in diesem Bereich die Willans-Linien am geringsten ansteigen. Wie bereits die spezifischen Energiekosten der Lastpunktanhebung in Abbildung 5.2 gezeigt haben, ist die Lastpunktverschiebung in diesem Bereich am effizientesten. Da die Willans-Linien des Verbrennungsmotors mit steigender Drehmomentanforderung steiler ansteigen und somit die Lastpunktverschiebung zunehmend mehr Kraftstoff für dieselbe elektrische Energie erfordert, nimmt das optimale Lastpunktverschiebungsmoment kontinuierlich mit steigender Drehmomentanforderung ab. Im oberen Kennfeldbereich ergeben sich hierdurch, je nach Lambda-Wert, sogar negative Lastpunktverschiebungsmomente. Diese sind so zu interpretieren, dass es sich aufgrund der Umstände bei diesen Drehmomentanforderungen lohnt, die elektrische Energie, welche im Bereich der positiven Lastpunktverschiebungsmomente geladen wird, für Lastpunktabsenkung einzusetzen. In Kapitel 5.1.2 wurde anhand der spezifischen Energiekosten der Lastpunktanhebung und der spezifischen Kraftstoffersparnisse der Lastpunktabsenkung in Abbildung 5.6 bereits darauf aufmerksam gemacht, dass es sich hinsichtlich des Kraftstoffverbrauchs lohnen kann, elektrische Energie in den einen Betriebspunkten über Lastpunktanhebung zu laden, um sie dann in anderen Betriebspunkten für Lastpunktabsenkung wieder einzusetzen. Dies bestätigt sich hier.

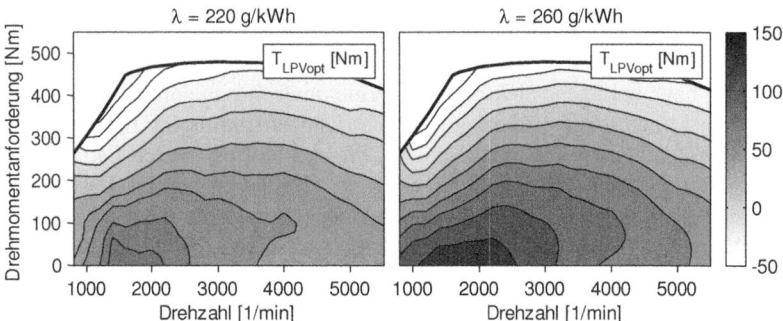

Abbildung 5.16: Optimales Lastpunktverschiebungsmoment in Abhängigkeit von Drehmomentanforderung und Drehzahl für zwei verschiedene Lambda-Werte

Vergleicht man die Kennfelder der beiden Lambda-Werte, ist in Abbildung 5.16 zu sehen, dass das Niveau des optimalen Lastpunktverschiebungsmoments mit steigendem Lambda-Wert zunimmt. Somit wird bei höherem Lambda-Wert mehr elektrische Energie zu höheren spezifischen Kosten erzeugt. Wie hoch der optimale Lambda-Wert ist und von welchen Bedingungen dies abhängt, wird im folgenden Kapitel im Zusammenhang mit den Untersuchungen zur kraftstoffoptimalen elektrischen Fahrt näher betrachtet. Wie bereits erwähnt, wird auf den Einfluss der Randbedingungen auf die optimalen Lastpunktverschiebungskennfelder in Kapitel 5.4 genauer eingegangen.

5.3 Kraftstoffoptimale elektrische Fahrt

Bei den Untersuchungen zur kraftstoffoptimalen Lastpunktverschiebung wurden bislang nur Betriebspunkte im Hybridbetriebsmodus betrachtet und dabei angenommen, dass in diesen eine bestimmte elektrische Energie in die Hochvoltbatterie geladen oder aus der Batterie entladen wird. Die vorgelagerte Entscheidung, welche Betriebspunkte elektrisch und welche im Hybridbetriebsmodus mit angeschaltetem Verbrennungsmotor gefahren werden, wurde bisher ausgeblendet. Diese zweite wesentliche Entscheidung der Betriebsstrategie eines P2-Hybridfahrzeugs wird in diesem Kapitel betrachtet. Die Grundlage hierfür stellt die Untersuchung dar, wie viel Lastpunktverschiebung und wie viel elektrische Fahrt zu einem hinsichtlich des Kraftstoffverbrauchs optimalen Betrieb führen. Analog zum Aufbau des vorherigen Kapitels wird zunächst die Untersuchung zusammen mit deren Ergebnissen vorgestellt und dabei ein Zusammenhang hergeleitet, über welchen sich die Entscheidung zwischen der elektrischen Fahrt und dem Hybridbetriebsmodus beschreiben lässt. Anschließend wird dieser Zusammenhang in Kapitel 5.3.2 dazu verwendet, Grenzlinien kraftstoffoptimaler elektrischer Fahrt zu berechnen.

5.3.1 Untersuchung und Herleitung der Zusammenhänge

Bei der betriebspunktabhängigen Effizienzanalyse der elektrischen Fahrt in Kapitel 5.1.3 hat sich gezeigt, dass die elektrische Fahrt in den Betriebspunkten mit der geringsten Drehmomentanforderung und Drehzahl am effizientesten ist und die Kraftstoffersparnisse pro elektrischer Energie mit steigender Drehmomentanforderung kontinuierlich abnehmen. Wie sich hieraus unschwer ableiten lässt, sollte es am effizientesten sein, in diesen Betriebspunkten elektrisch zu fahren und in den darüber liegenden, in denen die spezifischen Kraftstoffersparnisse entsprechend geringer sind, den Verbrennungsmotor hinzuzuschalten. In diesem Zusammenhang hat sich jedoch bei der Analyse der Lastpunktverschiebung des Weiteren gezeigt, dass auch die spezifischen Kraftstoffkosten der Lastpunktanhebung in den niedrigsten Betriebspunkten auf dem geringsten Niveau verlaufen. Da jedoch die spezifischen Kraftstoffersparnisse wesentlich steiler über der Drehmomentanforderung abfallen als die spezifischen Energiekosten der Lastpunktanhebung ansteigen, ist die elektrische Fahrt in den Betriebspunkten geringer Drehmomentanforderung in jedem Fall der Lastpunktverschiebung vorzuziehen.

Betrachtet man zur Interpretation dessen die physikalischen Hintergründe, so findet sich die Erklärung für die unterschiedlich steil verlaufenden spezifischen Energiekosten und Kraftstoffersparnisse in dem Unterschied des differentiellen und effektiven Wirkungsgrads des Verbrennungsmotors. Der für die Lastpunktanhebung maßgebliche differentielle Wirkungsgrad fällt wesentlich geringer über der Drehmomentanforderung ab als der für die elektrische Fahrt relevante effektive Wirkungsgrad ansteigt.

Um jedoch nicht nur anhand der spezifischen Energiekosten und Kraftstoffersparnisse zu begründen, in welchen Bereichen bei einer kraftstoffoptimalen Betriebsweise generell elektrisch und in welchen im Hybridbetriebsmodus mit Lastpunktverschiebung gefahren wird, ist in Abbildung 5.17 die kraftstoffoptimale Betriebsweise im WLTC[8] grafisch dargestellt. Zur Berechnung der optimalen Betriebsweise wurde das in Kapitel 4.3 erläuterte Verfahren der Dynamischen Programmierung verwendet. Wie anhand der Darstellung der Betriebspunkte im linken unteren Diagramm zu sehen ist, werden, wie zuvor anhand der spezifischen Kraftstoffersparnisse und Energiekosten hergeleitet, in einem kraftstoffoptimalen Betrieb die niedrigsten Betriebspunkte bis zu einer bestimmten

---

[8] Worldwide harmonized Light duty Test Cycles (WLTC)

Grenze elektrisch gefahren. Die darüber liegenden Betriebspunkte erfahren dabei eine Lastpunktverschiebung ausgehend von den grau zu den rot dargestellten Punkten. Vergleicht man die hier auftretenden Lastpunktverschiebungsmomente mit den im vorherigen Kapitel hergeleiteten Lastpunktverschiebungskennfeldern des entsprechenden Lambda-Werts, so sind in allen Betriebspunkten identische Lastpunktverschiebungsmomente zu verzeichnen. In Kapitel 7.1 wird hierauf beim Vergleich des regelbasierten Betriebsstrategieansatzes mit der kraftstoffoptimalen Betriebsweise noch genauer eingegangen.

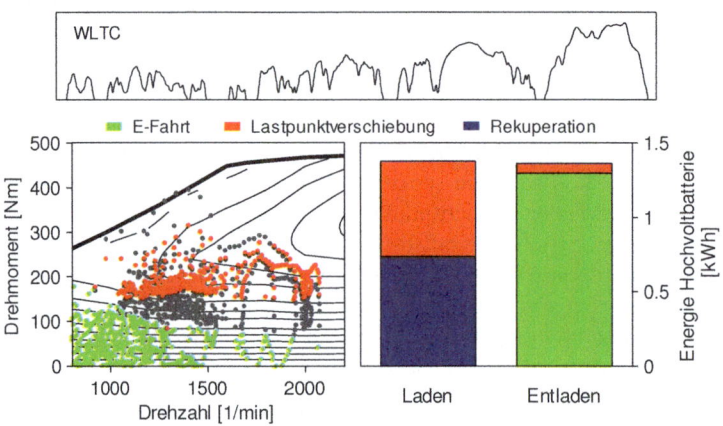

Abbildung 5.17: Grafische Darstellung der kraftstoffoptimalen Betriebsweise im WLTC, berechnet mittels Dynamischer Programmierung

Auf der rechten Seite der Abbildung 5.17 ist eine Bilanz der in den jeweiligen Fahrzuständen in die Hochvoltbatterie geladenen bzw. aus der Hochvoltbatterie entladenen Energie dargestellt. Vergleicht man den Energieanteil der Rekuperation mit dem der elektrischen Fahrt, stellt man fest, dass deutlich mehr Energie für elektrische Fahrt und Lastpunktabsenkung eingesetzt als durch Rekuperation in den Bremsphasen zurückgewonnen wird. Wie aus der Energiebilanz hervorgeht, wird die Differenz durch Lastpunktanhebung während des Hybridbetriebsmodus nachgeladen. Da dies aus globaler Sicht die kraftstoffoptimale Betriebsweise darstellt, gestaltet es sich offenbar als optimal, genau diese Menge an elektrischer Energie zusätzlich zu laden. Würde die Lastpunktanhebung zum Zwecke weiterer elektrischer Fahrt gesteigert werden, so wirkt sich dies wieder negativ hinsichtlich des Kraftstoffverbrauchs aus. Der Grund hierfür liegt darin, dass die spezifischen Kraftstoffersparnisse der elektrischen Fahrt mit steigender Drehmomentanforderung geringer werden und gleichzeitig die spezifischen Energiekosten mit steigendem Lastpunktverschiebungsmoment ansteigen. Da-

5.3 Kraftstoffoptimale elektrische Fahrt

durch muss ab einer bestimmten Grenze mehr Kraftstoff für die Erzeugung der elektrischen Energie eingesetzt werden als wiederrum beim Einsatz dieser eingespart werden kann. Wo diese Grenze im kraftstoffoptimalen Fall verläuft und wie hoch diese abhängig von dem zugrunde liegenden Fahrprofil ist, wird im Folgenden betrachtet.

Wie in Kapitel 3.3 dargestellt, wurde eine derartige Betrachtung, bis zu welcher Grenze es sich aus Sicht des Kraftstoffverbrauchs lohnt rein elektrisch zu fahren, bereits in [12] angestellt. Hierbei wurde allerdings vereinfachend von einer konstanten Steigung der Willans-Linien ausgegangen und nicht berücksichtigt, dass der eigentliche verbrennungsmotorische Betriebspunkt eine Lastpunktverschiebung erfährt. Im Gegensatz hierzu wird dies bei der folgenden Betrachtung berücksichtigt. Bei der Herleitung wird im weiteren Sinne auch ein Vergleich angestellt, unter welchen Bedingungen es sich lohnt aus der über Lastpunktanhebung erzeugten elektrischen Energie elektrisch zu fahren. Wie bei den Untersuchungen zur Lastpunktverschiebung, wird zunächst ein vereinfachter Fall betrachtet und anschließend die Allgemeingültigkeit des hergeleiteten Zusammenhangs nachgewiesen.

Vereinfachte Betrachtung anhand eines Duty-Cycle-Betriebs

Um die Zusammenhänge anhand eines möglichst einfachen Beispiels analysieren zu können, wird zunächst eine vereinfachte Betrachtung gewählt. Während bei der Untersuchung der kraftstoffoptimalen Lastpunktverschiebung zwei Betriebspunkte herangezogen wurden, wird hier lediglich ein Betriebspunkt betrachtet und dieser über einen bestimmten Zeitraum t_{ges} in einem sogenannten Duty-Cycle-Betrieb gefahren. Der Duty-Cycle-Betrieb im Zusammenhang mit Hybridfahrzeugen ist unter anderem aus [34] bekannt und stellt eine fiktive Fahrsituation dar, welche bspw. auch in [16], [50] oder [88] zur Auslegung von Betriebs-

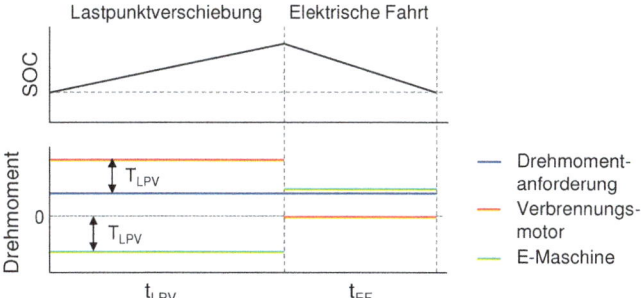

Abbildung 5.18: Grafische Darstellung und Erläuterung des verwendeten Duty-Cycle-Betriebs

strategieentscheidungen verwendet wird. Wie in Abbildung 5.18 zu sehen, wird der Betriebspunkt zunächst für eine gewisse Zeit t_{LPV} im Hybridbetriebsmodus mit konstanter Lastpunktanhebung betrieben und anschließend bei derselben Fahranforderung elektrisch gefahren.

Als Nebenbedingung wird hierbei gesetzt, dass der Ladezustand der Batterie am Anfang und am Ende gleich sein muss und entsprechend die Energie, welche zur elektrischen Fahrt eingesetzt wird, während der Lastpunktverschiebung nachzuladen ist:

$$E_{Batt,LPV} = E_{Batt,EF}. \tag{5.12}$$

Da sich durch diese Nebenbedingung die beiden Freiheitsgrade der Problemstellung entsprechend auf einen reduzieren, ist die Aufteilung zwischen der elektrischen Fahrt und der Lastpunktverschiebung wie folgt in Abhängigkeit des Lastpunktverschiebungsmoments festgelegt:

$$t_{LPV} = t_{ges} \cdot \frac{P_{Batt,EF}(T_{Anf}, n)}{P_{Batt,EF}(T_{Anf}, n) + P_{Batt,LPV}(T_{LPV}, n)}. \tag{5.13}$$

Mit dem verbleibenden Freiheitsgrad des Lastpunktverschiebungsmoments stellt sich nun die Frage, wie dieses zu wählen ist, so dass der gesamte Duty-Cycle-Betrieb mit einem minimalen Kraftstoffverbrauch erfolgt. In [34] wurde dies unter verschiedenen vereinfachenden Annahmen mathematisch gelöst und dabei gezeigt, dass sich durch eine derartige Betriebsweise, je nach Betriebspunkt, ein geringerer Kraftstoffverbrauch gegenüber der rein verbrennungsmotorischen Fahrt ergibt. Da hier jedoch der Fokus auf der Ableitung einer Gesetzmäßigkeit für die Entscheidung, in welchen Betriebspunkten sich eine elektrische Fahrt lohnt, liegt, wird im Folgenden wieder die Lösung über einen Brute-Force-Ansatz betrachtet. Anhand dieses Lösungsansatzes, bei dem der sich ergebende Kraftstoffverbrauch für verschiedene Lastpunktverschiebungsmomente berechnet wird, können die zugrunde liegenden Zusammenhänge anschaulich dargestellt werden. Bei der Lösung wird sich zunutze gemacht, dass der Kraftstoffmassenstrom des Verbrennungsmotors während der elektrischen Fahrt Null ist und somit die gesamte Kraftstoffmenge $m_{KS,ges}$, neben den Randbedingungen des zugrunde liegenden Betriebspunkts, nur vom Lastpunktverschiebungsmoment im Hybridbetriebsmodus T_{LPV} abhängt:

$$m_{KS,ges} = t_{LPV} \cdot \dot{m}_{KS}(T_{Anf} + T_{LPV}, n). \tag{5.14}$$

In Abbildung 5.19 ist diese Abhängigkeit für den rechts im Verbrennungsmotorkennfeld abgebildeten Betriebspunkt beispielhaft dargestellt. Die einzelnen

5.3 Kraftstoffoptimale elektrische Fahrt

Punkte in den linken Diagrammen wurden über mehrere Simulationen des Duty-Cycle-Betriebs mit verschiedenen Lastpunktverschiebungsmomenten unter Anwendung der Gleichungen (5.13) und (5.14) berechnet. Wie der Darstellung zu entnehmen ist, hängt der gesamte Kraftstoffverbrauch stark davon ab, mit welchem Lastpunktverschiebungsmoment die Lastpunktanhebung durchgeführt wird und wie viel Energie entsprechend für die elektrische Fahrt zur Verfügung steht. Dabei ist anhand der Kurve im oberen Diagramm zu sehen, dass der Kraftstoffverbrauch mit steigendem Lastpunktverschiebungsmoment und steigender elektrischer Fahrt zunächst abnimmt, und ab einem bestimmten Punkt mit weiter steigender Lastpunktverschiebung wieder ansteigt. Der Anstieg geht dabei sogar über den Kraftstoffverbrauch der rein verbrennungsmotorischen Fahrt ohne Duty-Cycle-Betrieb hinaus.

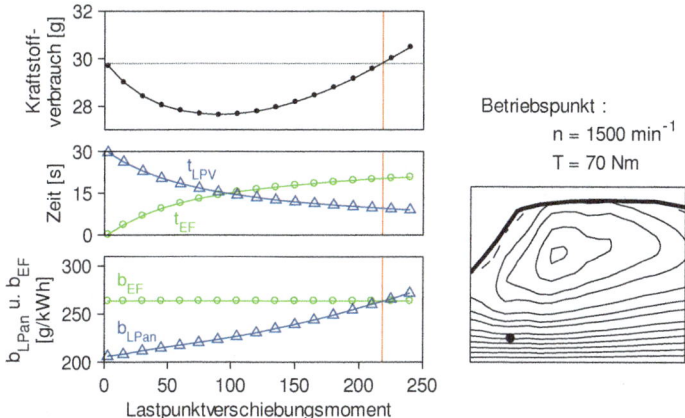

Abbildung 5.19: Abhängigkeit des Kraftstoffverbrauchs vom Lastpunktverschiebungsmoment sowie den spezifischen Energiekosten und Kraftstoffersparnissen bei einem Duty-Cycle-Betrieb im zugrunde liegenden Betriebspunkt

Im unteren der drei Diagramme sind sowohl die spezifischen Energiekosten der jeweiligen Lastpunktanhebung, als auch die spezifischen Kraftstoffersparnisse der elektrischen Fahrt dargestellt. Anhand der Kurve der spezifischen Energiekosten ist zu sehen, dass die spezifischen Energiekosten, wie in Kapitel 5.1.2 herausgestellt, mit steigendem Lastpunktverschiebungsmoment ansteigen. Da die Kraftstoffersparnisse der elektrischen Fahrt gemäß ihrer Definition in (5.3) nur vom zugrunde liegenden Betriebspunkt abhängen und dementsprechend unabhängig vom Lastpunktverschiebungsmoment sind, sind diese über den gesamten Bereich konstant. Betrachtet man die beiden Kurven zusammen mit dem Kraftstoffverbrauch im oberen Diagramm, ist zu erkennen, dass genau ab dem Punkt, ab dem die spezifischen Energiekosten die spezifischen Kraftstoffersparnisse überschreiten, der gesamte Kraftstoffverbrauch des Duty-Cycle-Betriebs größer als der gestrichelt dargestellte Kraftstoffverbrauch des rein verbrennungsmotorischen Betriebs wird. Des Weiteren geht hieraus hervor, dass der minimale Kraftstoffverbrauch, welcher das Ziel der gesuchten kraftstoffoptimalen Betriebsweise ist, schon bei wesentlich geringerer Lastpunktverschiebung erreicht wird und die elektrische Fahrt in keinem Fall soweit durchgeführt werden sollte, bis die spezifischen Kraftstoffersparnisse gleich den spezifischen Energiekosten sind. Da anhand dieser Darstellung jedoch kein Zusammenhang für die kraftstoffoptimale Betriebsweise zu erkennen ist, sind in Abbildung 5.20 statt der spezifischen Kraftstoffersparnisse und Energiekosten zwei weitere Parameter aufgetragen. Basierend auf diesen konnte im Rahmen dieser Arbeit ein Zusammenhang herausgefunden werden. Den einen Parameter stellt der im Zusammenhang mit der optimalen Lastpunktverschiebung eingeführte Lambda-Wert dar. Da, wie zuvor gezeigt, für jeden Betriebspunkt in Abhängigkeit von Lambda ein kraftstoffoptimales Lastpunktverschiebungsmoment bestimmt werden kann, ist es auch umgekehrt möglich, jedem Lastpunktverschiebungsmoment, ausgehend von einem Betriebspunkt, ein bestimmtes Lambda zuzuordnen. Dieses wurde in Abbildung 5.20 für den jeweiligen Fall aufgetragen.

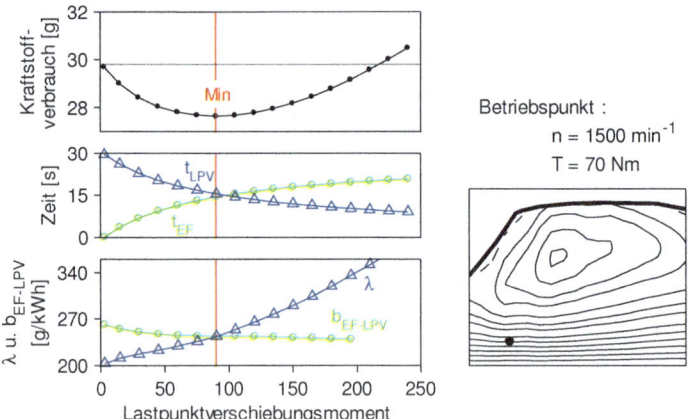

Abbildung 5.20: Zusammenhang des minimalen Kraftstoffverbrauchs eines Duty-Cycle-Betriebs mit den Größen Lambda und spezifische Kraftstoffersparnisse

Der zweite Parameter stellt eine abgewandelte Form der spezifischen Kraftstoffersparnisse der elektrischen Fahrt dar. Im Gegensatz zu den zuvor in (5.3) definierten spezifischen Kraftstoffersparnissen, bei denen als Bezugsbetriebspunkt

5.3 Kraftstoffoptimale elektrische Fahrt

der rein verbrennungsmotorische Betrieb verwendet wurde, wird hier der mit dem optimalen Lastpunktverschiebungsmoment T_{LPVopt} des entsprechenden Lambda-Werts verschobene Betriebspunkt herangezogen. Die spezifischen Kraftstoffersparnisse unter Berücksichtigung der optimalen Lastpunktverschiebung $b_{EF\text{-}LPV}$ berechnen sich dabei wie folgt:

$$b_{EF-LPV} = \frac{\dot{m}_{KS}(T_{Anf} + T_{LPVopt}(\lambda), n)}{P_{Batt}(T_{LPVopt}(\lambda), n) - P_{Batt}(T_{Anf} + T_{NAK}, n)}. \qquad (5.15)$$

Da hierbei berücksichtigt wird, dass der zugrunde liegende Betriebspunkt, sofern er nicht elektrisch gefahren wird, eine entsprechende Lastpunktverschiebung erfährt, beinhaltet diese Größe, im Gegensatz zu den spezifischen Kraftstoffersparnissen aus (5.3), die Veränderung im verbrennungsmotorischen Wirkungsgrad sowie die elektrischen Verluste vollständig. Vergleicht man die sich ergebenden Zahlenwerte, so spielt dies für den hier gesuchten Zusammenhang eine entscheidende Rolle. Da sich dadurch lediglich das Niveau der spezifischen Kraftstoffersparnisse nach unten verschiebt, der im vorherigen Kapitel betrachtete Verlauf sich jedoch nicht ändert, hat dies auf die zuvor durchgeführten Bewertungen und herausgestellten Tendenzen keine Auswirkung. Vor dem Hintergrund, dass das optimale Lastpunktverschiebungsmoment nur bei Kenntnis des Lambda-Werts bekannt ist, bietet es sich hingegen an, bei einer generellen Bewertung der elektrischen Fahrt und Untersuchung der Zusammenhänge lediglich die in (5.3) definierten spezifischen Kraftstoffersparnisse zu verwenden.

Vergleicht man den Verlauf der spezifischen Kraftstoffersparnisse in Abbildung 5.19 mit den neu definierten Kraftstoffersparnissen in Abbildung 5.20, fällt auf, dass die spezifischen Kraftstoffersparnisse, in denen die Lastpunktverschiebung berücksichtigt wurde, mit steigendem Lambda-Wert, und damit bei steigender Lastpunktverschiebung, leicht abnehmen. Wie bereits angedeutet, ist dies in erster Linie auf den besseren Wirkungsgrad des Verbrennungsmotors infolge der Lastpunktanhebung zurückzuführen. Zusammen mit der Berücksichtigung der steigenden elektrischen Verluste, fällt der Vorteil der elektrischen Fahrt geringer aus.

Für die Entscheidung, welche Betriebspunkte elektrisch und welche im Hybridbetriebsmodus mit Lastpunktverschiebung gefahren werden, lässt sich aus Abbildung 5.20 ableiten, dass es sich als kraftstoffoptimal erweist, in allen Betriebspunkten elektrisch zu fahren, in denen die spezifischen Kraftstoffersparnisse aus (5.15) größer als der Lambda-Wert sind, mit dem die Lastpunktverschiebung im Hybridbetriebsmodus durchgeführt wird. Damit konnte ein weiterer Zusammenhang aufgestellt werden, über den sich die zweite wesentliche Entscheidung der Betriebsstrategie eines P2-Hybirdfahrzeugs beschreiben lässt. Der

Zusammenhang ist dabei ebenfalls von Lambda abhängig, wodurch die Entscheidung zur elektrischen Fahrt direkt mit der im Hybridbetriebsmodus durchgeführten Lastpunktverschiebung gekoppelt ist. Dadurch erfolgen die Erzeugung und der Einsatz der elektrischen Energie jederzeit kraftstoffoptimal. Den einzig verbleibenden Freiheitsgrad stellt die Höhe des Lambda-Werts dar. Dieser ist sowohl von den Randbedingungen des zugrunde liegenden Fahrprofils und der sich daraus ergebenden Verteilung der Betriebspunkte als auch der Energie, die aus der Batterie entnommen oder in die Batterie geladen wird – wie es bei einem Plug-In-Hybridfahrzeug der Fall ist – abhängig. Da Lambda somit nicht ohne weitere Kenntnis des Fahrprofils bestimmt werden kann, wird hierauf erst in Kapitel 6.2 eingegangen.

Verifikation des Zusammenhangs anhand mehrerer Betriebspunkte

Um zu zeigen, dass der zuvor anhand des Duty-Cycle-Betriebs hergeleitete Zusammenhang nicht nur für diesen gilt, sondern allgemeingültig ist, und sich hierüber beschreiben lässt, in welchen Betriebspunkten es kraftstoffoptimal ist, elektrisch zu fahren, wird im Folgenden die kraftstoffoptimale Betriebsweise noch einmal genauer betrachtet. Hierbei wird, im Gegensatz zu dem einleitend in Abbildung 5.17 verwendeten Fahrzyklus, eine kontinuierliche Verteilung an Betriebspunkten herangezogen. Diese hat gegenüber einem Fahrprofil den entscheidenden Vorteil, dass der gesamte Betriebsbereich mit Betriebspunkten abgedeckt ist. Zur Berechnung der kraftstoffoptimalen Betriebsweise kommt wieder die Dynamische Programmierung aus Kapitel 4.3 zum Einsatz. Hierbei wird allerdings kein Geschwindigkeits- und Steigungsverlauf vorgegeben, sondern direkt die kontinuierlich verteilten Betriebspunkte in Form von Drehmoment und Drehzahl. Um einen Einfluss der Randbedingungen ausschließen zu können, wurde bei den Berechnungen die Größe der Batterie so gewählt, dass deren Grenzen nicht erreicht werden.

Das Ergebnis der Berechnungen ist in Abbildung 5.21 grafisch dargestellt. Die grünen Betriebspunkte sind diejenigen, welche im berechneten, kraftstoffoptimalen Fall elektrisch gefahren werden. In den roten Betriebspunkten stellt es sich, gemäß dem Ergebnis der Dynamischen Programmierung, als optimal dar, den Hybridbetriebsmodus zu verwenden. Wie anhand der Abbildung zu sehen ist, erfahren diese Betriebspunkte, ausgehend von den grau dargestellten Punkten, eine Lastpunktverschiebung, bei der die elektrische Energie erzeugt wird, welche in den Betriebspunkten der elektrischen Fahrt eingesetzt wird.

Zusätzlich zu den Betriebspunkten sind in Abbildung 5.21 die spezifischen Kraftstoffersparnisse unter Berücksichtigung der Lastpunktverschiebung $b_{EF\text{-}LPV}$ als Höhenlinien abgebildet. Die blau markierte Kurve stellt dabei die Höhenlinie dar, bei der die spezifischen Kraftstoffersparnisse gleich dem Lambda-Wert der

5.3 Kraftstoffoptimale elektrische Fahrt

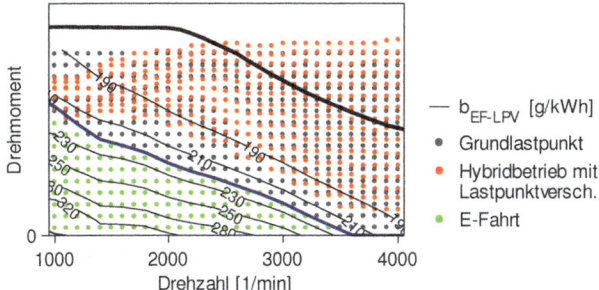

Abbildung 5.21: Kraftstoffoptimale Betriebsweise für eine kontinuierliche Verteilung an Betriebspunkten, berechnet mittels Dynamischer Programmierung

Lastpunktverschiebung sind. Wie der Darstellung zu entnehmen ist, werden durch diese Linie die Bereiche der elektrischen Fahrt und des Hybridbetriebsmodus getrennt. Da in dem darunter liegenden Bereich, in dem die spezifischen Kraftstoffersparnisse größer als Lambda sind, alle Betriebspunkte elektrisch gefahren werden und in dem darüber liegenden Bereich der Hybridbetriebsmodus gewählt wird, sei hierdurch die Allgemeingültigkeit des zuvor hergeleiteten Zusammenhangs bewiesen.

5.3.2 Grenzlinien kraftstoffoptimaler elektrischer Fahrt

Im vorherigen Kapitel wurde der Zusammenhang aufgestellt und bewiesen, dass bei einem P2-Hybridfahrzeug im kraftstoffoptimalen Fall genau in den Betriebspunkten elektrisch gefahren wird, in denen die spezifischen Kraftstoffersparnisse größer als der Lambda-Wert sind, mit dem die Lastpunktverschiebung im Hybridbetriebsmodus erfolgt. Berücksichtigt man zudem, dass die spezifischen Kraftstoffersparnisse der elektrischen Fahrt streng monoton über der Drehmomentanforderung verlaufen, so lässt sich über diesen Zusammenhang für jedes Lambda das Grenzdrehmoment der kraftstoffoptimalen elektrischen Fahrt $T_{EF-Grenz}$ in Abhängigkeit der Drehzahl bestimmen:

$$b_{EF-LPV} = \lambda_{LPV} \quad \longrightarrow \quad T_{EFGrenz}(n, \lambda, \ldots). \tag{5.16}$$

Zur Berechnung wird unter Verwendung der Definition der spezifischen Kraftstoffersparnisse in (5.15) zusammen mit dem in (5.11) berechneten optimalen Lastpunktverschiebungsmoment für jedes Lambda und jede Drehzahl die Drehmomentanforderung gesucht, welche diesen Zusammenhang erfüllt. Wird hierzu wieder ein einfacher Algorithmus verwendet, welcher die Berechnung für vorgegebene Lambda-Werte und Drehzahlen durchläuft, so ist es auch für die zweite

Entscheidung der Betriebsstrategie eines P2-Hybridfahrzeugs möglich, automatisiert Kennfelder zu berechnen, welche diese Entscheidung in Abhängigkeit bestimmter Eingangsgrößen darstellen. Soll die Berechnung für einen bestimmten Hybridantriebsstrang durchgeführt werden, sind wie zuvor sowohl der Kraftstoffmassenstrom des Verbrennungsmotors und die elektrische Leistung der E-Maschine in Abhängigkeit von Drehmoment und Drehzahl als auch eine statische Modellierung der Hochvoltbatterie notwendig. Besteht die Forderung, neben dem wesentlichen Einflussparameter der Drehzahl, weitere Randbedingungen wie bspw. die Temperatur der Hochvoltbatterie zu berücksichtigen, so ist analog zu den Lastpunktverschiebungskennfeldern die Berechnung für verschiedene Werte der Temperatur durchzuführen. Die Dimension der Ergebniskennfelder erhöht sich hierdurch entsprechend.

In Abbildung 5.22 ist dieses Grenzdrehmoment der kraftstoffoptimalen elektrischen Fahrt in Abhängigkeit der Drehzahl für verschiedene Lambda-Werte dargestellt. Die Berechnungen wurden für den P2-Hybridantriebsstrang mit 6-Zylinder Ottomotor durchgeführt. Wie anhand der Darstellung zu erkennen ist, unterscheidet sich der Verlauf der Grenzlinien bei einem derartigen P2-Hybridantriebsstrang deutlich von den in grau dargestellten Leistungshyperbeln.

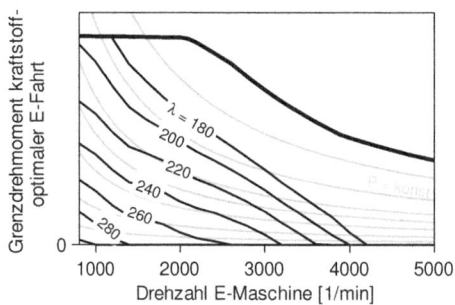

Abbildung 5.22: Grenzdrehmoment kraftstoffoptimaler elektrischer Fahrt über der Drehzahl für verschiedene Lambda-Werte

Betrachtet man zusätzlich zu den Grenzlinien der elektrischen Fahrt die beiden zuvor berechneten Lastpunktverschiebungskennfelder aus Abbildung 5.16, so fällt auf, dass das optimale Lastpunktverschiebungsmoment mit steigendem Lambda steigt, während die in Abbildung 5.22 dargestellten E-Fahrt-Grenzen mit steigendem Lambda sinken. Zieht man zur Interpretation dessen wieder die spezifischen Energiekosten und Kraftstoffersparnisse heran, erschließt sich dieser gegenläufige Trend, welcher später die Grundlage der Regelung der Betriebsstrategie darstellt. Da die spezifischen Energiekosten der Lastpunktanhebung mit steigendem Lastpunktverschiebungsmoment ansteigen (vgl. Abbildung 5.2), lässt sich die unter einem höheren Lambda erzeugte elektrische Energie nur unter höheren spezifischen Kraftstoffersparnissen wieder rentabel einsetzen. Vor dem Hintergrund, dass die spezifischen Kraftstoffersparnisse der elektrischen Fahrt mit geringer Drehmomentanforderung ansteigen (vgl. Abbildung 5.7), wird die Notwendigkeit des mit Lambda sinkenden Grenzdrehmoments der kraftstoffoptimalen elektrischen Fahrt ersichtlich. Im Zusammenwirken der beiden Entscheidungen sind so die elektrische Fahrt und Lastpunktverschiebung in jedem Fall kraftstoffoptimal.

5.4 Einfluss verschiedener Randbedingungen

Nachdem die kraftstoffoptimale Betriebsweise bisher im Wesentlichen in Abhängigkeit von der Drehzahl und der Drehmomentanforderung untersucht wurde, wird im Folgenden der Einfluss der Randbedingungen auf die optimale Lastpunktverschiebung und elektrische Fahrt betrachtet. Zu den Randbedingungen zählen dabei der Leistungsbedarf der Nebenverbraucher bzw. der elektrischen Klimaanlage, die Temperaturen der Antriebsstrangkomponenten, der Ladezustand der Hochvoltbatterie sowie die Antriebsstrangkomponenten selbst. Dabei lassen sich zwei verschiedene Arten von Randbedingungen unterscheiden. Einerseits Randbedingungen, wie die Antriebsstrangkomponenten, die im Fahrbetrieb konstant sind, und andererseits Randbedingungen, welche sich während des Fahrbetriebs verändern. Letztere, zu denen die Temperaturen oder der Leistungsbedarf der Nebenverbraucher zählen, müssen – je nachdem wie groß deren Einfluss ist – in der Betriebsstrategie berücksichtigt werden. Bei den sich nicht ändernden Randbedingungen genügt es hingegen, diesen bei der Auslegung der Betriebsstrategie Rechnung zu tragen.

Neben den verschiedenen Arten der Randbedingungen kann des Weiteren deren Auswirkung nach:

- einem Einfluss auf der Leistungsebene und
- einem Einfluss auf der Energieebene

unterschieden werden. Unter dem Einfluss auf der Leistungsebene werden die Auswirkungen der Randbedingungen auf die Eigenschaften der Antriebsstrangkomponenten und die hieraus resultierenden Veränderungen im Verlauf der optimalen E-Fahrt-Grenzen sowie der Lastpunktverschiebungskennfelder verstanden. Der Einfluss auf der Energieebene umfasst hingegen den aufgrund der Randbedingungen veränderten Energiebedarf und die sich hieraus ergebenden Auswirkungen auf die optimale Betriebsweise. Im Folgenden werden beide Arten getrennt voneinander betrachtet.

5.4.1 Einfluss auf der Leistungsebene

Wie eingangs erwähnt, umfasst der Einfluss auf der Leistungsebene jene Auswirkungen der Randbedingungen, welche dadurch hervorgerufen werden, dass sich die Eigenschaften der Antriebsstrangkomponenten aufgrund der Randbedingungen ändern. Da hierdurch sowohl die Effizienz der Lastpunktverschiebung als auch die der elektrischen Fahrt beeinflusst wird, wirken sich gewisse Randbedingungen auf diesem Weg direkt auf die Verläufe der in den vorherigen Kapiteln hergeleiteten Grenzen der optimalen elektrischen Fahrt sowie die Gestalt der Lastpunktverschiebungskennfelder aus. Wie sich dieser Einfluss darstellt, wird im Folgenden für verschiedene Randbedingungen beispielhaft erläutert.

Temperatur der Hochvoltbatterie

In Abbildung 5.23 ist auf der linken Seite der Einfluss der Temperatur der Hochvoltbatterie auf die Grenzen der optimalen elektrischen Fahrt dargestellt. Anhand der Linien der drei verschiedenen Temperaturen ist zu sehen, dass die Grenzen desselben Lambda-Werts bei einer geringeren Batterietemperatur auf einem geringeren Drehmomentniveau verlaufen. Die Verschiebung hin zu geringeren Drehmomenten, und damit auch geringeren Batterieleistungen, geht vor allem auf den mit sinkender Temperatur ansteigenden Innenwiderstand der Hochvoltbatterie zurück. Infolge des dadurch deutlich höheren Verlustniveaus in der Batterie, gestaltet sich die elektrische Fahrt bis zu geringeren Leistungen als effizient. Vergleicht man die Linien für $\lambda = 190$ g/kWh und $\lambda = 240$ g/kWh, ist zu erkennen, dass die Auswirkungen bei höher gelegenen Grenzkurven deutlich stärker ausfallen als dies bei ohnehin geringeren Batterieleistungen der Fall ist. Die Linien der einzelnen Lambda-Werte rücken hierdurch mit geringerer Batterietemperatur immer näher zusammen.

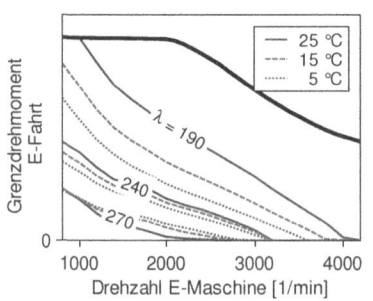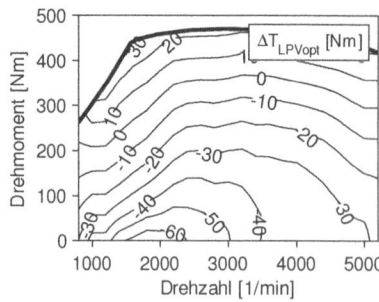

Abbildung 5.23: Einfluss der Temperatur der Hochvoltbatterie auf den Verlauf der E-Fahrt-Grenzen (links) sowie die Lastpunktverschiebungskennfelder bei einer Temperaturänderung von 25°C auf 5°C (rechts)

Betrachtet man die Linien für 270 g/kWh, ist ein gegenläufiger Trend erkennbar. Im Gegensatz zu den anderen Kurven, steigt hier die E-Fahrt-Grenze mit geringerer Temperatur geringfügig an. Bevor hierauf genauer eingegangen wird, wird zunächst der im rechten Diagramm abgebildete Einfluss der Batterietemperatur auf das optimale Lastpunktverschiebungsmoment betrachtet. Anhand des rechten Diagramms, in dem der Unterschied des kraftstoffoptimalen Lastpunktverschiebungsmoments zwischen 25 °C und 5 °C bei demselben Lambda-Wert dargestellt ist, ist eine Abnahme des optimalen Lastpunktverschiebungsmoments mit geringerer Temperatur zu erkennen. Die deutlichsten Unterschiede treten dabei in den Bereichen auf, in denen das Lastpunktverschiebungsmoment am größten ist (vgl. Abbildung 5.16) und dementsprechend die höchste Leistung an der Batterie anliegt. Zieht man das bei geringeren Temperaturen geringere optimale Lastpunktverschiebungsmoment nun zur Interpretation des gegenläufigen Trends der E-Fahrt-Grenzen bei 270 g/kWh heran, geht hieraus hervor, dass vor allem die Betriebspunkte im Bereich geringer Drehmomentanforderungen eine wesentlich geringere Lastpunktverschiebung im Hybridbetriebsmodus erfahren. Da der Verbrennungsmotor infolgedessen bei einem geringeren effektiven Wirkungsgrad betrieben wird – im Vergleich zu höheren Batterietemperaturen und damit größeren optimalen Lastpunktverschiebungsmomenten – ist in diesem Bereich der relative Vorteil der elektrischen Fahrt bei geringeren Batterietemperaturen größer. Dadurch sinken unterhalb einer bestimmten Grenze die Kurven der optimalen elektrischen Fahrt nicht mit geringerer Batterietemperatur, sondern steigen geringfügig an.

Nebenverbraucherleistung

Im Gegensatz zu der Temperatur der Antriebsstrangkomponenten hat der Leistungsbedarf der Nebenverbraucher bzw. der elektrischen Klimaanlage keinen direkten Einfluss auf die Eigenschaften der Antriebsstrangkomponenten, welche für die elektrische Fahrt oder Lastpunktverschiebung entscheidend sind. Vor dem Hintergrund der Entnahme der Nebenverbraucherleistung über den DCDC-Wandler aus dem Hochvoltnetz (vgl. Abbildung 4.1), wirken sich die Nebenverbraucher und der Leistungsbedarf der Klimaanlage jedoch darauf aus, wie viel Leistung aus der Hochvoltbatterie gezogen oder in die Hochvoltbatterie geladen wird. Da der Wirkungsgrad der Hochvoltbatterie von der Lade- und Entladeleistung abhängt, machen sich die Nebenverbraucher somit sowohl im Verlauf der E-Fahrt-Grenzen als auch in der Gestalt der Lastpunktverschiebungskennfelder bemerkbar. In Abbildung 5.24 ist dies anhand drei verschiedener Nebenverbraucherleistungen dargestellt. Wie dem linken der beiden Diagramme zu entnehmen ist, sinken die E-Fahrt-Grenzen mit steigender Nebenverbraucherleistung. In Anbetracht der Tatsache, dass zusätzlich zum Leistungsbedarf der elektrischen Fahrt auch der Leistungsbedarf der Nebenverbraucher aus der Hochvoltbatterie entnommen wird, treten mit steigender Nebenverbraucherleistung anteilig höhere Verluste in der Batterie auf. Da hierdurch die Effizienz der elektrischen Fahrt bei gleicher Drehmomentanforderung sinkt, sinken auch die Grenzen der elektrischen Fahrt entsprechend. Vergleicht man die Auswirkungen bei verschiedenen Lambda-Werten, ist ein annährend konstanter Einfluss zu erkennen. Diese Eigenschaft wird sich später bei der Implementierung der regelbasierten Betriebsstrategie in Kapitel 6.1 noch weiter zunutze gemacht.

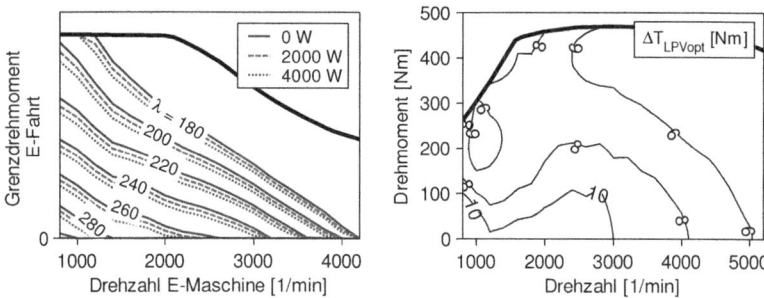

Abbildung 5.24: Einfluss der Nebenverbraucherleistung auf den Verlauf der E-Fahrt-Grenzen (links) sowie die Lastpunktverschiebungskennfelder bei einer Änderung der Nebenverbraucher von 0 W auf 4000 W (rechts)

Auf der rechten Seite der Abbildung 5.24 ist die Differenz des optimalen Lastpunktverschiebungsmoments bei gleichem Lambda abgebildet. Für die Darstellung wurden die Nebenverbraucherleistungen von 4000 W und 0 W herangezogen. Analog zu den Grenzen der elektrischen Fahrt sind auch hier, gegenüber dem zuvor betrachteten Fall der Temperatur der Hochvoltbatterie, verhältnismäßig geringe Unterschiede zu sehen. Im Gegensatz zum Einfluss der Batterietemperatur steigt jedoch das optimale Lastpunktverschiebungsmoment mit steigendem Leistungsbedarf der Nebenverbraucher an. Dies lässt sich damit erklären, dass die Nebenverbraucherleistung vor der Batterie aus dem Hochvoltsystem entnommen wird und dadurch die Leistung der Batterie bei gleichem Lastpunktverschiebungsmoment geringer ist. Da der Wirkungsgrad der Batterie dementsprechend ansteigt, kann die Lastpunktverschiebung bei gleichem Lambda-Wert mit einem etwas höheren Lastpunktverschiebungsmoment durchgeführt werden.

Verschiedene Verbrennungsmotoren

In Kapitel 5.1.4 wurde bereits der Einfluss verschiedener Verbrennungsmotoren auf die spezifischen Energiekosten und Kraftstoffersparnisse betrachtet. An dieser Stelle wird nun erweiternd darauf eingegangen, wie sich die zuvor erläuterten Unterschiede auf die Grenzen der optimalen elektrischen Fahrt sowie die Form

5.4 Einfluss verschiedener Randbedingungen

der Lastpunktverschiebungskennfelder auswirken. Hierzu werden erneut der 4- und 6-Zylinder Ottomotor sowie der 4-Zylinder Dieselmotor herangezogen. In Abbildung 5.25 und Abbildung 5.26 sind sowohl die Verläufe der E-Fahrt-Grenzen für mehrere Lambda-Werte als auch die Lastpunktverschiebungskennfelder für ein bestimmtes Lambda dargestellt. Vergleicht man zuerst die E-Fahrt-Grenzen der verschiedenen Motoren miteinander, ist anhand der beiden Diagramme in Abbildung 5.25 ersichtlich, dass die Kurven der unterschiedlichen Motoren sehr ähnlich über der Drehzahl verlaufen und, wie zu erwarten, die Grenzen des 4-Zylinder Ottomotors bei gleichem Lambda-Wert unter denen des 6-Zylinder Ottomotors liegen. Die Kurven des Dieselmotors verlaufen, wie sich bereits anhand der spezifischen Kraftstoffersparnisse in Abbildung 5.10 gezeigt hatte, auf einem noch deutlich geringeren Drehmomentniveau. Der annährend gleiche Verlauf über der Drehzahl ist auf die übrigen Hybridantriebsstrangkomponenten, welche in allen drei Fällen identisch sind, zurückzuführen.

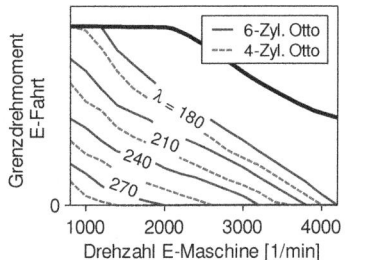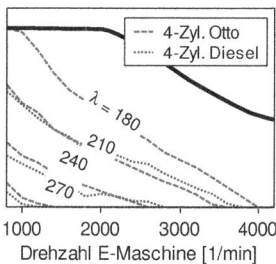

Abbildung 5.25: Einfluss verschiedener Verbrennungsmotoren auf den Verlauf der E-Fahrt-Grenzen verschiedener Lambda-Werte

Zieht man zu diesem Vergleich die Lastpunktverschiebungskennfelder in Abbildung 5.26 hinzu, lässt sich der zuvor in Kapitel 5.1.4 anhand der spezifischen Energiekosten abgeleitete Trend bestätigen, dass die elektrische Fahrt bei kleineren Ottomotoren bis zu geringeren Drehmomentanforderungen effizient ist. Um die Lastpunktverschiebung vergleichbar zu machen, wurden die Lambda-Werte der drei Lastpunktverschiebungskennfelder so gewählt, dass die zugehörigen Grenzen der elektrischen Fahrt jeweils auf demselben Drehmomentniveau liegen. Vergleicht man die beiden Kennfelder des 4- und 6-Zylinder Ottomotors, so liegen die Lastpunktverschiebungsmomente des größeren Motors auf einem deutlich höheren Niveau. Der Unterschied tritt dabei vor allem im mittleren Drehmomentbereich oberhalb der E-Fahrt-Grenze, in dem die Lastpunktverschiebung stattfindet, auf. Während hier die optimalen Lastpunktverschiebungsmomente des 6-Zylinder Motors oberhalb von 20 Nm liegen und dementsprechend genügend Energie für elektrische Fahrt erzeugt werden kann, ist anhand des Lastpunktverschiebungskennfelds des 4-Zylinder Motors zu sehen, dass es sich für die elektrische Fahrt bis zu der zugrunde liegenden Grenze nur lohnt, mit sehr geringen Lastpunktverschiebungsmomenten zu laden. Je nachdem wie das Fahrprofil und die entsprechende Lastpunktverteilung aussehen, reicht dies jedoch nicht aus, um den elektrischen Energiebedarf zu decken, weshalb die elektrische Fahrt unter diesen Bedingungen nicht bis zu dieser Grenze durchgeführt werden kann.

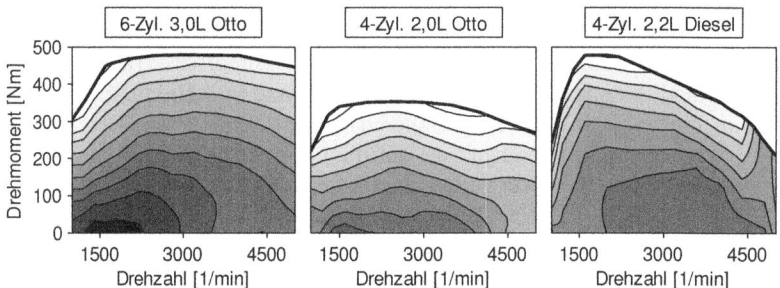

Abbildung 5.26: Einfluss verschiedener Verbrennungsmotoren auf die Lastpunktverschiebungskennfelder

Vergleicht man den Verlauf der Lastpunktverschiebungskennfelder, ist vor allem beim Dieselmotor ein deutlicher Unterschied zu erkennen. Während im Fall der beiden Ottomotoren das Lastpunktverschiebungsmoment mit steigender Drehmomentanforderung gleichmäßig abnimmt, ist das optimale Lastpunktverschiebungsmoment des Dieselmotors über einen weiten Bereich nahezu konstant. Wie aus Abbildung 5.9 in diesem Zusammenhang hervorgeht, liegen die spezifischen Energiekosten in diesem Drehmomentbereich in etwa auf dem gleichen Niveau. Erst bei Drehmomentanforderungen oberhalb von ca. 250 Nm, ab denen die spezifischen Energiekosten merklich ansteigen, nimmt auch hier das optimale Lastpunktverschiebungsmoment deutlich ab. Im Vergleich zum 4-Zylinder Ottomotor ergibt sich hierdurch in dem für die Lastpunktverschiebung wichtigen Bereich der mittleren Drehmomentanforderung ein deutlich höheres Potential, um die Energie der elektrischen Fahrt bis zu der zugrunde liegenden E-Fahrt-Grenze effizient nachzuladen.

5.4.2 Einfluss auf der Energieebene

Im vorherigen Kapitel wurde gezeigt, welchen Einfluss die Randbedingungen aufgrund ihrer Auswirkungen auf die Eigenschaften der Antriebsstrangkomponenten haben. Neben diesem direkten Einfluss haben die Randbedingungen auch einen erhöhten oder verringerten Energiebedarf zur Folge. Da sich dieser auf die

5.4 Einfluss verschiedener Randbedingungen

optimale Aufteilung zwischen Energieeinsatz und Energieerzeugung auswirkt, zieht dies eine weitere indirekte Verschiebung der optimalen E-Fahrt-Grenzen und Lastpunktverschiebungskennfelder mit sich. Auf die Verschiebung wird im Folgenden genauer eingegangen und diese zunächst beispielhaft anhand der Nebenverbraucherleistung erläutert.

Nebenverbraucherleistung

Zur Analyse des Einflusses auf der Energieebene wird im Folgenden die kraftstoffoptimale Betriebsweise in einem beliebigen Fahrzyklus, berechnet mittels Dynamischer Programmierung, betrachtet. Um den Einfluss der Nebenverbraucherleistung untersuchen zu können, wurden mehrere Berechnungen mit verschiedenen Nebenverbraucherleistungen durchgeführt. Die sich dabei ergebenden Energiebilanzen der erzeugten und eingesetzten elektrischen Energie sind in Abbildung 5.27 für den Fall ohne Nebenverbraucher sowie einer konstanten Nebenverbraucherleistung von 1000 W dargestellt. Im Gegensatz zur Energiebilanz der Hochvoltbatterie in Abbildung 5.17 wurde die Bilanz hier für den Punkt im Hochvoltsystem aufgestellt, an dem die Leitungen zum DCDC-Wandler und der elektrischen Klimaanlage abzweigen (vgl. Abbildung 4.1). Hierdurch ist es möglich, die Nebenverbraucherleistung mit in die Bilanz aufzunehmen. Der Unterschied, der sich zwischen der erzeugten und eingesetzten Energie ergibt, geht auf die Verluste der Hochvoltbatterie zurück.

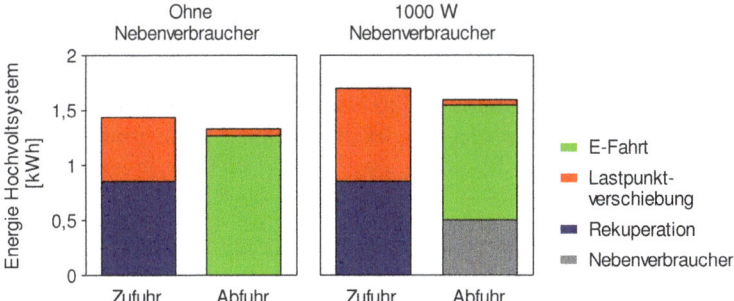

Abbildung 5.27: Energiebilanz des Hochvoltsystems für die kraftstoffoptimale Betriebsweise im WLTC mit und ohne Nebenverbraucher

Betrachtet man den grauen Anteil im rechten Diagramm, fließt bei einer konstanten Nebenverbraucherleistung von 1000 W ein beachtlicher Anteil der elektrischen Energie über den DCDC-Wandler an die Nebenverbraucher. Beim Vergleich der beiden Diagramme ist zu sehen, dass diese zusätzliche elektrische Energie im kraftstoffoptimalen Fall nicht vollständig durch eine erhöhte Lastpunktverschiebung ausgeglichen wird, sondern sich die elektrische Fahrt ebenfalls reduziert. Stellt man die sich ergebende Verschiebung der E-Fahrt-Grenze und der Lastpunktverschiebung den zuvor für verschiedene Lambda-Werte hergeleiteten E-Fahrt-Grenzen und Lastpunktverschiebungskennfeldern gegenüber, so stellt man fest, dass sich die Verschiebung der elektrischen Fahrt und der Lastpunktverschiebung in einer Veränderung des Lambda-Werts darstellt. Da die elektrische Fahrt und Lastpunktverschiebung in beiden Fällen kraftstoffoptimal erfolgen und, wie in Kapitel 5.3 herausgestellt, durch den gemeinsamen Lambda-Wert gekoppelt sind, muss sich dies derart ergeben.

Wie hieraus zusammenfassend hervorgeht, wirkt sich die Nebenverbraucherleistung – über den im vorherigen Kapitel erläuterten Einfluss auf der Leistungsebene – direkt auf den Verlauf der optimalen E-Fahrt-Grenzen und Lastpunktverschiebungskennfelder aus. Zusätzlich bewirkt der Einfluss auf der Energieebene eine Veränderung des optimalen Lambda-Werts, infolgedessen sich die Höhe der optimalen E-Fahrt-Grenze sowie das Niveau des Lastpunktverschiebungskennfelds zusätzlich verschieben. In Abbildung 5.28 ist dieser zweigeteilte Einfluss anhand der E-Fahrt-Grenze grafisch abgebildet. Die blaue Kurve stellt dabei die optimale E-Fahrt-Grenze in dem zugrunde liegenden Fahrprofil ohne Berücksichtigung von Nebenverbrauchern dar. Die rote Kurve ist die Grenze, welche sich für denselben Lambda-Wert ergibt, sofern bei den Berechnungen der E-Fahrt-Grenzen eine Nebenverbraucherleistung von 1 kW hinterlegt wird (vgl. Abbildung 5.24). Der Unterschied zur blauen Kurve geht also auf den sich ändernden Wirkungsgrad der Hochvoltbatterie zurück. Die grüne Kurve stellt die optimale E-Fahrt-Grenze dar, wenn zusätzlich zu den Auswirkungen auf den Wirkungsgrad der Batterie der veränderte Energiebedarf berücksichtigt wird. Der optimale Lambda-Wert ändert sich hierbei von λ_1 zu λ_2, wodurch sich die optimale E-Fahrt-Grenze ausgehend von der roten Kurve auf die grüne verschiebt.

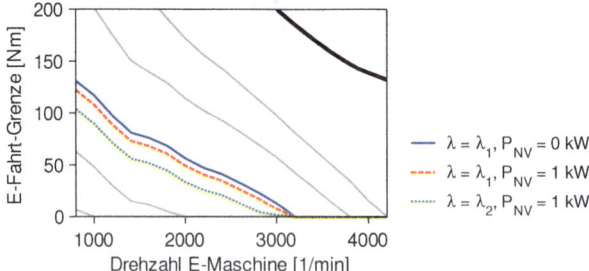

Abbildung 5.28: Darstellung des zweigeteilten Einflusses der Nebenverbraucher auf der Leistungs- und Energieebene anhand der optimalen E-Fahrt-Grenze

5.4 Einfluss verschiedener Randbedingungen

Weitere Randbedingungen

Neben dem Leistungsbedarf der Nebenverbraucher haben auch die anderen Randbedingungen, wie die Temperaturen der Antriebsstrangkomponenten, einen Einfluss auf der Energieebene. Bei den Temperaturen ist dieser allerdings nicht so offensichtlich wie bei den Nebenverbrauchern. Da jedoch eine elektrische Fahrt bei bspw. geringerer Batterietemperatur im gleichen Betriebspunkt, aufgrund des höheren Innenwiderstands der Batterie, eine höhere elektrische Leistung erfordert, verändert sich auch hier der elektrische Energiebedarf und dementsprechend die kraftstoffoptimale Aufteilung zwischen der elektrischen Fahrt und der Lastpunktverschiebung. Analog zur Nebenverbraucherleistung macht sich dies in einer Veränderung des optimalen Lambda-Werts bemerkbar, wodurch sich die Höhe der optimalen E-Fahrt-Grenze sowie die optimalen Lastpunktverschiebungsmomente entsprechend verschieben. In Abbildung 5.29 ist dieser Einfluss anhand des Lambda-Werts für verschiedene Randbedingungen dargestellt. Im linken oberen Diagramm ist zu sehen, dass, ausgehend von einer Batterietemperatur von 25°C, der kraftstoffoptimale Lambda-Wert mit sinkender Temperatur kontinuierlich abnimmt. Wie bereits erläutert, geht dies einerseits auf den unter gleichen Fahranforderungen erhöhten Energiebedarf der elektrischen Fahrt zurück. Andererseits hat ein höherer Innenwiderstand auch höhere spezifische Energiekosten der Lastpunktanhebung zur Folge. Da es sich hierdurch in einem wesentlich geringeren Ausmaß lohnt, elektrische Ener Energie über Lastpunktanhebung zu erzeugen und diese für elektrische Fahrt wieder einzusetzen, sinkt der optimale Lambda-Wert mit sinkender Batterietemperatur.

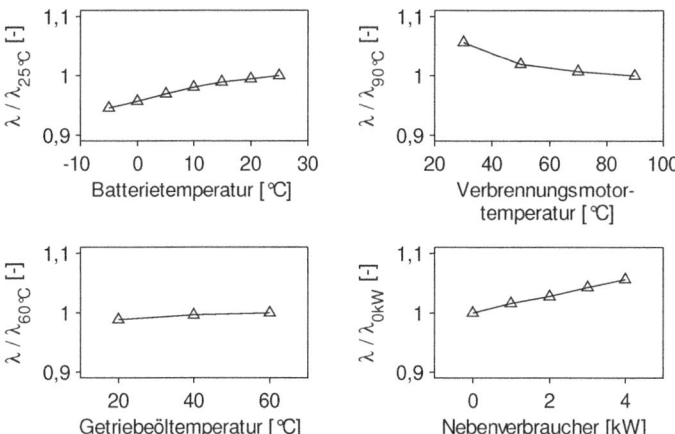

Abbildung 5.29: Einfluss verschiedener Randbedingungen auf den kraftstoffoptimalen Lambda-Wert im WLTC

Betrachtet man die Temperatur des Verbrennungsmotors, so ist dies umgekehrt. Hier steigt mit sinkender Temperatur der kraftstoffoptimale Lambda-Wert an. Zurückzuführen ist dieser Trend vor allem auf die mit sinkender Temperatur steigenden mechanischen Verluste, wodurch es sich bei geringerer Verbrennungsmotortemperatur als kraftstoffoptimal gestaltet, mehr elektrische Energie über Lastpunktanhebung zu erzeugen und für elektrische Fahrt einzusetzen. Hierbei muss zudem beachtet werden, dass bei geringerer Verbrennungsmotortemperatur meist auch die anderen Antriebsstrangkomponenten ihre Betriebstemperatur noch nicht erreicht haben. Wie anhand der Getriebeöltemperatur zu sehen ist, kann sich dies wiederrum senkend auf den optimalen Lambda-Wert auswirken. Die Abnahme über der Getriebeöltemperatur lässt sich im Wesentlichen anhand der steigenden Schleppverluste der Trennkupplung, welche während der elektrischen Fahrt aufgebracht werden müssen, erklären.

6 Regelbasierter Betriebsstrategieansatz

Nachdem im vorherigen Kapitel mathematische Zusammenhänge hergleitet wurden, anhand derer sich die Entscheidungen der Betriebsstrategie im kraftstoffoptimalen Fall beschreiben lassen, wird im Folgenden vorgestellt, wie sich, basierend auf diesen Ergebnissen, ein regelbasierter Betriebsstrategieansatz auslegen lässt. Wie die Regeln sich anhand der Zusammenhänge ableiten, wird in Kapitel 6.1 erläutert. Kapitel 6.2 geht anschließend auf die Bestimmung der weiterhin in der Betriebsstrategie bestehenden Eingangsgröße Lambda ein. Hierbei werden verschiedene Ansätze simulativ untersucht. Da die Entscheidung zwischen der elektrischen Fahrt und dem Hybridbetriebsmodus bis dahin lokal optimal erfolgt, dies jedoch vor allem unter realen Fahrbedingungen zu einem häufigen, aus globaler Sicht ineffizienten Zu- und Abschalten des Verbrennungsmotors führt, wird in Kapitel 6.3 gezeigt, wie sich diese Entscheidung durch zusätzliche Regeln in Richtung einer globalen Optimalität erweitern lässt. Im Rahmen dessen werden zwei verschiedene Ansätze vorgestellt.

An dieser Stelle sei darauf hingewiesen, dass das Ziel dieses Kapitels nicht die Entwicklung der Funktionsarchitektur einer Hybridsteuerung ist. Es wird stattdessen gezeigt, wie anhand der in Kapitel 5 hergeleiteten Zusammenhänge die wesentlichen Betriebsstrategieentscheidungen regelbasiert umgesetzt werden können. Der Schwerpunkt liegt dabei wieder auf der Steuerung des Freiheitsgrads der Drehmomentaufteilung und der Entscheidung zur elektrischen Fahrt.

6.1 Implementierung und Auslegung der Regeln

Wie bereits erwähnt, ist es möglich, basierend auf den beiden zuvor hergeleiteten Zusammenhängen und den daraus abgeleiteten Kennfeldern, die beiden wesentlichen Entscheidungen der Betriebsstrategie eines P2-Hybridfahrzeugs in Form einer regelbasierten Betriebsstrategie darzustellen. Das hieraus resultierende Steuerungsprinzip der Drehmomentaufteilung und der Entscheidung zwischen der elektrischen Fahrt und dem Hybridbetrieb ist in Abbildung 6.1 schematisch abgebildet. Wie aus der Abbildung hervorgeht, ist die Betriebsstrategie dabei so aufgebaut, dass die beiden, über die Zusammenhänge der optimalen Betriebsweise berechneten Kennfelder – optimale E-Fahrt-Grenzen und Lastpunktverschiebungsmomente – in der Steuerung hinterlegt sind. Aus diesen werden, in Abhängigkeit verschiedener Eingangsgrößen, die Entscheidungsgrößen der Regeln ausgelesen. Da diese Kennfelder unter Verwendung der hergeleiteten Zusammenhänge, wie in Kapitel 5.2.2 und 5.3.2 erläutert, über einen einfachen Algorithmus berechnet werden, ist hierdurch neben der kraftstoffoptimalen Betriebsweise auch eine weitestgehend automatisierte Auslegung möglich.

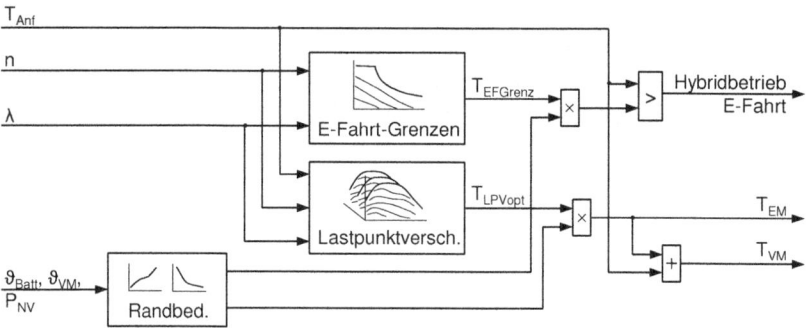

Abbildung 6.1: Schematische Darstellung des Steuerungsprinzips des regelbasierten Betriebsstrategieansatzes

Betrachtet man die Funktionsweise der Steuerung genauer, wird für die erste Entscheidung der Betriebsstrategie das Grenzdrehmoment $T_{EFGrenz}$, bis zu welchem es sich unter den aktuellen Bedingungen als optimal gestaltet elektrisch zu fahren, in Abhängigkeit der getriebeeingangsseitigen Drehzahl $n_{Getr,ein}$ sowie dem Faktor Lambda λ aus dem Kennfeld der E-Fahrt-Grenzen ausgegeben. Überschreitet das vom Fahrer angeforderte Drehmoment T_{Anf} dieses Grenzdrehmoment, wird in den Hybridbetriebsmodus gewechselt und der Steuerbefehl zum Starten des Verbrennungsmotors erteilt. In Abbildung 6.2 ist dies für die ersten 200 Sekunden des NEFZ[9] dargestellt. Wie anhand der beiden oberen Diagramme zu sehen ist, wird der Hybridbetriebsmodus gewählt, sofern die Drehmomentanforderung das Grenzdrehmoment der elektrischen Fahrt überschreitet. Fällt die Drehmomentanforderung wieder unter die aktuelle E-Fahrt-Grenze, wie dies bspw. beim Erreichen der Konstantfahrtbereiche der Fall ist, wechselt die Steuerung zurück in den Betriebsmodus der elektrischen Fahrt.

Während im Betriebsmodus der elektrischen Fahrt die E-Maschine die gesamte Drehmomentanforderung aufbringt, muss die Betriebsstrategie im Hybridbetriebsmodus entscheiden, wie viel Drehmoment von der E-Maschine und wie viel vom Verbrennungsmotor aufzubringen ist bzw. ob unter den aktuellen Bedingungen die Batterie geladen oder entladen werden soll. Diese zweite Entscheidung wird über die Lastpunktverschiebungskennfelder gesteuert (siehe

---

[9] Neuer Europäischer Fahrzyklus (NEFZ)

6.1 Implementierung und Auslegung der Regeln 111

Abbildung 6.1). Analog zum Grenzdrehmoment der elektrischen Fahrt wird, in Abhängigkeit der Drehzahl, der Drehmomentanforderung und Lambda, das unter diesen Bedingungen optimale Lastpunktverschiebungsmoment T_{LPVopt} ausgegeben. Zusammen mit der aktuellen Drehmomentanforderung des Fahrers berechnet sich hieraus dann das von der E-Maschine zu stellende Drehmoment $T_{EM,soll}$ sowie das vom Verbrennungsmotor aufzubringende Drehmoment $T_{VM,soll}$.

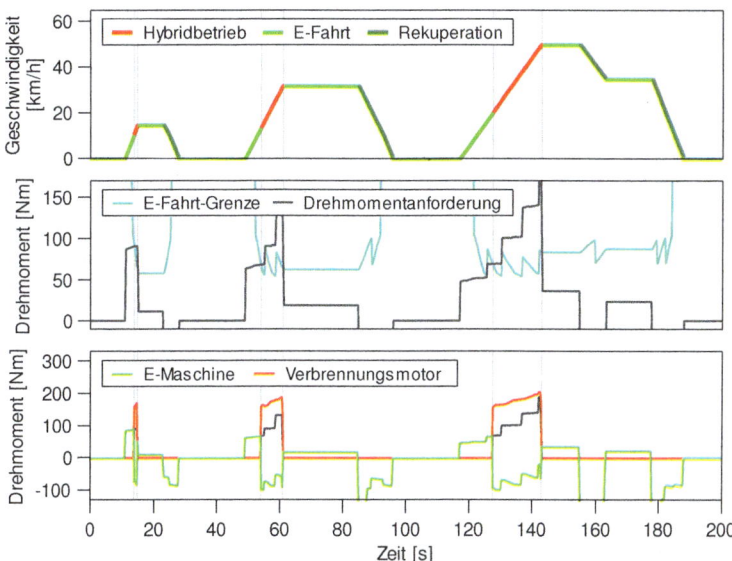

Abbildung 6.2: Funktionsweise des regelbasierten Betriebsstrategieansatzes in den ersten 200 Sekunden des NEFZ

Wie in Abbildung 6.1 ersichtlich, sind bei dem vorgestellten Betriebsstrategieansatz beide Entscheidungen über Lambda miteinander gekoppelt. Dadurch wird jeder E-Fahrt-Grenze das entsprechende optimale Lastpunktverschiebungskennfeld bzw. jedem Lastpunktverschiebungskennfeld die entsprechende E-Fahrt-Grenze zugeordnet, bis zu der die mit diesem Lastpunktverschiebungskennfeld erzeugte elektrische Energie kraftstoffoptimal eingesetzt werden kann. Wie sich im Rahmen der Untersuchungen in Kapitel 5.3 gezeigt hat, wird auf diese Weise eine kraftstoffoptimale Betriebsweise erzielt. Im Gegensatz zu den anderen Eingangsgrößen, welche direkt aus dem aktuellen Fahrzustand des Fahrzeugs verfügbar sind, ist Lambda globaler Natur und kann nicht direkt als Eingangsgröße bezogen werden. Da jedoch das Verhältnis zwischen Einsatz und Erzeugung von elektrischer Energie durch Lambda bestimmt wird und somit der Verlauf des

Ladezustands von Lambda abhängt, stellt Lambda eine der maßgebenden Größen dieses Betriebsstrategieansatzes dar. Ist dessen Wert zu hoch oder zu niedrig, ist zwar das Zusammenspiel von Lastpunktverschiebung und elektrischer Fahrt bzw. Erzeugung und Einsatz von elektrischer Energie kraftstoffoptimal, allerdings entwickelt sich der Ladezustand nicht wie gewünscht. Wovon der optimale Lambda-Wert abhängt sowie verschiedene Ansätze, wie dieser in einer kausalen regelbasierten Betriebsstrategie bestimmt werden kann, werden im nächsten Kapitel betrachtet. In diesem Kapitel wird im Folgenden auf die Berücksichtigung weiterer Eingangsgrößen und Randbedingungen eingegangen. Im Rahmen dessen wird vorgestellt, wie sich die Randbedingungen in Anbetracht des begrenzten Speicherplatzes von Steuergeräten ressourcenschonend berücksichtigen lassen.

Berücksichtigung weiterer Eingangsgrößen und Randbedingungen

In Kapitel 5.4 wurde herausgestellt, dass das Grenzdrehmoment der kraftstoffoptimalen elektrischen Fahrt sowie das optimale Lastpunktverschiebungsmoment nicht nur von der Drehzahl und der Drehmomentanforderung abhängen, sondern weitere, sich während des Betriebs verändernde Randbedingungen, wie bspw. die Temperaturen der Antriebsstrangkomponenten oder der Leistungsbedarf der Nebenverbraucher, ebenfalls einen Einfluss haben. Die Einflüsse sind zwar deutlich geringer als die Abhängigkeit von der Drehzahl und der Drehmomentanforderung, können jedoch je nach Ausprägung nicht vernachlässigt werden.

Eine Berücksichtigung der weiteren Einflussgrößen ist direkt über die beiden Kennfelder als zusätzliche Eingangsgrößen möglich. Vor dem Hintergrund, dass sich hierdurch die Dimension der Kennfelder pro Einflussgröße erhöht, wodurch deren Speicherbedarf progressiv ansteigt, gilt es dies möglichst zu umgehen. In Anbetracht dessen hat sich bei den Untersuchungen zum Einfluss der Randbedingungen in Kapitel 5.4 gezeigt, dass die meisten Randbedingungen die grundlegenden Verläufe nicht verändern, sondern vielmehr zu einer annähernd parallelen Verschiebung führen. Hierdurch ist es, im Gegensatz zu einer direkten Berücksichtigung, möglich, den Einfluss gewisser Randbedingungen mit ausreichender Genauigkeit indirekt über Faktoren bzw. eine additive Korrektur abzubilden. Wie in Abbildung 6.1 dargestellt, werden die Korrekturfaktoren dabei als zusätzliche Kennfelder in Abhängigkeit der jeweiligen Eingangsgrößen in der Steuerung hinterlegt. Aufgrund der geringeren Größe der Kennfelder kann hierdurch der Speicherbedarf im Steuergerät deutlich reduziert werden, was vor allem im Hinblick auf die Anwendung in Serienhybridfahrzeugen entscheidend ist.

Im Zusammenhang mit der Nebenverbraucherleistung hat sich in Kapitel 5.4 gezeigt, dass die optimalen E-Fahrt-Grenzen unter verschiedenen Nebenverbrau-

6.1 Implementierung und Auslegung der Regeln

cherleistungen einerseits annähernd parallel verlaufen und andererseits die Verschiebung unabhängig vom Lambda-Wert ist. Dadurch ist es für den betrachteten Anwendungsfall möglich, den Einfluss der Nebenverbraucherleistung mit ausreichender Genauigkeit über ein additives Korrekturmoment abzubilden, siehe Abbildung 6.3 links. Da die Kurven aber nicht exakt parallel verlaufen, wurde das Korrekturdrehmoment zusätzlich zur Nebenverbraucherleistung auch in Abhängigkeit der Drehzahl ausgeführt. Wie dem Diagramm zu entnehmen ist, steigt das Korrekturmoment betragsmäßig mit steigender Nebenverbraucherleistung an, wobei der Anstieg bei höherer Drehzahl flacher verläuft.

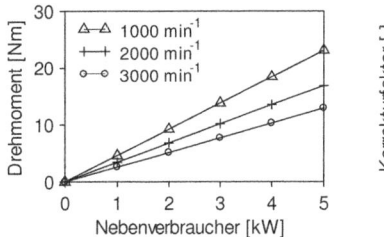 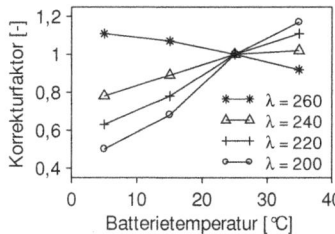

Abbildung 6.3: Korrektur der optimalen E-Fahrt-Grenzen in Abhängigkeit der Nebenverbraucherleistung (links) und der Batterietemperatur (rechts)

Im Unterschied zur additiven Korrektur der Nebenverbraucherleistung, bietet sich im Rahmen der Batterietemperatur eine Berücksichtigung in Form eines Korrekturfaktors an. Wie sich bereits anhand von Abbildung 5.23 gezeigt hat, ist der Einfluss der Batterietemperatur stark vom Lambda-Wert abhängig. Da sich die Verschiebung über der Drehzahl mit einem nahezu konstanten Quotienten darstellt, lässt sich der Einfluss der Batterietemperatur, wie in Abbildung 6.3 zu sehen, über einen Korrekturfaktor in Abhängigkeit der Batterietemperatur und Lambdas abbilden. Betrachtet man hierbei den Verlauf des Korrekturfaktors über der Batterietemperatur, fällt auf, dass dieser im Fall des Lambda-Werts von 260 g/kWh mit sinkender Batterietemperatur ansteigt, während der Faktor der anderen Lambda-Werte mit sinkender Temperatur kleiner wird. Dieser Effekt wurde bereits in Abbildung 5.23 herausgestellt und im Rahmen dessen erklärt, dass der Anstieg der E-Fahrt-Grenzen oberhalb eines bestimmten Lambda-Werts auf das geringere optimale Lastpunktverschiebungsmoment zurückzuführen ist, vgl. Kapitel 5.4.1.

6.2 Bestimmung der Eingangsgröße Lambda

Wie im vorherigen Kapitel erwähnt, stellt Lambda im Gegensatz zu den anderen Eingangsgrößen des regelbasierten Betriebsstrategieansatzes eine globale Größe dar, welche nicht direkt aus dem aktuellen Fahrzustand bezogen oder bestimmt werden kann. Das global optimale Lambda hängt dabei für einen bestimmten Hybridantriebsstrang sowohl von der über das gesamte Fahrprofil hinweg vorliegenden Leistungsanforderung als auch der zur Verfügung stehenden elektrischen Energie bzw. dem Energiebedarf ab. Da zwei verschiedene Verläufe der Leistungsanforderung zu zwei verschiedenen Verteilungen von Betriebspunkten führen und sich damit die Zusammensetzung aus kraftstoffoptimaler elektrischer Fahrt und Lastpunktverschiebung unterscheidet, haben zwei verschieden Fahrprofile unterschiedliche optimale Lambda-Werte. Unter der zur Verfügung stehenden elektrischen Energie bzw. dem Energiebedarf ist sowohl die Rekuperationsenergie, der Energiebedarf der elektrischen Nebenverbraucher als auch die aus der Differenz des Ladezustands zwischen Anfang und Ende des Fahrprofils resultierende elektrische Energie zu verstehen. Letztere kann je nach Größe der Batterie und Ladezustandsdifferenz, wie bspw. bei Plug-In-Hybridfahrzeugen, einen wesentlichen Einfluss auf die Höhe des optimalen Lambda-Werts haben.

Sofern diese Informationen des exakten Verlaufs der Leistungsanforderung und der zur Verfügung stehenden elektrischen Energie bzw. des Energiebedarfs für das gesamte zukünftige Fahrprofil bekannt sind, ist es möglich, den global optimalen Lambda-Wert zu berechnen. Die Berechnung kann bspw. unter Anwendung einer Dynamischen Programmierung erfolgen, wobei zunächst die optimale Betriebsweise für das vorausliegende Fahrprofil berechnet und hierüber dann das optimale Lambda bzw. dessen Verlauf aus der Cost-to-go Matrix bestimmt wird. Derartige Ansätze sind bspw. aus [49], [62] und [126] bekannt. Eine weitere Möglichkeit stellt die Anwendung des Pontrjaginschen Minimumprinzips und iterative Lösung (vgl. Kapitel 3.2) dar, welche bspw. in [63] vorgeschlagen wird.

Zumal das Ziel im Rahmen dieser Arbeit eine rein kausale Implementierung der regelbasierten Betriebsstrategie ohne die Verwendung von prädiktiven Informationen ist, muss jedoch ein anderer Weg zur Bestimmung dieser für die Betriebsstrategie entscheidenden Größe gefunden werden. Da allerdings ohne die Verwendung von Informationen über das zukünftige Fahrprofil und Fahrverhalten eine direkte Berechnung nicht möglich ist, wird im Folgenden ein indirekter Weg über eine Kopplung mit dem Ladezustand der Batterie gewählt. Hierbei wird sich zunutze gemacht, dass Lambda über die Höhe der Lastpunktverschiebung sowie die Höhe der E-Fahrt-Grenze den Verlauf des Ladezustands bestimmt. Wie bei der Gegenüberstellung der Lastpunktverschiebungskennfelder und E-Fahrt-Grenzen in Kapitel 5.3.2 erläutert hängen die Lastpunktverschiebungsmomente und die E-Fahrt-Grenze so über Lambda miteinander zusammen, dass bei einem geringeren Lambda-Wert das Niveau der Lastpunktverschiebung sinkt und gleichzeitig das Grenzdrehmoment der elektrischen Fahrt ansteigt (vgl. Abbildung 5.16 und Abbildung 5.22). Da hierdurch ein für ein Fahrprofil zu geringer Lambda-Wert einen zu hohen Einsatz sowie eine zu geringe Erzeugung von elektrischer Energie zur Folge hat, führt dies zu einem über der Zeit sinkenden Ladezustand der Batterie. Ist Lambda hingegen zu groß, wird zu viel elektrische Energie über Lastpunktanhebung erzeugt und zu wenig für elektrische Fahrt oder Lastpunktabsenkung eingesetzt, wodurch der Ladezustand mit der Zeit ansteigt. Der hier verfolgte Ansatz zur Bestimmung des optimalen Lambda-Werts sieht vor, auf diesen fallenden oder steigenden Ladezustand mit einer entsprechenden Anpassung des Lambda-Werts zu reagieren. Um dies zu ermöglichen, wird die bisherige Steuerung der Betriebsstrategie in eine Regelung überführt, bei welcher der aktuelle Ladezustand der Batterie als Regelgröße zurückgeführt wird, siehe Abbildung 6.4. Über die Differenz zu einem Referenzladezustand SOC_{ref} wird Lambda, ausgehend von einem initialen Wert λ_0, im zeitlichen Verlauf der Fahrt entsprechend angepasst.

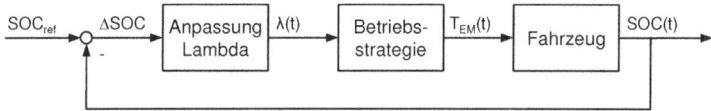

Abbildung 6.4: Schematische Darstellung der sich durch die Rückführung des aktuellen Ladezustands (SOC) ergebenden Regelstruktur

Wie im Rahmen der optimierungsbasierten Betriebsstrategien in Kapitel 3.2 erläutert, ist dieses Vorgehen bereits von der ECMS bekannt. Sofern wie im hiesigen Anwendungsfall keine Informationen über das vorausliegende Fahrprofil zur Verfügung stehen, ist ein oft vorgeschlagener und angewandter Ansatz, den Äquivalenzfaktor abhängig vom aktuellen Ladezustand anzupassen. Hinsichtlich der zur Anpassung verwendeten Gesetzmäßigkeit sind dabei verschiedene Ansätze in der Literatur zu finden, welche sich hauptsächlich in dem zur Anwendung kommen Regler und dessen Auslegung unterscheiden. Während bspw. in [3], [21] und [115] ein einfacher P-Regler mit linearer Abhängigkeit zwischen dem Äquivalenzfaktor und dem Ladezustand zur Anwendung kommt, wird in [109] ein P-Regler mit einer tangensförmigen Abhängigkeit vorgeschlagen. Das Ziel der tangensförmigen Abhängigkeit ist, dass der Ladezustand sich gemäß seiner natürlichen Schwankungen freier um den Referenzpunkt herum bewegen kann, ohne eine Anpassung von Lambda zur Folge zu haben. Aus demselben Grund kommt in [9] und [87] eine kubische Funktion zur Anwendung. Im Unterschied zu den Implementierungen in Form eines P-Reglers, setzen bspw.

[55] und [59] auf einen zusätzlichen integralen Term. Da dieser die Differenz des Ladezustands zusätzlich über die Zeit hinweg ausgleicht, können hiermit nach [78] bessere Ergebnisse in Bezug auf das Erreichen des Referenzladezustands erzielt werden, mit dem Nachteil, dass ein weiterer Parameter eingestellt werden muss. So wie bei den P-Reglern sind auch hier neben den Ansätzen mit linearer Abhängigkeit, Ausführungen mit kubischer Abhängigkeit des Proportionalterms bekannt [1], [85]. Während die bisher genannten Ansätze eine kontinuierliche Anpassung in jedem Zeitschritt durchführen, wird in [79] ein Ansatz vorgeschlagen, bei welchem die Anpassung in regelmäßigen Zeitabständen erfolgt. In Anbetracht der Tatsache, dass dadurch nicht sofort auf jede Abweichung des Ladezustands vom Referenzwert reagiert wird, soll dieser Ansatz eine deutlich größere Ladezustandsvariation erlauben, welche sich laut Autor positiv auf den Kraftstoffverbrauch auswirkt.

6.2.1 Vergleich verschiedener Ansätze und Auslegung der Anpassung

Vor dem Hintergrund, dass, wie soeben dargestellt, im Bereich der ECMS verschiedene Forschungsgruppen auf verschiedene Ansätze zur Anpassung von Lambda in Abhängigkeit des Ladezustands setzen, daraus jedoch kein klarer Vorteil eines Ansatzes hervorgeht, werden im Folgenden verschiedene dieser im Zusammenhang mit dem zuvor vorgestellten regelbasierten Betriebsstrategieansatz simulativ untersucht. Ein derartiger simulativer Vergleich auf Basis einer ECMS, mit dem Ergebnis, dass der Kraftstoffverbrauch von P- und PI-Regler-Ansatz sehr nahe beieinander liegt und der Verlauf des Ladezustands des PI-Reglers am besten in Richtung des Referenzwerts konvergiert, ist bereits in [78] zu finden. Im Gegensatz hierzu wird bei den folgenden Ausführungen neben dem Einfluss des integralen Terms besonders die Auswirkung einer kubischen bzw. tangensförmigen Abhängigkeit des Proportionalterms untersucht. Des Weiteren erfolgt der Vergleich nicht nur basierend auf einer bestimmten Auslegung der Regelparameter, sondern deren Einfluss wird ebenfalls in die Untersuchungen mit aufgenommen.

Um bei den folgenden Untersuchungen sowohl einen P- und PI-Regler als auch eine lineare und kubische Abhängigkeit auf relativ einfache Weise abzubilden, wurde folgender Ansatz, über welchen sich die jeweiligen Ausprägungen mit entsprechender Wahl der Regelparameter k_{p1}, k_{p2} und k_I realisieren lassen, verwendet:

$$\lambda(t) = \lambda_0 + k_{p1} \cdot \Delta SOC(t) + k_{p2} \cdot \Delta SOC(t)^3 + k_I \int_0^t \Delta SOC(t)\, dt \qquad (6.1)$$

mit

$$\Delta SOC(t) = SOC_{ref} - SOC(t). \qquad (6.2)$$

6.2 Bestimmung der Eingangsgröße Lambda

Dabei wurde sich von vornherein für eine kubische Implementierung des Proportionalterms entschieden, da diese gegenüber der in [109] verwendeten tangensförmigen Funktion im Bereich des Nullpunkts flacher verläuft und das Ziel einer möglichst geringen Anpassung von Lambda im Bereich des Referenzladezustands theoretisch besser erfüllt wird, siehe Abbildung 6.5. Des Weiteren weist die kubische Funktion den Vorteil auf, dass diese nicht für $\pm\frac{\pi}{2}$ gegen $\pm\infty$ geht. Darüber hinaus kann, wie aus der Taylorreihenentwicklung von Tangens hervorgeht, unter Verwendung des linearen und kubischen Terms in (6.1) eine nahezu tangensförmige Funktion dargestellt werden. Aufgrund der sehr geringen Auswirkungen auf den Kraftstoffverbrauch – wie später zu sehen ist – beschränken sich die Untersuchungen jedoch auf eine rein lineare und rein kubische Ausführung.

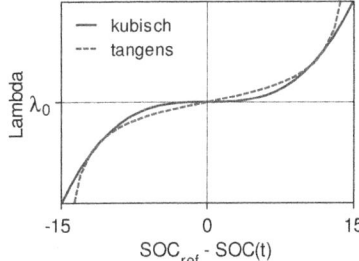
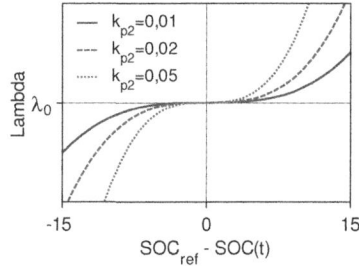

Abbildung 6.5: Unterschied einer kubischen und tangensförmigen Anpassungsfunktion

Abbildung 6.6: Verlauf der kubischen Anpassungsfunktion für verschiedene Werte k_{p2}

Damit die Ergebnisse untereinander vergleichbar sind, wurde der Referenzladezustand SOC_{ref} sowie der Ladezustand am Anfang der jeweiligen Fahrprofile in allen Untersuchungen auf 25 Prozent in die Mitte des für den „Charge-Sustaining"-Betrieb definierten Bereichs (zehn bis 40 Prozent) gesetzt. Des Weiteren wurde mit einem initialen Lambda von $\lambda_0 = 240$ g/kWh ein mittlerer Wert gewählt, welcher in etwa einem etwas sportlicher gefahrenen Stadtprofil entspricht.

Einfluss der Höhe des Proportionalitätsfaktors k_{p1}

Beginnend mit der Untersuchung, welchen Einfluss die Höhe des Faktors des linearen Proportionalterms auf den Kraftstoffverbrauch sowie den Verlauf des Ladezustands hat, sind in Tabelle 6.1 für einen P-Regler mit linearer Abhängigkeit der Kraftstoffverbrauch sowie der Unterschied des Ladezustands am Ende des Fahrprofils für verschiedene Werte von k_{p1} dargestellt. Als Fahrprofile wurden vier Profile mit unterschiedlicher Charakteristik und Lastpunktverteilung (vgl. Anhang A.6) gewählt. Um trotz des unterschiedlichen Ladezustands am Ende des Fahrprofils den Kraftstoffverbrauch der verschiedenen Regelparameter miteinander vergleichen zu können, wurde der in Tabelle 6.1 dargestellte Kraftstoffverbrauch um die Differenz des Ladezustands am Ende des Fahrprofils korrigiert. Zur Berechnung des korrigierten Kraftstoffverbrauchs B_{korr} kam der in Anhang A.5 erläuterte Ansatz unter Verwendung des über den Fahrzyklus gemittelten Lambda-Werts zur Anwendung.

Tabelle 6.1: Einfluss verschiedener Regelparameter (P-Regler mit linearer Abhängigkeit) auf den Kraftstoffverbrauch und die Differenz des Ladezustands am Ende des Fahrprofils

k_{p1}	4x Artemis Urban		10x ECE Kon2x		Stadt-Autobahn		Artemis Mix	
	B_{korr} [l/100km]	ΔSOC [%]	B_{korr} [l/100km]	ΔSOC [%]	B_{korr} [l/100km]	ΔSOC [%]	B_{korr} [l/100km]	ΔSOC [%]
0,5	6,21	4,4	4,67	-10,6	-	-	5,48	4,0
1	6,21	2,9	4,71	-8,6	-	-	5,50	6,0
2	6,22	1,4	4,75	-5,7	7,38	5,6	5,51	4,7
5	6,23	0,4	4,77	-2,3	7,40	-0,6	5,52	2,4
10	6,24	0,1	4,79	-1,1	7,43	-0,5	5,54	1,7

Vergleicht man den korrigierten Kraftstoffverbrauch der verschiedenen Regelparameter, ist in allen vier Fahrprofilen ein geringfügiger Anstieg des Kraftstoffverbrauchs mit steigendem Proportionalitätsfaktor k_{p1} zu verzeichnen. Der Grund für den Anstieg des Kraftstoffverbrauchs ist auf die deutlich stärkere Anpassung des Lambda-Werts bei einer Abweichung des Ladezustands vom Referenzwert zurückzuführen. Da hierdurch die natürlichen Schwankungen des Ladezustands zunehmend eingeschränkt werden und so das Potential der Batterie zur Zwischenspeicherung und Bereitstellung von elektrischer Energie immer weniger ausgenutzt wird, wirkt sich ein größerer Proportionalitätsfaktor generell verbrauchsverschlechternd aus. Berücksichtigt man zudem, dass der dem Lambda-Faktor des regelbasierten Betriebsstrategieansatzes entsprechende Lagrange-Multiplikator des Pontrjaginschen Minimumprinzips, wie in Kapitel 3.2 erläutert, im kraftstoffoptimalen Fall über den gesamten Fahrzyklus konstant ist – wenn man von sehr geringen Änderungen bedingt durch die Abhängigkeit der Batterieparameter vom Ladezustand sowie einer Erreichung der Batteriegrenzen absieht – so wird der negative Effekt vermehrter Änderungen von Lambda zusätzlich deutlich. Daher besteht das Ziel der Lambda-Anpassung, die natürlichen

6.2 Bestimmung der Eingangsgröße Lambda

Variationen im Ladezustand möglichst vollständig zuzulassen und nur dann eine Anpassung vorzunehmen, wenn der Ladezustand aufgrund eines für das aktuelle Fahrprofil zu geringen oder zu hohen Werts ansteigt bzw. abfällt. Während für Ersteres ein möglichst kleiner Proportionalitätsfaktor bzw. keine Anpassung von Vorteil ist, darf dieser für Letzteres nicht zu gering sein. Es kommt sonst in etwas längeren Fahrsituationen, welche einen sehr geringen oder hohen Lambda-Wert erfordern (Stadtfahrt mit geringer Leistungsanforderung bzw. Autobahnfahrt), zu einem Erreichen der Batteriegrenzen bevor Lambda entsprechend angepasst werden kann. Wie Tabelle 6.1 zu entnehmen ist, ist dies bei dem Stadt-Autobahn-Profil unter Verwendung der beiden kleinsten Proportionalitätsfaktoren der Fall. Aufgrund der sehr flachen Abhängigkeit zwischen Ladezustandsdifferenz und Lambda-Faktor wäre hier ein Anstieg des Ladezustands weit über die Grenzen des zuvor definierten „Charge-Sustaining"-Bereichs notwendig, um Lambda so zu reduzieren, dass der Ladezustand während der Autobahnfahrt nicht weiter ansteigt.

Ansatz zur Auslegung des Proportionalterms

Aus dem oben erläuterten Trade-off zwischen dem Kraftstoffverbrauch und einer ausreichenden Anpassung des Lambda-Werts lässt sich für die Auslegung des Proportionalitätsfaktors ableiten, dass dieser für einen möglichst optimalen Kraftstoffverbrauch gerade so steil verlaufen sollte, damit in den kritischen Fahrsituationen die obere und untere Ladezustandsgrenze nicht überschritten wird. Wie in Abbildung 6.7 schematisch dargestellt, kann hierüber zusammen mit einem oberen und unteren Worst Case Lambda-Wert λ_{wco} und λ_{wcu} der optimale Faktor des Proportionalterms bzw. der Verlauf der Anpassungsfunktion festgelegt werden. Um dem Ladezustand auch an den Grenzen weiterhin die Möglichkeit einer gewissen Variation zu bieten und Platz für eine etwaige Rekuperation zu haben bzw. bei tiefem Ladezustand Start-Stopp für einen gewissen Zeitraum

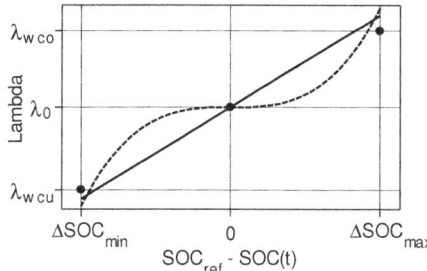

Abbildung 6.7: Grafische Darstellung der Auslegung des Proportionalterms mit oberem und unterem Worst Case Lambda-Wert λ_{wco}, λ_{wcu}

zu gewährleisten, bietet es sich an, die Anpassungsfunktion mit einem gewissen Abstand zu den Ladezustandsgrenzen auszulegen.

Als Worst Case Situation wurde im Rahmen dieser Arbeit sowohl eine Stadtfahrt mit hohem Nebenverbraucherbedarf, bestehend aus vielen Konstantfahrten mit geringer Leistungsanforderung sowie stärkeren Beschleunigungen, als auch eine Autobahnfahrt mit mittlerer Lastpunktverteilung und hoher Rekuperationsenergie herangezogen. Für den Proportionalitätsfaktor ergab sich hierbei ein optimaler Wert von $k_{p1} = 5$. Dieser entspricht dem in [21] vorgeschlagenen und ebenfalls in [78] verwendeten Wert, welcher nach Angaben der Autoren einen guten Kompromiss zwischen Kraftstoffverbrauch und Abweichung des Ladezustands darstellt.

Kubischer gegenüber linearem Proportionalterm

In Abbildung 6.7 ist neben dem linearen Proportionalterm auch die Variante mit kubischer Funktion abgebildet, welche das oben definierte Auslegungskriterium im selben Maße erfüllt. Wie anhand der beiden Kurven zu sehen ist, verläuft die kubische Funktion um den Referenzpunkt herum deutlich flacher, wodurch sich, wie bspw. in [9], [109] erläutert, theoretisch ein Vorteil hinsichtlich des Kraftstoffverbrauchs ergibt, da sich der Ladezustand um den Referenzpunkt herum in einem deutlich größeren Bereich, mit einer zunächst wesentlich geringeren Anpassung von Lambda, bewegen kann. Wie groß die hieraus resultierenden Vorteile sind, wird im Folgenden anhand von Simulationen in realen Fahrprofilen dargestellt. Um hinsichtlich der Fähigkeit, den Ladezustand innerhalb der Grenzen zu halten, vergleichbare Ergebnisse zu erhalten, wurde der Parameter k_{p2}, welcher den Verlauf der kubischen Funktion bestimmt (vgl. Abbildung 6.6), wie in Abbildung 6.7 dargestellt, nach demselben Kriterium mit den gleichen Werten für λ_{wcu} und λ_{wco} ausgelegt. Der sich ergebende Wert beträgt $k_{p2} = 0{,}02$.

Die Ergebnisse der durchgeführten Simulationen – für lineare und kubische Abhängigkeit – sind für die vier bereits zuvor verwendeten Fahrprofile sowie weitere, aus realen Fahrten entnommene Geschwindigkeitsprofile in Form des korrigierten Kraftstoffverbrauchs und der Differenz des Ladezustands am Ende des Fahrprofils in Tabelle 6.2 dargestellt. Vergleicht man die Werte der beiden Varianten miteinander, ist durch die Verwendung der kubischen Funktion in allen Fahrprofilen ein Vorteil bzgl. des Kraftstoffverbrauchs zu verzeichnen. Der Unterschied beträgt dabei, abhängig vom Fahrprofil, jedoch nur zwischen 0,3 und 1,0 Prozent. Beim Ladezustand am Ende des Fahrprofils weist die kubische Funktion hingegen größere Differenzen auf, welche darauf zurückzuführen sind, dass hier deutlich höhere Abweichungen im Ladezustand notwendig sind, um denselben Lambda-Wert zu erreichen, vgl. Abbildung 6.7. Da es im realen Fahrbetrieb von Hybridfahrzeugen allerdings nicht das Ziel ist, einen Ladezustand

6.2 Bestimmung der Eingangsgröße Lambda

möglichst nahe am Referenzwert zu erreichen, sondern das Ziel vielmehr ein kraftstoffeffizienter Betrieb unter Einhaltung der Ladezustandsgrenzen mit einer von der Anpassung möglichst wenig eingeschränkten Betriebsweise ist, erfüllt die kubische Funktion, wie sich anhand der Ergebnisse in Tabelle 6.2 zeigt, diese Anforderungen besser.

Tabelle 6.2: Einfluss einer kubischen Abhängigkeit des P-Anteils auf den Kraftstoffverbrauch und Ladezustand am Ende des Fahrprofils linear (lin): $k_{p1} = 5$; kubisch (kub): $k_{p2} = 0,02$

	4x Artemis Urban		10x ECE Kon2x		Stadt-Autobahn		Artemis Mix	
	B_{korr} [l/100km]	ΔSOC [%]	B_{korr} [l/100km]	ΔSOC [%]	B_{korr} [l/100km]	ΔSOC [%]	B_{korr} [l/100km]	ΔSOC [%]
lin	6,23	0,4	4,77	-2,3	7,40	-0,6	5,52	2,4
kub	6,21	1,7	4,72	-8,2	7,38	4,8	4,49	6,6
	Stadt-Umland		Stadt (voraus.[10])		Überland (voraus.[10])		Überland (dyn.[11])	
lin	5,14	-0,3	4,43	-3,3	5,06	1,6	7,66	1,9
kub	5,12	1,4	4,39	-8,2	5,05	2,1	7,65	7,0

Zusätzlich zu den Kraftstoffverbrauchswerten aus Tabelle 6.2, wird dies ebenfalls anhand des in Abbildung 6.8 dargestellten Stadt-Umland-Fahrprofils deutlich. Hier ist neben dem Ladezustand und dem Verlauf von Lambda, des linearen und kubischen P-Reglers, auch der optimale Verlauf, berechnet mittels Dynamischer Programmierung (DP) unter a priori Kenntnis des Fahrprofils, abgebildet. Wie im oberen Diagramm zu sehen, folgt der Ladezustand des kubischen P-Reglers dem optimalen Verlauf deutlich näher. Während hier die Schwankungsbreite des Ladezustands in nahezu gleichem Maße ausgeprägt ist, ist der Bereich, in dem sich der Ladezustand des linearen P-Reglers bewegt, deutlich geringer. Vergleicht man den verantwortlichen Verlauf von Lambda, ist zu sehen, wie im Fall der linearen Abhängigkeit bereits auf einen geringfügig sinkenden oder steigenden Ladezustand mit einer Anpassung reagiert wird. Im Fall der kubischen Funktion erfolgt bei einem derartigen Fahrprofil hingegen so wie keine Korrektur, wodurch eine wesentlich näher am Optimum liegende Betriebsweise aus elektrischer Fahrt und Lastpunktverschiebung möglich ist.

---

[10] Voraus.: Vorausschauend gefahren
[11] Dyn.: Dynamisch, sportlich gefahren

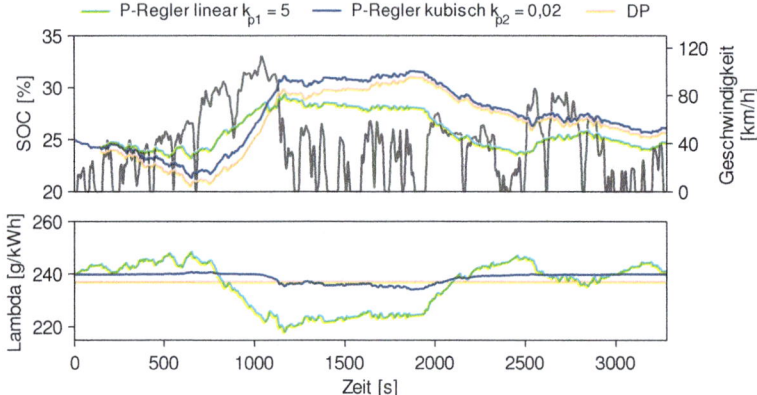

Abbildung 6.8: Vergleich eines linearen und kubischen Proportionalterms anhand des Verlaufs des Ladezustands sowie der Lambda-Anpassung in einem Stadt-Umland-Fahrprofil

Da somit der theoretisch zu erwartende Vorteil einer kubischen Funktion anhand von mehreren realen Fahrprofilen bestätigt werden konnte, wird die kubische Funktion im Folgenden weiter verwendet.

Auswirkungen eines zusätzlichen I-Anteils

Nachdem bisher ausschließlich proportionale Abhängigkeiten zwischen dem Ladezustand und Lambda betrachtet wurden, wird im Folgenden dargestellt, welchen Einfluss ein zusätzlicher integraler Term hat. Da analog zum Proportionalterm auch hier die Höhe des Regelparameters einen entscheidenden Einfluss auf das Verhalten und dementsprechend auf den Kraftstoffverbrauch hat, wird die Höhe von k_I mit in die Bewertung einbezogen. Der Regelparameter des Proportionalterms wurde, wie zuvor ausgelegt, mit $k_{p2} = 0{,}02$ gewählt.

In Tabelle 6.3 ist der korrigierte Kraftstoffverbrauch sowie die Differenz des Ladezustands am Ende des Fahrprofils mehrerer Simulationen mit verschiedenen Werten von k_I dargestellt. Die oberste Zeile mit $k_I = 0$ repräsentiert den bisher betrachteten Fall des proportionalen Ansatzes. Vergleicht man den Kraftstoffverbrauch der verschiedenen Werte von k_I miteinander, ist in allen vier Fahrprofilen der eindeutige Trend zu erkennen, dass der Kraftstoffverbrauch mit steigendem I-Anteil zunimmt. Die Auswirkungen auf den Kraftstoffverbrauch sind hierbei jedoch wieder relativ gering.

6.2 Bestimmung der Eingangsgröße Lambda

Tabelle 6.3: Einfluss verschiedener I-Anteile auf den Kraftstoffverbrauch und den Ladezustand am Ende des Fahrprofils (P-Anteil kubisch $k_{p2} = 0,02$)

k_I 10^{-3}	4x Artemis Urban		10x ECE Kon2x		Stadt-Autobahn		Artemis Mix	
	B_{korr} [l/100km]	ΔSOC [%]	B_{korr} [l/100km]	ΔSOC [%]	B_{korr} [l/100km]	ΔSOC [%]	B_{korr} [l/100km]	ΔSOC [%]
0	6,21	1,7	4,72	-7,9	7,38	4,8	5,49	6,6
1	6,21	0,3	4,75	-5,7	7,39	-9,7	5,52	8,2
2	6,21	-1,1	4,84	-1,2	7,40	-8,8	5,56	4,4
5	6,22	-0,8	4,87	1,1	7,42	-4,8	5,59	-1,1
10	6,23	-0,1	4,90	-2,4	7,44	2,0	5,61	0,8

Worauf die Zunahme des Kraftstoffverbrauchs mit steigendem I-Anteil zurückzuführen ist und welche Auswirkungen dieser auf das Betriebsverhalten hat, zeigt sich anhand des Stadt-Autobahn-Profils sehr gut. In Abbildung 6.9 ist dieses sowohl für den proportionalen Ansatz mit kubischer Funktion als auch den PI-Ansatz mit $k_I = 0,002$ dargestellt. Wie am Verlauf des Ladezustands im oberen Diagramm zu sehen ist, bleibt dieser im Fall des P-Reglers nach einem anfänglichen Anstieg auf ca. 35 Prozent so lange in diesem eingeschwungen Zustand, bis sich die Fahrsituation wieder ändert. Mit dem zusätzlichen integralen Anteil sinkt der Ladezustand hingegen nach anfangs nahezu identischem Verlauf allmählich wieder in Richtung des Referenzwerts ab. Da sich in diesem Bereich jedoch aufgrund der verhältnismäßig hohen Leistungsanforderungen eine elektrische Fahrt nicht lohnt bzw. diese nicht möglich ist, wird die elektrische Energie zum größten Teil über Lastpunktabsenkung abgebaut. Vor dem Hintergrund, dass auf die Autobahnfahrt eine Stadtfahrt mit deutlich geringerer Leistungsanforderung folgt und dementsprechend Betriebspunkte vorliegen, in denen sich der Einsatz der anfangs über Lastpunktanhebung geladenen Energie für elektrische Fahrt wesentlich mehr lohnt, ist der durch den I-Anteil hervorgerufene Abbau des Ladezustands nicht sinnvoll. Da sich dies ohne Wissen über das zukünftige Fahrprofil nicht voraussagen lässt, jedoch mit hoher Wahrscheinlichkeit davon ausgegangen werden kann, dass auf Fahrsituationen mit hoher Leistungsanforderung Fahrsituationen mit geringer Anforderung folgen, lohnt es sich bei einem autarken Hybridfahrzeug die elektrische Energie aufzuheben, bis sie aufgrund des durch den proportionalen Anteil angepassten Lambda-Werts eingesetzt wird.

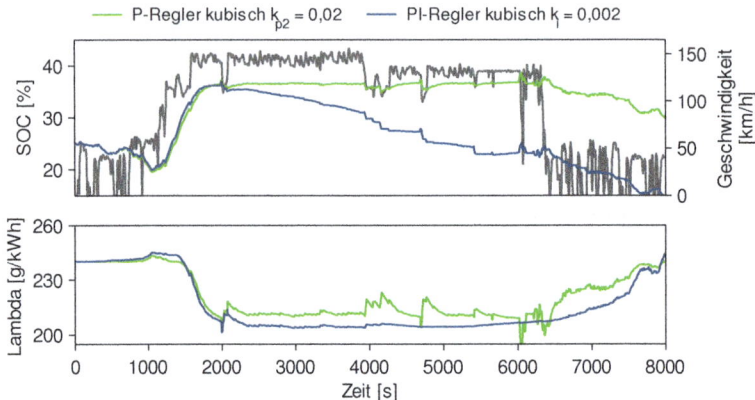

Abbildung 6.9: Auswirkung eines zusätzlichen I-Anteils der Lambda-Anpassung am Beispiel einer längeren Autobahnfahrt

Wie sowohl dieses Beispiel als auch die Kraftstoffverbrauchswerte in Tabelle 6.3 zeigen, gestaltet sich somit in einem realen Fahrbetrieb, in dem es, wie bereits erläutert, nicht zwingend notwendig ist den Referenzladezustand zu erreichen, ein proportionales Verhalten ohne I-Anteil effizienter. Sofern allerdings bei einem Plug-In-Hybridfahrzeug die Batterie bis zum Ende des Fahrprofils auf einen bestimmten Ladezustand entladen werden soll (z.B. aufgrund einer Lademöglichkeit), dieses Wissen vorliegt und bis dahin keine Möglichkeit besteht, die elektrische Energie effizienter einzusetzen, ist ein I-Anteil aufgrund des besseren Erreichens des Zielladezustands von Vorteil. Da eine derartige Betriebsweise unter Verwendung prädiktiver Informationen nicht Umfang dieser Arbeit ist, wird im Folgenden der proportionale Ansatz mit kubischer Funktion weiter verwendet.

6.2.2 Berücksichtigung weiterer Einflussgrößen

Bei der Untersuchung des Einflusses der Randbedingungen in Kapitel 5.4 hat sich gezeigt, dass neben dem Fahrprofil auch die Temperaturen der Antriebsstrangkomponenten sowie der Leistungsbedarf der Nebenverbraucher einen Einfluss auf den optimalen Lambda-Wert haben. Angesichts der Möglichkeit, diese Größen direkt aus dem Fahrzeug beziehen zu können, wird im Folgenden der Ansatz verfolgt, diese als Vorsteuerung in λ_0 zu berücksichtigen:

$$\lambda(t) = \lambda_0(\vartheta_{Batt}, \vartheta_{VM}, P_{NV}, \dots) + k_{P2} \cdot \Delta SOC(t)^3. \tag{6.3}$$

6.2 Bestimmung der Eingangsgröße Lambda

Das Ziel ist, eine durch diese Einflussgrößen hervorgerufene Veränderung im optimalen Lambda-Wert nicht über den Regler ausgleichen zu müssen, sondern darauf direkt durch eine Veränderung des Basiswerts λ_0 zu reagieren. Im Rahmen der Untersuchungen hierzu hat sich allerdings gezeigt, dass aufgrund der relativ langsamen Änderung der Temperaturen deren Einfluss unter realen Fahrbedingungen ausreichend durch den Regler ausgeglichen wird und eine Vorsteuerung in Abhängigkeit der Temperaturen keinen messbaren Vorteil bringt. Bei den Nebenverbrauchern ist dies hingegen nicht der Fall. Da sich deren Leistungsbedarf, bspw. durch das Zu- und Abschalten der elektrischen Klimaanlage, innerhalb von kurzer Zeit maßgeblich ändern kann, erweist sich hier eine Vorsteuerung als sinnvoll. In Abbildung 6.10 ist der daraus resultierende Vorteil gut ersichtlich. Während der Ladezustand ohne Berücksichtigung der Nebenverbraucher nach dem Zuschalten der Klimaanlage zunächst deutlich abfällt, bleibt der Ladezustand im Fall der Vorsteuerung in etwa auf demselben Niveau. Da ohne die Vorsteuerung, aufgrund der kubischen Funktion des P-Anteils, erst sehr spät auf den sinkenden Ladezustand reagiert werden kann, muss dieser, wie in Abbildung 6.10 zu sehen, zunächst weit absinken bis eine entsprechende Anpassung erfolgt.

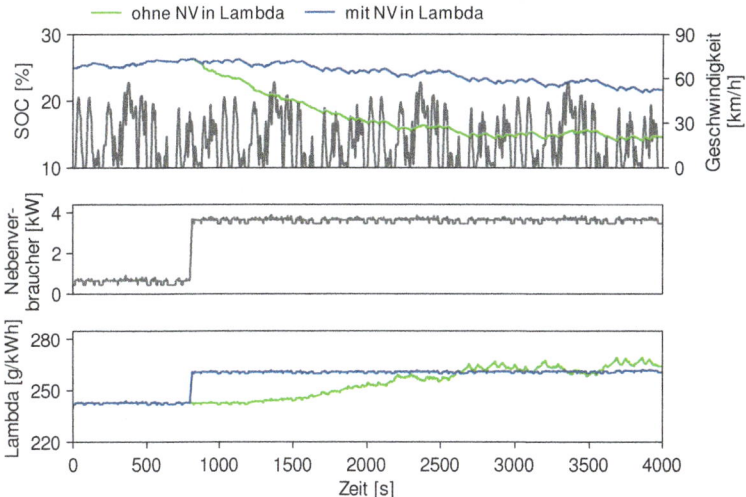

Abbildung 6.10: Unterschied der Entwicklung des SOC-Verlaufs bei Berücksichtigung der Nebenverbraucherleistung in λ_0 am Beispiel des Zuschaltens der Klimaanlage

Zur Implementierung der Vorsteuerung in Abhängigkeit der Nebenverbraucherleistung wurde deren Einfluss auf Lambda in verschiedenen realen Fahrprofilen untersucht. Das zugehörige Ergebnis ist in Abbildung 6.11 dargestellt. Wie anhand der verschiedenen Linien zu sehen ist, ist der Zusammenhang zwischen der Änderung von Lambda und der Nebenverbraucherleistung vom jeweiligen Fahrprofil abhängig. Da die Unterschiede allerdings in einem relativ schmalen Band liegen und eine nicht exakte Vorsteuerung lediglich einen geringen Einfluss auf das Ergebnis hat, zeigte sich im Rahmen der Untersuchungen, dass vor dem Hintergrund einer vom Fahrprofil unabhängigen Implementierung mit einem mittleren Wert sehr gute Ergebnisse erzielt werden können. Die Anpassung von λ_0 wurde dabei, wie in Abbildung 6.11 markiert, mit 5 g/kWh pro 1000 W Nebenverbraucherleistung implementiert.

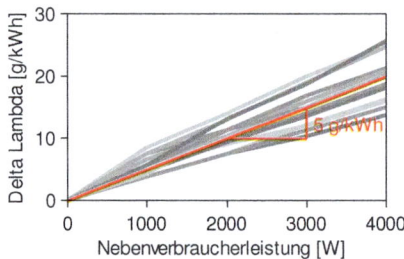

Abbildung 6.11: Einfluss der Nebenverbraucherleistung auf den optimalen Lambda-Wert in verschiedenen Fahrprofilen und gewählter mittlerer Wert

6.3 Global optimale Entscheidung zwischen elektrischer Fahrt und Hybridbetrieb

Betrachtet man den Wechsel zwischen dem elektrischen Betrieb und dem Hybridbetriebsmodus, muss hierbei der Verbrennungsmotor gestartet und auf die aktuelle getriebeeingangsseitige Drehzahl gebracht werden. Das Starten und Hochdrehen des Verbrennungsmotors kann je nach konzeptioneller Auslegung auf verschiedene Weise erfolgen. Es sind unterschiedliche Ansätze bekannt, die von einem Hochziehen mit der E-Maschine, über das Starten mit verschiedenen Starteinrichtungen (Ritzelstarter, Riemen-Starter-Generator) bis hin zu einem reinen verbrennungsmotorischen Start (Direktstart) reichen [31]. Den verschiedenen Startarten ist allen gemein, dass eine gewisse Energie in Form von Kraftstoff und/oder elektrischer Energie notwendig ist, um den Startvorgang auszuführen, vgl. Kapitel 4.3.

6.3 Global optimale Entscheidung zwischen elektrischer Fahrt und Hybridbetrieb

In den bisherigen Ausführungen wurde diese für das Starten des Verbrennungsmotors notwendige Energie nicht in die Entscheidung zwischen der elektrischen Fahrt und dem Hybridbetrieb mit einbezogen. Die Entscheidung erfolgt derzeit ausschließlich auf den momentanen Bedingungen des aktuellen Betriebspunkts. Soll die Energie für das Starten des Verbrennungsmotors mit einbezogen werden, so hängt die Entscheidung, ob es sich lohnt, zwischen der elektrischen Fahrt und dem Hybridbetrieb zu wechseln, nicht mehr nur von den Bedingungen des aktuellen Betriebspunkts ab, sondern auch von der zukünftigen Leistungsanforderung. Nur wenn die Kraftstoffersparnisse, die durch den Wechsel in den Hybridbetrieb erzielt werden, in Summe bis zur nächsten potentiellen Rückkehr größer als die zum Starten des Verbrennungsmotors benötigte Energie sind, lohnt es sich aus globaler Sicht, den Wechsel auszuführen. In Abbildung 6.12 ist dies grafisch dargestellt. Im oberen Diagramm ist zu sehen, dass zum Zeitpunkt t_1 die Drehmomentanforderung das Grenzdrehmoment der optimalen elektrischen Fahrt überschreitet. Ab hier ist es aus rein lokaler Sicht effizienter, im Hybridbetriebsmodus zu fahren. Berücksichtigt man allerdings die zum Starten des Verbrennungsmotors notwendige Kraftstoffmenge m_{Start}, lohnt sich der Wechsel erst ab dem Zeitpunkt t_2. Die Entscheidung muss allerdings bereits im Zeitpunkt t_1 fallen.

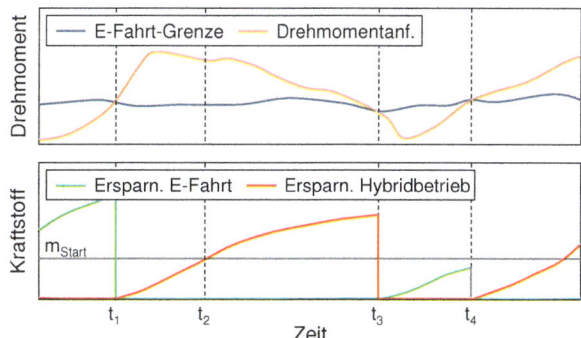

Abbildung 6.12: Darstellung der Entscheidung, ab wann sich ein Wechsel zwischen elektrischer Fahrt und Hybridbetrieb unter Einbeziehung der Kraftstoffmenge für den Verbrennungsmotorstart lohnt

In Anbetracht der Tatsache, dass nach dem Abschalten des Verbrennungsmotors dieser wieder gestartet werden muss, gilt dasselbe auch für den Fall des Wechsels aus dem Hybridbetrieb in die elektrische Fahrt. Auch hier müssen die Kraftstoffersparnisse in dem Zeitraum, bis die Drehmomentanforderung das nächste Mal die E-Fahrt-Grenze überschreitet, größer als der Energiebedarf des Verbrennungsmotorstarts sein. In Abbildung 6.12 ist zu sehen, dass dies im Zeitraum zwischen t_3 und t_4 nicht der Fall ist. Hier ist die durch die elektrische Fahrt eingesparte Kraftstoffmenge insgesamt geringer als die für den Wiederstart notwendige Kraftstoffmenge. Das Abschalten des Verbrennungsmotors lohnt sich dementsprechend in diesem Zeitraum nicht.

Die Problematik, dass die Entscheidung über den Wechsel zwischen der elektrischen Fahrt und dem Hybridmodus unter Einbeziehung des Energiebedarfs des Verbrennungsmotorstarts nicht rein aus lokaler Sicht getroffen werden kann, bezieht sich nicht nur auf den hier vorgestellten regelbasierten Betriebsstrategieansatz, sondern betrifft alle kausalen Betriebsstrategien. Ohne das Wissen über das zukünftige Fahrprofil kann, unabhängig davon, ob die Betriebsstrategie regelbasiert oder optimierungsbasiert ausgeführt ist, nicht entschieden werden, ob sich ein Wechsel aus globaler Sicht lohnt.

Betrachtet man in diesem Zusammenhang Fahrprofile, die unter realen Fahrbedingungen aufgenommen wurden, sind je nach Verkehrsfluss und Fahrweise des Fahrers viele kleinere Beschleunigungs- und Verzögerungsphasen festzustellen. Wie in Abbildung 6.13 dargestellt, haben derartige kleinere Beschleunigungen bzw. Verzögerungen vor allem in höheren Gängen eine deutliche Änderung der getriebeeingangsseitigen Drehmomentanforderung – welche die maßgebende Größe für die Entscheidung zwischen elektrischer Fahrt und Hybridbetrieb darstellt – zur Folge.

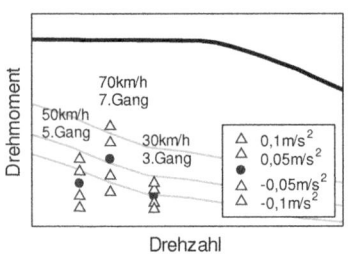 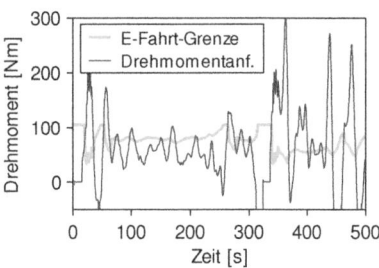

Abbildung 6.13: Einfluss der Fahrzeugbeschleunigung auf die Drehmomentanforderung in verschiedenen Gängen

Abbildung 6.14: Drehmomentanforderung und E-Fahrt-Grenze eines Stadtfahrprofils

In Abbildung 6.14 ist zu sehen, dass insbesondere in Fahrsituationen, in denen die mittlere Fahranforderung bereits im Bereich der E-Fahrt-Grenze liegt, diese oftmals kurzzeitig überschritten bzw. unterschritten wird. Mit der bisherigen rein lokalen Umsetzung der Entscheidung zwischen elektrischer Fahrt und Hybridbetriebsmodus würde es zu einem jeweils kurzen Zu- bzw. Abschalten des Verbrennungsmotors kommen. Wie soeben dargestellt, ist dies in den meisten Fällen

6.3 Global optimale Entscheidung zwischen elektrischer Fahrt und Hybridbetrieb

aufgrund des Energiebedarfs zum Starten des Verbrennungsmotors nicht effizient. Des Weiteren wird ein häufiges Zu- und Abschalten des Verbrennungsmotors aus subjektiver Sicht oft als nicht komfortabel bezeichnet oder gestaltet sich kritisch hinsichtlich der Lebensdauer der Starteinrichtung.

Ist die Leistungsanforderung der nächsten Sekunden bekannt bzw. liegt deren möglicher Verlauf aus einer Prädiktion und/oder statistischen Abschätzung vor, so kann über globale Optimierungsverfahren – unter Einbezug des Energiebedarfs des Verbrennungsmotorstarts – berechnet werden, ob sich ein Wechsel zwischen elektrischer Fahrt und Hybridbetrieb lohnt, siehe bspw. [1]. Die Berechnung ist dabei allerdings – vor allem in Relation zu dem bisherigen regelbasierten Betriebsstrategieansatz – sehr rechenintensiv und aufwendig. Im Gegensatz dazu wird im Folgenden in Kapitel 6.3.1 ein Verfahren vorgestellt, mit dem dies im Zusammenhang mit dem bisherigen regelbasierten Betriebsstrategieansatz auf eine deutlich einfachere Weise ohne Optimierungsalgorithmus möglich ist. Der Ansatz macht sich zunutze, dass über die Differenz eines äquivalenten Kraftstoffmassenstroms zwischen elektrischer Fahrt und Hybridbetrieb relativ einfach berechnet werden kann, wie groß die Kraftstoffersparnis der einen Betriebsart gegenüber der anderen ist.

Stehen keine Informationen über die zukünftige Leistungsanforderung zur Verfügung – auch nicht aus einer wie oben erläuterten statistischen Prädiktion – oder ist das Ziel eine rein kausale Implementierung der Entscheidungen, sind oft gewählte Ansätze, um ein häufiges Wechseln zwischen elektrischer Fahrt und Hybridbetrieb zu verhindern, die Einführung einer:

- Verzögerung bzw. Totzeit bis die Entscheidung ausgeführt wird
- Mindestdauer der Betriebszustände
- Hysterese zwischen den Kriterien für die eine und andere Richtung.

Die bspw. in [21], [61], [76] und [108] verwendete Verzögerung der Entscheidungen ist dabei so implementiert, dass die Anforderung zum Wechsel für eine bestimmte Zeit anliegen muss, bevor der Wechsel schlussendlich ausgeführt wird. Da hierdurch Wechsel, bei denen innerhalb der Totzeit bereits wieder eine Rückkehr in den ursprünglichen Zustand erfolgt, nicht ausgeführt werden, können kurzzeitige Zustandswechsel unterbunden werden. Allerdings ist zu beachten, dass alle längeren Phasen, in denen sich der Wechsel lohnt, entsprechend verschoben werden. So wird sowohl am Anfang als auch am Ende jeweils für die Dauer der Verzögerungszeit in dem ungünstigeren Betriebszustand gefahren. Je nachdem wie lange die Phasen ursprünglich waren, wird hierdurch deren effektive Zeit so verkürzt, dass es sich nach Ablauf der Verzögerungszeit nicht mehr lohnt einen Wechsel auszuführen, dieser allerdings erfolgt. Wie später zu sehen ist, wirkt sich dies, je nach Fahrprofil, erheblich negativ auf den Kraftstoffverbrauch aus.

Ein weiterer, oft gewählter Ansatz zur Verhinderung kurzer Zustandsphasen bzw. häufiger Wechsel, welcher oftmals auch in Kombination mit einer Totzeit zur Anwendung kommt, ist die Verwendung einer Mindestdauer der Betriebszustände [10], [61], [76]. Im Gegensatz zum vorherigen Ansatz wird zwar nicht jeder Wechsel verzögert, sondern nur jene, bei denen der aktuelle Zustand unterhalb der Mindestdauer aktiv ist. Kurze Zustandswechsel werden jedoch auch nicht verhindert, sondern ausgeführt und bis zum Ablauf der Mindestdauer gehalten. Wie sich dies hinsichtlich der Häufigkeit der Wechsel und des Kraftstoffverbrauchs auswirkt, wird später ebenfalls gezeigt.

Während, wie soeben dargestellt, in der Literatur verschiedene Ansätze zu finden sind, die sich in ihrer Ausführung unterscheiden, ist ihnen allen gemein, dass sie in allen Fahrsituationen in gleichem Maße zur Anwendung kommen. Da in gewissen Fahrsituationen bzw. unter gewissen Bedingungen kurze, unrentable Wechsel wesentlich häufiger auftreten als dies unter anderen Bedingungen der Fall ist, wird in Kapitel 6.3.2 ein Ansatz vorgestellt, welcher die Entscheidung zwischen elektrischer Fahrt und Hybridbetrieb basierend auf einer statistischen Analyse angeht. Wie anhand von Simulationsergebnissen gezeigt wird, kann hierdurch, gegenüber den zuvor erläuterten Ansätzen, ein wesentlicher Schritt in Richtung einer global optimalen Betriebsweise erreicht werden.

6.3.1 Ansatz über äquivalenten Kraftstoffmassenstrom

Wie bereits erläutert, setzt dieser Ansatz voraus, dass das zukünftige Fahrprofil bzw. die Leistungsanforderung der nächsten Sekunden bekannt ist. Wie die Prädiktion im Detail aussieht und ob die Daten aus statistischen Vorhersagen und/oder Navigationsdaten, Car-to-Car Communication oder Radarsensoren stammen, wird hier nicht weiter betrachtet. Stattdessen wird vereinfachend angenommen, dass diese Daten in Form des Verlaufs der Drehmomentanforderung sowie der Getriebeeingangsdrehzahl für die nächsten Sekunden zur Verfügung stehen. Im Rahmen der Untersuchungen hat sich gezeigt, dass bereits sieben bis acht Sekunden ausreichen, um in über 90 Prozent aller Fälle hervorsagen zu können, ob es sich lohnt, zwischen der elektrischen Fahrt und dem Hybridbetriebsmodus zu wechseln. Im Gegensatz zu Implementierungen, welche dies online im Fahrzeug über einen aufwendigen Optimierungsalgorithmus berechnen, ist der im Folgenden vorgestellte Ansatz kennfeldbasiert ohne Optimierungsalgorithmus ausgeführt und stellt eine Erweiterung des bisherigen regelbasierten Betriebsstrategieansatzes dar. Der zusätzliche Rechen- und Speicherbedarf ist, wie bereits bei der gesamten regelbasierten Implementierung, sehr gering.

6.3 Global optimale Entscheidung zwischen elektrischer Fahrt und Hybridbetrieb

Dem Ansatz zugrunde liegendes Prinzip

Die wesentliche Idee des Ansatzes basiert darauf, einen äquivalenten Kraftstoffmassenstrom – aus dem Kraftstoffmassenstrom des Verbrennungsmotors und der gewichteten elektrischen Leistung der Batterie, wie er bereits aus ECMS- bzw. PMP-Betriebsstrategien (vgl. Kapitel 3.2) oder [87] bekannt ist – für den elektrischen Betrieb sowie den Hybridbetrieb heranzuziehen und deren Differenz zur Bewertung zu verwenden. In Abbildung 6.15 ist dies grafisch dargestellt. Im oberen Diagramm ist zu sehen, dass die Drehmomentanforderung zum Zeitpunkt t_{Start} das Grenzdrehmoment der optimalen elektrischen Fahrt überschreitet und zum Zeitpunkt t_{Stopp} wieder darunter fällt. Wie sich in Kapitel 5.3 gezeigt hat, ist es aus rein lokaler Sicht, ohne die Berücksichtigung des Energiebedarfs zum Starten des Verbrennungsmotors, in dem dazwischenliegenden Bereich effizienter, im Hybridbetriebsmodus mit entsprechender Lastpunktverschiebung zu fahren. Im unteren der beiden Diagramme sind der äquivalente Kraftstoffmassenstrom der elektrischen Fahrt sowie der des Hybridbetriebs dargestellt. Anhand der beiden Kurven ist zu sehen, dass der äquivalente Kraftstoffmassenstrom in beiden Fällen bei steigender Drehmomentanforderung ansteigt. Da allerdings der äquivalente Kraftstoffmassenstrom der elektrischen Fahrt wesentlich stärker ansteigt als der des Hybridbetriebsmodus, überschreitet der äquivalente Kraftstoffmassenstrom der elektrischen Fahrt irgendwann den äquivalenten Kraftstoffmassenstrom des Hybridbetriebs. Wie anhand der Diagramme ersichtlich ist, ist dies genau zu dem Zeitpunkt der Fall, an dem die Drehmomentanforderung die E-Fahrt-Grenze überschreitet. In Kapitel 5.3 wurde mathematisch hergeleitet, dass dies genau so der Fall sein muss, da sich hierdurch die E-Fahrt-Grenzen auszeichnen.

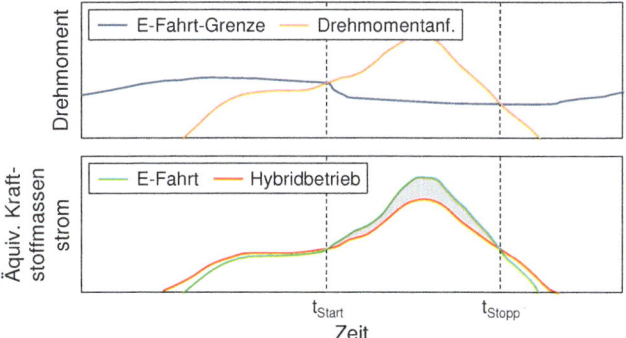

Abbildung 6.15: Verlauf des äquivalenten Kraftstoffmassenstroms der elektrischen Fahrt und des Hybridbetriebs im Zusammenhang mit der Drehmomentanforderung und der lokal optimalen E-Fahrt-Grenze

Die Differenz des äquivalenten Kraftstoffmassenstroms zwischen der elektrischen Fahrt und dem Hybridbetrieb ist ein Maß dafür, wie viel Gramm Kraftstoff pro Sekunde durch den einen Betrieb gegenüber dem anderen eingespart werden können. Vor diesem Hintergrund kann mittels Integration über den entsprechenden Zeitabschnitt der Unterschied im Kraftstoffverbrauch zwischen der elektrischen Fahrt und dem Hybridbetriebsmodus berechnet werden. Stellt man diese Kraftstoffersparnis der für den Verbrennungsmotorstart notwendigen Kraftstoffmenge m_{Start} gegenüber, lässt sich – ohne aufwendigen Optimierungsalgorithmus – entscheiden, ob sich das Starten bzw. Abschalten des Verbrennungsmotors lohnt:

$$\int_{t_{Start}}^{t_{Stopp}} \left| \dot{m}_{äqv,EF} - \dot{m}_{äqv,Hyb} \right| dt > m_{Start}. \tag{6.4}$$

Berechnung der äquivalenten Kraftstoffmassenströme

Analog zu den aus der Literatur bekannten ECMS- bzw. PMP-Betriebsstrategien (vgl. Kapitel 3.2) oder [87] wird hier ein äquivalenter Kraftstoffmassenstrom, welcher sich aus dem Kraftstoffmassenstrom des Verbrennungsmotors und der über einen Äquivalenzfaktor gewichteten Leistung der Batterie zusammensetzt, verwendet. Als Gewichtungsfaktor kommt der bereits in die regelbasierte Betriebsstrategie eingehende Lambda-Wert zur Anwendung.

Im Hybridbetriebsmodus wird das Drehmoment des Verbrennungsmotors und dementsprechend dessen Kraftstoffmassenstrom sowohl durch die Drehmomentanforderung des Fahrers als auch das Lastpunktverschiebungsmoment bestimmt. Das Lastpunktverschiebungsmoment geht dabei in Abhängigkeit von Lambda aus den zuvor hergeleiteten Lastpunktverschiebungskennfeldern hervor. Gemeinsam mit der elektrischen Leistung der Batterie, welche aus dem generatorisch von der E-Maschine gestellten Lastpunktverschiebungsmoment abzüglich der bis in die Batterie auftretenden Verluste resultiert, berechnet sich der äquivalente Kraftstoffmassenstrom des Hybridbetriebs $\dot{m}_{äqv,Hyb}$ wie folgt:

$$\begin{aligned}\dot{m}_{äqv,Hyb} &= \dot{m}_{KS}(T_{Anf} + T_{LPV}(T_{Anf}, n, \lambda), n) \\ &+ \lambda \cdot P_{Batt}(T_{LPV}(T_{Anf}, n, \lambda), n)\end{aligned} \tag{6.5}$$

mit dem Kraftstoffmassenstrom des Verbrennungsmotors $\dot{m}_{KS}$, dem Lastpunktverschiebungsmoment T_{LPV} sowie der inneren Leistung der Batterie P_{Batt}.

Da im Fall der elektrischen Fahrt der Kraftstoffmassenstrom des Verbrennungsmotors Null ist und die E-Maschine die gesamte Antriebsleistung aufbringt,

6.3 Global optimale Entscheidung zwischen elektrischer Fahrt und Hybridbetrieb

besteht der äquivalente Kraftstoffmassenstrom $\dot{m}_{äqv,EF}$ lediglich aus der mit Lambda gewichteten Batterieleistung:

$$\dot{m}_{äqv,EF} = \lambda \cdot P_{Batt}(T_{Anf}, n). \tag{6.6}$$

Betrachtet man die beiden äquivalenten Kraftstoffmassenströme, wird hieraus der für die spätere Umsetzung dieses Ansatzes entscheidende Punkt deutlich. Dabei geht sowohl aus (6.5) als auch (6.6) hervor, dass die beiden äquivalenten Kraftstoffmassenströme, unter Verwendung der Lastpunktverschiebungskennfelder, lediglich von der Drehmomentanforderung, der Drehzahl sowie von Lambda abhängen. Da dies auch für die zur Bewertung herangezogene Differenz $\Delta\dot{m}_{äqv}$ gilt, ist es möglich, diese für jeden Betriebspunkt in Abhängigkeit von Lambda zu berechnen und als Funktion der Drehmomentanforderung, der Drehzahl und Lambda in Form eines Kennfeldes in der Steuerung zu hinterlegen:

$$\Delta\dot{m}_{äqv} = \dot{m}_{äqv,Hyb} - \dot{m}_{äqv,EF} = f(T_{Anf}, n, \lambda). \tag{6.7}$$

Wie zuvor bei den Lastpunktverschiebungskennfeldern bzw. dem Kennfeld der E-Fahrt-Grenzen, ist hierbei prinzipiell auch die Berücksichtigung weiterer Einflussgrößen wie z.B. der Temperaturen oder der Nebenverbraucherleistung möglich, wodurch sich allerdings die Dimension des Kennfelds entsprechend erhöht.

Implementierung des Ansatzes

Die Differenz des äquivalenten Kraftstoffmassenstroms kann in Abhängigkeit der Drehmomentanforderung, der Drehzahl sowie Lambda berechnet und als Kennfeld abgespeichert werden. Hiermit lässt sich die Bestimmung, ob sich der Wechsel zwischen elektrischer Fahrt und Hybridbetrieb aus globaler Sicht lohnt, nach dem zuvor erläuterten Prinzip relativ einfach als Erweiterung des regelbasierten Betriebsstrategieansatzes umsetzen. Das verwendete Steuerungsprinzip ist in Abbildung 6.16 schematisch dargestellt. Wie die Darstellung zeigt, besteht die Erweiterung neben dem Kennfeld der Differenz des äquivalenten Kraftstoffmassenstroms des Weiteren aus dem, bereits in den Grundfunktionen der regelbasierten Betriebsstrategie zur Anwendung kommenden, Kennfeld der lokal optimalen E-Fahrt-Grenzen sowie einer zur Integration des äquivalenten Kraftstoffmassenstroms verwendeten Funktion.

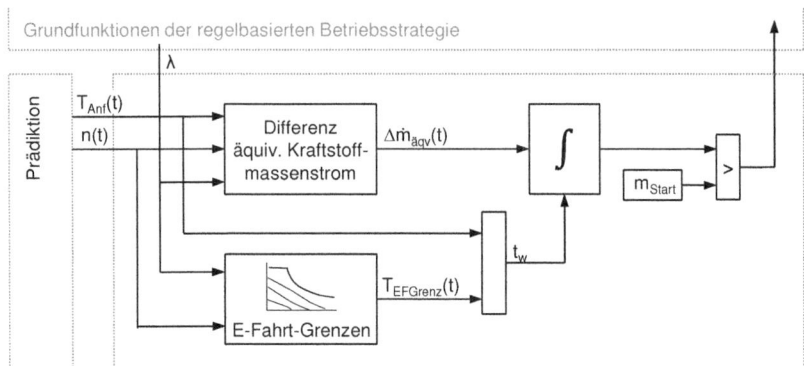

Abbildung 6.16: Schematische Darstellung des Ansatzes der Erweiterung der regelbasierten Betriebsstrategie zur global optimalen Entscheidung zwischen Hybridbetrieb und elektrischer Fahrt

Ist eine Entscheidung über einen Wechsel zwischen der elektrischen Fahrt und dem Hybridbetriebsmodus zu treffen, da die Drehmomentanforderung die lokal optimale E-Fahrt-Grenze über- bzw. unterschreitet, sieht der hier verfolgte Ansatz vor, dass die Erweiterung aus Abbildung 6.16 aufgerufen wird. Wie der schematischen Darstellung zu entnehmen ist, wird aus den prädizierten Verläufen der Drehmomentanforderung und Drehzahl sowie dem aktuellen Lambda-Wert über das Kennfeld der E-Fahrt-Grenzen ermittelt, ob innerhalb des Vorausschauhorizonts ein erneuter Wechsel vorliegt. Sofern dies der Fall ist, wird der ebenfalls mit den prädizierten Daten aus dem Kennfeld der Differenz des äquivalenten Kraftstoffmassenstroms ausgelesene Verlauf bis zu dem ermittelten Wechselzeitpunkt t_w integriert. Dem für das Starten des Verbrennungsmotors veranschlagten Kraftstoff gegenübergestellt, kann hierauf basierend – ohne großen Rechenaufwand – entschieden werden, ob der Wechsel freigegeben oder unterbunden werden soll.

Sofern lediglich ein potentieller Wechsel innerhalb des Vorausschauhorizonts vorliegt, ist die Entscheidung relativ einfach zu treffen. Liegen allerdings zwei oder mehrere potentielle Wechsel vor, die sich alle nicht lohnen, muss entschieden werden, ob sich die elektrische Fahrt oder der Hybridbetriebsmodus über den gesamten zur Verfügung stehenden Vorausschauzeitraum hinweg effizienter gestaltet. Derartige Situationen gehören zu den eingangs erwähnten zehn Prozent, bei denen eine Vorausschau von acht Sekunden meist nicht ausreicht. Da dies jedoch zumeist in Fahrsituationen nahe der E-Fahrt-Grenze auftritt und hier der Unterschied zwischen elektrischer Fahrt und Hybridbetrieb ohnehin sehr gering ist, sind, wie im Folgenden zu sehen ist, auch die Auswirkungen auf den Kraftstoffverbrauch sehr gering.

Vergleich mit der global optimalen Betriebsweise

Um zu zeigen, dass die Entscheidungen zwischen elektrischer Fahrt und Hybridbetrieb global optimal getroffen werden, wird im Folgenden die mit diesem Ansatz erzielte Betriebsweise der global optimalen gegenübergestellt. Die global optimale Betriebsweise wurde dabei mittels Dynamischer Programmierung unter Einbeziehung der für den Verbrennungsmotorstart notwendigen Kraftstoffmenge berechnet, vgl. Kapitel 4.3. Mit dem Wissen, dass dies in der Realität nicht möglich ist, jedoch das Potential des Ansatzes zeigt, wurde seitens des erweiterten regelbasierten Ansatzes eine ideale Vorausschau implementiert, welche in jedem Zeitschritt den exakten Verlauf der Drehzahl und Drehmomentanforderung der nächsten acht Sekunden liefert. Abbildung 6.17 zeigt die in dem bereits zuvor verwendeten Stadt-Umland-Fahrprofil erzielten Ergebnisse. Neben der global optimalen Betriebsweise der Dynamischen Programmierung (DP) und den Ergebnissen des erweiterten regelbasierten Ansatzes (erw. Ansatz VS) ist auch die lokal optimale Betriebsweise der Basis-Betriebsstrategie (Basis-BS) ohne die Erweiterungen abgebildet. Um bei den Vergleichen lediglich die Auswirkungen des Erweiterungsansatzes der global optimalen Entscheidung zwischen elektrischer Fahrt und Hybridbetrieb bewerten zu können und einen Einfluss der Lambda-Anpassung auszuschließen, wurde Lambda in beiden Fällen als konstant angenommen. Die Bestimmung von Lambda erfolgte unter der Nebenbedingung eines ausgeglichenen Ladezustands iterativ, wie im Rahmen des Pontrjaginschen Minimumprinzips in Kapitel 3.2 erläutert.

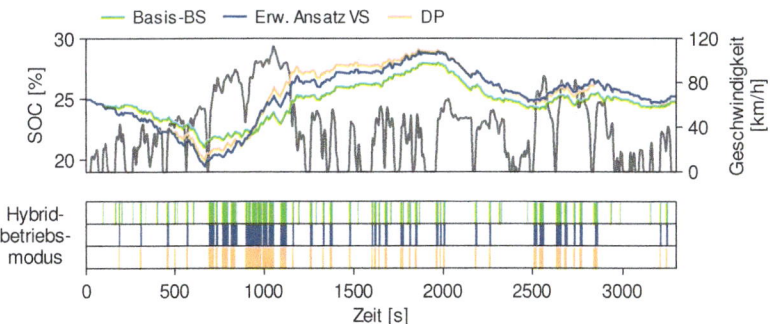

Abbildung 6.17: Vergleich der Betriebsweise des erweiterten regelbasierten Betriebsstrategieansatzes mit idealer Vorausschau mit dem global optimalen Betrieb, berechnet mittels Dynamischer Programmierung

Vergleicht man die Phasen des Hybridbetriebsmodus, welche im unteren der beiden Diagramme für alle drei Varianten dargestellt sind, ist zu sehen, dass mit dem vorgestellten Ansatz und einer idealen Vorausschau – bis auf sehr geringe Abweichungen – die global optimale Betriebsweise erzielt wird. Während in den Ergebnissen des regelbasierten Betriebsstrategieansatzes ohne Erweiterungen einige kurze Wechsel von der elektrischen Fahrt in den Hybridbetrieb und umgekehrt zu erkennen sind, welche in der Betriebsweise der Dynamischen Programmierung nicht vorkommen, werden diese von dem vorausschauenden Erweiterungsansatz nahezu vollständig verhindert. Abweichungen, bei denen ein Wechsel nicht verhindert wurde, treten lediglich bei Sekunde 500 und Sekunde 1050 auf. Während bei Sekunde 500 der regelbasierte Ansatz einen Wechsel in den Hybridbetrieb verhindert und die Dynamische Programmierung diesen ausführt, ist, basierend auf den Berechnungen des äquivalenten Kraftstoffmassenstroms, der Wechsel in die elektrische Fahrt bei Sekunde 1050 rentabel, den Berechnungen der Dynamischen Programmierung zufolge hingegen nicht. Betrachtet man beide Fälle etwas genauer, stellt man fest, dass die Entscheidungen in beiden Fällen sehr knapp sind und der unterschiedliche Ausgang im Wesentlichen auf die geringen Unterschiede der beiden Simulationsmodelle zurückzuführen ist. Während die beiden regelbasierten Betriebsstrategieansätze in das vorwärtsgerichtete Simulationsmodell implementiert wurden, verwendet die Dynamische Programmierung das etwas einfachere, rückwärtsgerichtete Modell, vgl. Kapitel 4.2.

Stellt man abschließend den Kraftstoffverbrauch der drei Varianten einander gegenüber, so sind zwischen der optimalen Betriebsweise der Dynamischen Programmierung und dem vorausschauenden regelbasierten Ansatz keine messbaren Unterschiede zu verzeichnen. Da bei den zuvor herausgestellten Abweichungen die Entscheidungen so eng beieinander liegen, sind diese im Kraftstoffverbrauch nicht zu bemerken. Gegenüber dem regelbasierten Ansatz ohne Erweiterungen ist allerdings eine Verbesserung um 1,5 Prozent möglich. Der Wert liegt in etwa in der Mitte des im Rahmen dieser Arbeit ermittelten Kraftstoffeinsparungspotentials global optimaler Wechsel zwischen elektrischer Fahrt und Hybridbetrieb, welches je nach Fahrprofil zwischen 0,5 und 3,0 Prozent liegt. Da gegenüber der lokal optimalen Betriebsweise, pro global nicht rentablem Wechsel, maximal die für den Verbrennungsmotorstart notwendige Kraftstoffmenge eingespart werden kann, liegen die Kraftstoffersparnisse eines global optimalen Start-Stopp-Verhaltens allgemein auf einem relativ geringen Niveau. In Anbetracht weiterer Kriterien stellt, wie eingangs erläutert, die deutlich geringere Anzahl an Verbrennungsmotorstarts unterdessen einen erheblichen Vorteil dar.

6.3.2 Ansatz über statistische Analysen

Im Gegensatz zu dem im vorherigen Kapitel vorgestellten Ansatz werden in diesem Kapitel keine Informationen über das zukünftige Fahrprofil verwendet. Der im Folgenden erläuterte Ansatz ist vollständig kausal und zieht für die Bewertung, ob ein Wechsel zwischen elektrischer Fahrt und Hybridbetrieb ausgeführt werden soll, lediglich vergangene und aktuell aus dem Fahrzustand zur Verfügung stehende Größen heran. Der grundlegende Gedanke des Ansatzes ist, dass sich der Wechsel von der elektrischen Fahrt in den Hybridbetriebsmodus oder umgekehrt in bestimmten Fahrzuständen und unter gewissen Bedingungen mit einer wesentlich höheren Wahrscheinlichkeit lohnt, als dies unter anderen Bedingungen der Fall ist. Hierauf basierend besteht die Idee, anhand einer statistischen Analyse in verschiedenen realen Fahrprofilen zu untersuchen, unter welchen Bedingungen besonders häufig kurze und unrentable Wechsel auftreten bzw. unter welchen Bedingungen sich diese meist lohnen. Wie in Abbildung 6.18 dargestellt, ist das Ziel, Korrelationen zwischen häufig auftretenden, unrentablen bzw. rentablen Wechseln und den Fahrzustand beschreibenden Kenngrößen zu identifizieren. Über diese werden kausale Regeln definiert, welche zusätzlich zu dem derzeitigen lokal optimalen Kriterium der E-Fahrt-Grenze entscheiden, ob ein Wechsel ausgeführt wird oder nicht. Wie anhand der Ergebnisse zu sehen sein wird, kann hierdurch die Entscheidung zwischen elektrischer Fahrt und dem Hybridbetrieb zwar nicht in allen Situationen vollständig global optimal getroffen werden, im Gegensatz zu den anfangs des Kapitels 6.3 erläuterten kausalen Ansätzen wird allerdings ein deutlicher Schritt in Richtung der globalen Optimalität erreicht.

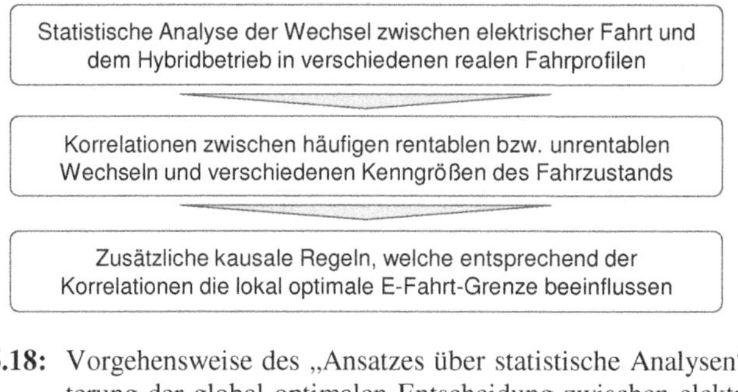

> Statistische Analyse der Wechsel zwischen elektrischer Fahrt und dem Hybridbetrieb in verschiedenen realen Fahrprofilen

> Korrelationen zwischen häufigen rentablen bzw. unrentablen Wechseln und verschiedenen Kenngrößen des Fahrzustands

> Zusätzliche kausale Regeln, welche entsprechend der Korrelationen die lokal optimale E-Fahrt-Grenze beeinflussen

Abbildung 6.18: Vorgehensweise des „Ansatzes über statistische Analysen" zur Erweiterung der global optimalen Entscheidung zwischen elektrischer Fahrt und Hybridbetrieb

Statistische Analysen und abgeleitete Korrelationen

Im Folgenden wird auf die im Rahmen dieser Arbeit zur Implementierung des oben erläuterten Ansatzes durchgeführten statistischen Analysen und die daraus abgeleiteten Korrelationen eingegangen. Um möglichst allgemeingültige Korrelationen abzuleiten, wurde ein breites Spektrum verschiedener, realer Fahrprofile zugrunde gelegt. Die Fahrprofile wurden sowohl mit unterschiedlichen Fahrzeugen als auch verschiedenen Fahrern im alltäglichen Fahrbetrieb aufgezeichnet. Sie reichen von Stadtfahrten über typische Pendlerstrecken im Großraum Stuttgart bis hin zu langen Autobahn- und Überlandfahrten. Da das durch die lokal optimale E-Fahrt-Grenze des regelbasierten Betriebsstrategieansatzes hervorgerufene Verhalten von Interesse für die Analysen ist, wurden alle Fahrprofile mit dem Simulationsmodell aus Kapitel 4.2.1 und dem regelbasierten Betriebsstrategieansatz simuliert. Die dabei erhaltenen Daten wurden dann für die Auswertung verwendet. Der für die Steuerung der Betriebsstrategieentscheidungen relevante Lambda-Wert wurde als konstant angenommen und jeweils, wie im vorherigen Kapitel, iterativ unter der Nebenbedingung eines ausgeglichenen Ladezustands bestimmt.

Als Grundlage für die Ableitung der Korrelationen und zur Bewertung, welcher der mit dem lokalen Kriterium hervorgerufenen Wechsel zwischen der elektrischen Fahrt und dem Hybridbetrieb sich aus globaler Sicht lohnt, wurde im Anschluss an die Simulationen für jede Phase zwischen zwei Wechseln der Unterschied im Kraftstoffverbrauch von der elektrischen Fahrt und dem Hybridbetrieb bestimmt. Die Berechnung der Differenz des Kraftstoffverbrauchs erfolgte nach dem im vorherigen Kapitel erläuterten Ansatz über die Integration der Differenz des äquivalenten Kraftstoffmassenstroms der elektrischen Fahrt und des Hybridbetriebs, vgl. Abbildung 6.15. In Abbildung 6.19 sind die erlangten Werte aller Fahrprofile als Histogramm, getrennt für den Hybridbetrieb und die elektrische

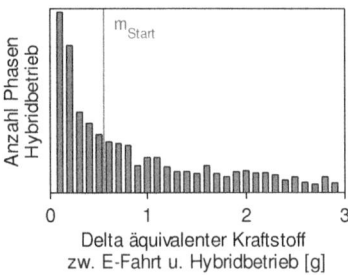
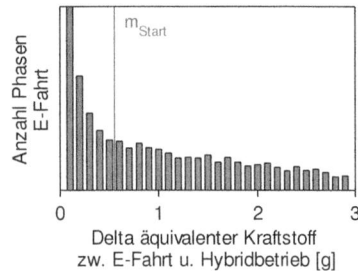

Abbildung 6.19: Delta äquivalenter Kraftstoff zwischen elektrischer Fahrt und Hybridbetrieb aller E-Fahrt-Phasen (rechts) und Hybridbetrieb-Phasen (links) der zur Analyse herangezogenen Fahrprofile

Fahrt, dargestellt. Wie anhand der beiden Diagramme zu sehen ist, liegt ein großer Anteil der Phasen und damit der, bei Anwendung der lokal optimalen E-Fahrt-Grenze, ausgeführten Wechsel unterhalb der für den Verbrennungsmotorstart veranschlagten Kraftstoffmenge m_{Start}. Ziel ist es, diese Wechsel zu verhindern und dabei die Phasen rechts der Linie, bei denen sich ein Wechsel aus globaler Sicht lohnt, möglichst wenig zu beeinflussen bzw. nicht zu verkürzen.

Im Rahmen der durchgeführten Analysen zeigten sich insbesondere Korrelationen mit folgenden Kenngrößen:

- Fahrwiderstandsleistung
- Mittlere Beschleunigung
- Fahrverhalten des Fahrers.

Die wesentlichen Korrelationen sind beispielhaft in Abbildung 6.20 dargestellt. Die Wechsel wurden hierbei nach der Höhe der Differenz des äquivalenten Kraftstoffs in drei Kategorien eingeteilt:

Nicht rentabel: Wechsel, welche sich in keinem Fall lohnen, da die Differenz des äquivalenten Kraftstoffs deutlich unterhalb der Kraftstoffmenge für den Verbrennungsmotorstart liegt.

Unbedeutend: Wechsel, deren Differenz des äquivalenten Kraftstoffs im Bereich der Kraftstoffmenge des Starts liegt. Im Gegensatz zu den anderen beiden ist es hier unbedeutend, ob der Wechsel ausgeführt wird.

Hohe Ersparnis: Wechsel, die in jedem Fall ausgeführt werden sollten, da die äquivalente Kraftstoffersparnis deutlich über dem Kraftstoffbedarf des Verbrennungsmotorstarts liegt.

Betrachtet man das linke obere Diagramm, ist ein deutlicher Zusammenhang zwischen dem Anteil der kurzen, unrentablen Wechsel vom Hybridbetrieb in die elektrische Fahrt und der Differenz zwischen der zur Überwindung der Fahrwiderstände notwendigen Leistung und der E-Fahrt-Grenze zu erkennen. Während sich bei kleiner Differenz der Großteil der Wechsel nicht lohnt, nimmt der Anteil der sich lohnenden und unbedingt auszuführenden Wechsel mit steigender Differenz zu. Mit dem Ziel, unrentable Wechsel zu verhindern und die rentablen möglichst wenig zu beeinflussen, ist dies demzufolge insbesondere bei kleiner Differenz zwischen Fahrwiderstand und E-Fahrt-Grenze möglich. Wie dem rechten oberen Histogramm zu entnehmen ist, gilt dasselbe – allerdings in umgekehrter Reihenfolge – auch für die Wechsel aus der elektrischen Fahrt in den Hybridbetrieb. Je größer die Differenz der aktuellen Fahrwiderstandsleistung zur E-Fahrt-Grenze ist, umso geringer ist die Wahrscheinlichkeit, dass sich der Wechsel lohnt und die Drehmomentanforderung des Fahrers nicht nach wenigen Sekunden erneut unter die Grenze fällt. Im rechten unteren Diagramm ist zu sehen, dass allein aufgrund der Geschwindigkeit ein derartiger Zusammenhang nicht zu erkennen ist.

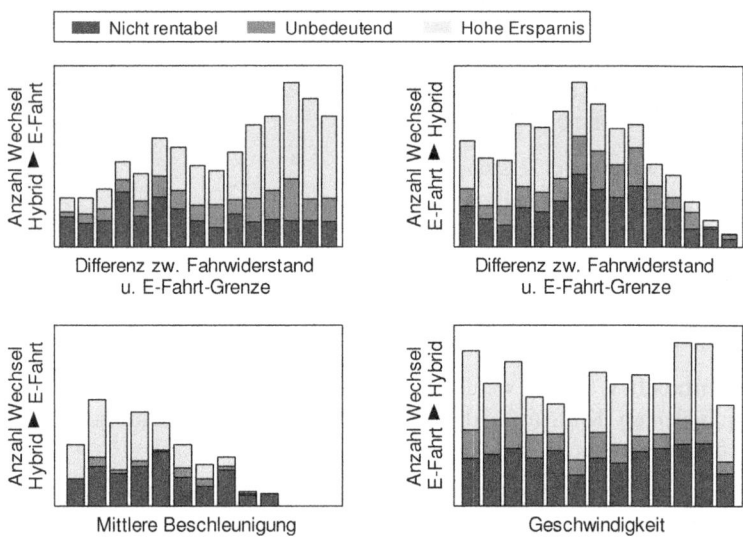

Abbildung 6.20: Korrelationen zwischen unrentablen Wechseln zwischen elektrischer Fahrt und Hybridbetrieb und verschiedenen, den Fahrzustand beschreibenden Kenngrößen

Neben den beiden Korrelationen der Fahrwiderstandsleistung konnte für den Wechsel aus dem Hybridbetrieb in die elektrische Fahrt ein weiterer Zusammenhang mit der mittleren Beschleunigung der letzten Sekunden gefunden werden. Wie im linken unteren Diagramm zu erkennen, nimmt die Wahrscheinlichkeit, dass sich ein Wechsel lohnt, über der mittleren Beschleunigung deutlich ab. Es wurden allerdings ausschließlich Fälle betrachtet, bei denen der Fahrer im Anschluss an die Beschleunigung nicht aktiv bremst. Sofern ein Bremsen erfolgt, stellte sich in den meisten Fällen, auch bei höherer mittlerer Beschleunigung, ein Abschalten des Verbrennungsmotors und Wechsel in die Rekuperation als rentabel heraus.

Implementierung der zusätzlichen Regeln

Wie eingangs erläutert, ist das Ziel, anhand der gefundenen Korrelationen Regeln abzuleiten, über welche die durch die lokal optimale E-Fahrt-Grenze hervorgerufenen Wechsel unter den entsprechenden Bedingungen beeinflusst bzw.

6.3 Global optimale Entscheidung zwischen elektrischer Fahrt und Hybridbetrieb

verhindert werden. Die Regeln wurden jedoch nicht so implementiert, dass basierend auf den Korrelationen die Wechsel vollständig unterbunden werden. Wie sich im Rahmen der Untersuchungen zeigte, gestaltet sich das vollständige Unterbinden aufgrund der nicht hundertprozentigen Wahrscheinlichkeit in Situationen, in denen die E-Fahrt-Grenze entgegen der Erwartungen deutlich über- oder unterschritten wird, erheblich negativ. Stattdessen wurde ein durch das Prinzip der Hysterese inspirierter Ansatz gewählt. Wie in Abbildung 6.21 schematisch dargestellt, wird dabei die lokal optimale E-Fahrt-Grenze als Referenz herangezogen und diese in den Situationen, in denen es sich gemäß der Korrelationen nicht lohnt, einen Wechsel durchzuführen, über Faktoren entsprechend erhöht bzw. abgesenkt. Gegenüber einer vollständigen Unterbindung besteht so der Vorteil, dass in Fällen, in denen die Fahranforderung die E-Fahrt-Grenze nicht nur geringfügig über- bzw. unterschreitet, sondern wider Erwarten stark ansteigt bzw. abfällt und sich der Wechsel somit lohnt, dieser auch ausgeführt wird. Damit gelingt es, viele der rentablen Wechsel, welche je nach Korrelation mit einer geringen Wahrscheinlichkeit auftreten, trotzdem auszuführen. Gegenüber dem Ansatz einer generellen Hysterese, zwischen dem Kriterum für die eine und andere Richtung, kommt die Erhöhung bzw. Absenkung der E-Fahrt-Grenze nur dann zur Anwendung, wenn es entsprechend der gefundenen Korrelationen sinnvoll ist.

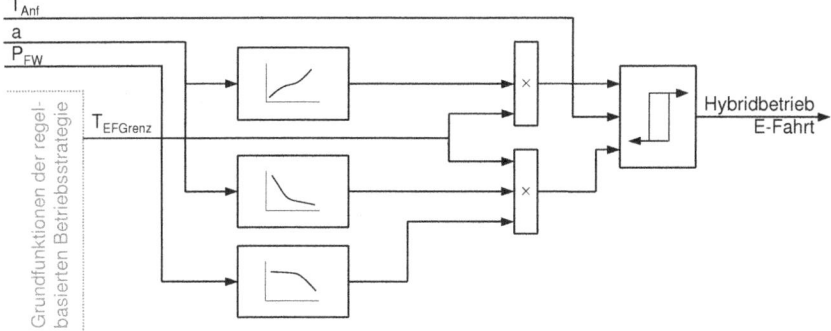

Abbildung 6.21: Implementierung der zusätzlichen Regeln des erweiterten Ansatzes, basierend auf den statistischen Analysen

Bewertung und Vergleich mit anderen Ansätzen

Zur Bewertung des vorgestellten Ansatzes wird dieser im Folgenden den beiden eingangs des Kapitels 6.3 erläuterten Ansätzen der generellen Verzögerung mittels Totzeit, der Mindestdauer der Betriebszustände und der global optimalen Betriebsweise, berechnet mittels Dynamischer Programmierung, gegenübergestellt. In Tabelle 6.4 sind hierzu die Simulationsergebnisse verschiedener realer Fahrprofile in Form des korrigierten Kraftstoffverbrauchs B_{korr} (vgl. Anhang A.5) sowie der Anzahl der Verbrennungsmotorstarts N_{Start} dargestellt. Die Simulationen wurden unter Anwendung der jeweiligen Ansätze mit dem vorwärtsgerichteten Simulationsmodell aus Kapitel 4.2.1 durchgeführt. Um ausschließlich die Unterschiede der verschiedenen Ansätze bewerten zu können, wurde, wie bereits zuvor, Lambda als konstant angenommen und iterativ bestimmt.

Vergleicht man zunächst die Ergebnisse des Ansatzes der Mindestdauer mit denen der Basis-Betriebsstrategie (Basis-BS), wird der bereits eingangs erläuterte Sachverhalt deutlich, dass durch die Anwendung einer Mindestdauer kurze Wechsel nicht aktiv verhindert werden, sondern lediglich durch das Halten des Betriebszustands dessen Dauer verlängert wird. Die dennoch geringfügig reduzierte Anzahl der Verbrennungsmotorstarts geht auf Situationen zurück, bei denen innerhalb der Mindestdauer ein Hin- und Herwechseln erfolgen würde. Durch das Halten des Betriebszustands wird dies verhindert. Während derartige Situationen in den ersten drei Fahrprofilen nur ein- bis dreimal vorkommen, treten diese, wie der Anzahl der Verbrennungsmotorstarts zu entnehmen ist, in dem Überland-Fahrprofil 16-mal auf. Die sich durch die Verhinderung der Wechsel ergebenden Vorteile hinsichtlich des Kraftstoffverbrauchs werden allerdings nahezu vollständig durch Phasen, in denen aufgrund der Mindestdauer der lokal ineffizientere Betriebszustand gehalten wird, aufgehoben.

Tabelle 6.4: Vergleich verschiedener Ansätze zur Vermeidung unrentabler Wechsel zwischen elektrischer Fahrt und Hybridbetrieb in verschiedenen realen Fahrprofilen

Fahr-profil	Basis-BS		Erw. Ansatz Stat		Totzeit 3s		Mindestdauer 5s	
	B_{korr} [l/100km]	N_{Start} [-]	B_{korr} [l/100km]	N_{Start} [-]	B_{korr} [l/100km]	N_{Start} [-]	B_{korr} [l/100km]	N_{Start} [-]
FP1	5,10	68	5,08	41	5,24	59	5,11	67
FP2	7,34	144	7,35	52	7,40	89	7,35	142
FP3	4,37	39	4,33	24	4,48	31	4,37	36
FP4	5,02	101	4,97	64	5,40	74	5,01	85
FP5	5,46	174	5,44	112	5,60	129	5,48	164

FP1: Stadt-Umland, FP2: Stadt-Autobahn, FP3: Stadt (voraus.),
FP4: Überland (voraus.), FP5: Artemis Mix

Betrachtet man den Ansatz der Verzögerung mittels Totzeit, werden hier, wie anhand der Anzahl der Verbrennungsmotorstarts ersichtlich ist, deutlich mehr Wechsel verhindert. Aufgrund der Funktionsweise sind dies vollständig unrentable Wechsel, bei denen innerhalb der Totzeit bereits wieder ein Wechsel zurück in den ursprünglichen Zustand erfolgen würde. Allerdings bringt dieser Ansatz den Nachteil mit sich, dass auch alle anderen Wechsel entsprechend verzögert werden und hierdurch jeweils am Anfang und Ende für die Dauer der Totzeit in dem ungünstigeren Betriebszustand gefahren wird. Wie die Ergebnisse des Kraftstoffverbrauchs in Tabelle 6.4 zeigen, wird dadurch nicht nur der durch die Verhinderung der unrentablen Wechsel erzielte Vorteil aufgehoben, sondern ein weiterer, sich deutlich auf den Kraftstoffverbrauch auswirkender Nachteil verursacht. Der negative Effekt auf den Kraftstoffverbrauch nimmt dabei überproportional mit der Dauer der Totzeit zu, während die Anzahl der Verbrennungsmotorstarts abnimmt.

Zieht man zum Vergleich die Ergebnisse des hier vorgestellten Ansatzes hinzu, ist der Tabelle 6.4 in allen Fahrprofilen eine weitere Verringerung der Anzahl der Verbrennungsmotorstarts bei einem gleichzeitig deutlich geringeren Kraftstoffverbrauch zu entnehmen. Mit Ausnahme des Stadt-Autobahn-Profils liegen die Kraftstoffverbrauchswerte sogar unterhalb der Basis-Betriebsstrategie, was zeigt, dass die verhinderten Wechsel zu einem gewissen Anteil unrentable umfassen und der Nachteil durch die Beeinflussung anderer Phasen so gering ist, dass deren Vorteil nicht überkompensiert wird – wie dies beim Ansatz der generellen Totzeit der Fall ist. Vergleicht man den Kraftstoffverbrauch mit dem des global optimalen Betriebs in Tabelle A.2 im Anhang, so relativieren sich die erzielten Kraftstoffersparnisse. Wie bereits im vorherigen Kapitel erwähnt, sind diese allgemein sehr gering und der Vorteil ist insbesondere in der geringeren Anzahl der kurzen Verbrennungsmotorlaufphasen zu sehen.

Um den Ansatz über die Anzahl der Verbrennungsmotorstarts hinaus zu bewerten, ist in Abbildung 6.22 das Verhalten der Wechsel zwischen der elektrischen Fahrt und dem Hybridbetrieb anhand eines Histogramms dargestellt. Während die blauen Balken die Basis-Betriebsstrategie repräsentieren, zeigen die roten das mit den erweiterten Regeln erzielte Verhalten. Vergleicht man die beiden miteinander, ist zu sehen, dass die kurzen, sich nicht lohnenden Wechsel deutlich durch die zusätzlichen Regeln reduziert werden, wohingegen die Anzahl der längeren Phasen nahezu unverändert bleibt. Um genauer zu analysieren, wie sich die einzelnen Phasen zwischen den beiden Varianten verändern, ist zusätzlich zur absoluten Dauer, in der zweiten Dimension der Darstellung, die Veränderung der Dauer aufgetragen. Im Bereich der kurzen Phasen zeigt sich, dass diese bis auf wenige Ausnahmen genau um ihre Dauer verkürzt und dementsprechend komplett verhindert werden. Im Bereich der längeren Phasen ist hingegen –

entsprechend der Zielsetzung – nur bei sehr wenigen Phasen eine Beeinflussung zu sehen.

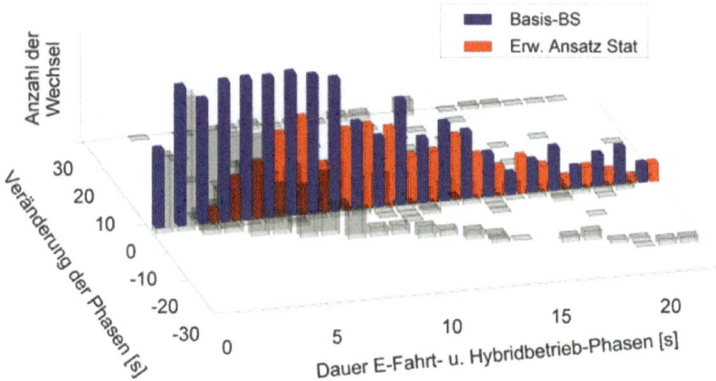

Abbildung 6.22: Vergleich des erweiterten Ansatzes, basierend auf den statistischen Analysen mit der Basis-Betriebsstrategie anhand eines Histogramms der Dauer der E-Fahrt und Hybridbetrieb-Phasen

7 Bewertung und Vergleich mit anderen Betriebsstrategieansätzen

In diesem Kapitel wird die mit dem regelbasierten Betriebsstrategieansatz erzielte Betriebsweise, anhand von Simulationen in verschiedenen realen Fahrprofilen, mit den Ergebnissen anderer Betriebsstrategien verglichen. Den ersten Vergleich stellt eine Gegenüberstellung mit der global optimalen Betriebsweise, berechnet mittels Dynamischer Programmierung, dar. Anschließend erfolgt in Kapitel 7.2 ein Vergleich mit zwei kausalen Betriebsstrategien.

7.1 Vergleich mit der global optimalen Betriebsweise

Um ausschließlich die beiden Grundentscheidungen der Betriebsstrategie bewerten zu können, wird im Folgenden zunächst die Basisvariante des regelbasierten Betriebsstrategieansatzes (Basis-BS), bei der die Entscheidung zwischen der elektrischen Fahrt und dem Hybridbetrieb ausschließlich anhand der E-Fahrt-Grenzen getroffen wird, ohne Anpassung von Lambda herangezogen. Der zu einem ausgeglichenen Ladezustand führende Lambda-Wert wird dabei iterativ bestimmt. Der Betriebsweise der Dynamischen Programmierung, ohne Berücksichtigung von Verbrennungsmotorstartkosten, gegenübergestellt, ist hierdurch eine Bewertung der Betriebsstrategieentscheidungen ohne den Einfluss der Lambda-Anpassung und der für das Starten des Verbrennungsmotors notwendigen Kraftstoffmenge möglich. Da diese Entscheidungen, wie in Kapitel 6.2 und Kapitel 6.3 herausgestellt, ohne das Wissen über das zukünftige Fahrprofil nicht global optimal getroffen werden können, werden sie zunächst ausgeblendet und erst in einem zweiten Schritt mit in die Bewertung einbezogen. Im zweiten Schritt kommen dann zur Anpassung von Lambda der P-Regler mit kubischer Funktion aus Kapitel 6.2.1 und die, auf den statistischen Analysen basierenden, erweiterten Regeln für die Entscheidung zwischen elektrischer Fahrt und Hybridbetrieb aus Kapitel 6.3.2 zur Anwendung. Die regelbasierte Betriebsstrategie in dieser Form wird im Folgenden als erweiterte regelbasierte Betriebsstrategie (RB-BS) bezeichnet. Im Gegensatz zum ersten Vergleich, bei dem Lambda iterativ bestimmt wird, werden die Entscheidungen hier vollständig kausal getroffen.

Basis-Betriebsstrategie mit iterativ bestimmtem Lambda gegenüber Dynamischer Programmierung ohne Verbrennungsmotorstartkosten

In Abbildung 7.1 ist ein Vergleich der mit der Basis-Betriebsstrategie und iterativ bestimmtem Lambda erzielten Betriebsweise mit den Ergebnissen der Dynamischen Programmierung, ohne Berücksichtigung von Verbrennungsmotorstartkosten, im Stadt-Umland-Fahrprofil dargestellt. Sowohl anhand des Verlaufs des Ladezustands als auch der Gegenüberstellung der Phasen, in denen der Hybridbetrieb aktiv ist, ist zu sehen, dass die Betriebsweisen bis auf sehr geringe Unterschiede identisch sind. Die geringen Abweichungen sind, wie bereits in Kapitel 6.3.1, auf die Unterschiede der beiden Simulationsmodelle zurückzuführen, vgl. Kapitel 4.2.

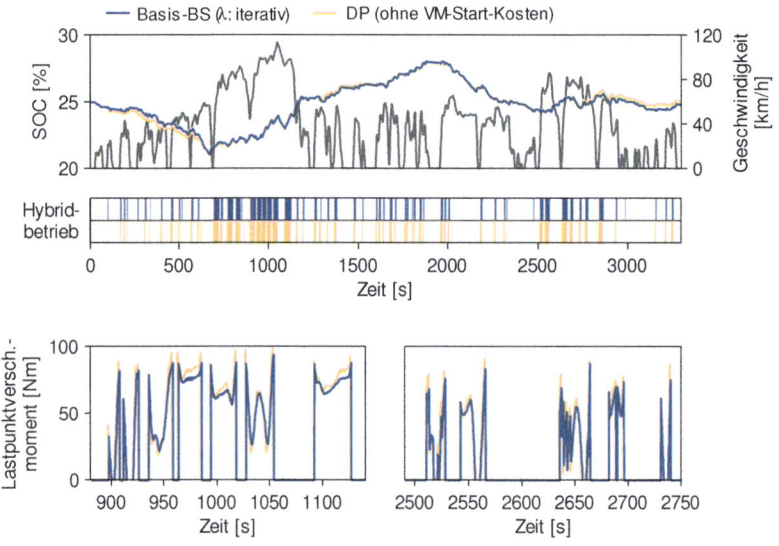

Abbildung 7.1: Vergleich der mit der regelbasierten Basis-Betriebsstrategie (Lambda iterativ bestimmt) erzielten Betriebsweise mit den Ergebnissen der Dynamischen Programmierung (ohne Berücksichtigung von Verbrennungsmotorstartkosten) im Stadt-Umland-Fahrprofil

Zusätzlich zum Verlauf des Ladezustands und der Wahl der Betriebszustände ist in Abbildung 7.1 in den beiden unteren Diagrammen ein Vergleich des Lastpunktverschiebungsmoments abgebildet. Da auch hier die Verläufe nahezu identisch sind, sei hiermit gezeigt, dass mit den hergeleiteten E-Fahrt-Grenzen und Lastpunktverschiebungskennfeldern sowohl die Entscheidung zwischen der elektrischen Fahrt und dem Hybridbetrieb – unter Vernachlässigung der für den Verbrennungsmotorstart notwendigen Kraftstoffmenge – als auch die Drehmomentaufteilung optimal getroffen werden. Wie sich die Berücksichtigung der für den Verbrennungsmotorstart notwendigen Kraftstoffmenge sowie die Notwendigkeit, Lambda kausal zu bestimmen, auswirken und wie weit eine kausale, regelbasierte Betriebsstrategie, mit einer Lambda-Anpassung mit kubischem P-Regler sowie dem in Kapitel 6.3.2 vorgestellten Ansatz zur erweiterten Entscheidung zwischen elektrischer Fahrt und Hybridbetrieb, an das globale Optimum herankommt, wird im Folgenden gezeigt.

Erweiterte Betriebsstrategie gegenüber globalem Optimum

In Abbildung 7.2 ist ein Vergleich der erweiterten regelbasierten Betriebsstrategie mit der global optimalen Betriebsweise, bei deren Berechnung die für den Verbrennungsmotorstart notwendige Kraftstoffmenge berücksichtigt wurde, dargestellt. Für den Vergleich wurde der Artemis-Zyklus gewählt, da hier aufgrund der im zeitlichen Verlauf ansteigenden Fahranforderung die Unterschiede einer kausalen und nicht kausalen Betriebsweise sehr ausgeprägt sind.

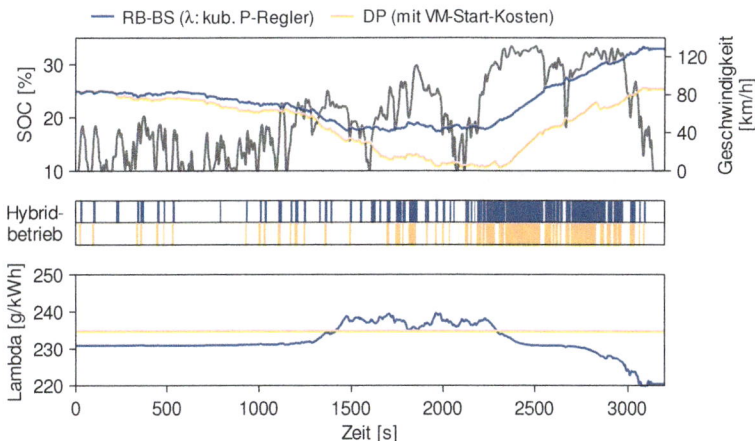

Abbildung 7.2: Vergleich der mit der erweiterten regelbasierten Betriebsstrategie erzielten Betriebsweise mit dem Ergebnis der Dynamischen Programmierung im Artemis-Zyklus

Vergleicht man die beiden Verläufe des Ladezustands, folgt der Ladezustand der regelbasierten Betriebsstrategie bis zur Hälfte des Fahrprofils in etwa dem global optimalen Verlauf. Wie anhand der Gegenüberstellung der Betriebszustände zu sehen ist, ist die Betriebsweise in diesem Bereich bis auf zwei Phasen, welche im Wesentlichen für die geringfügige Abweichung des Ladezustands verantwortlich sind, identisch. Während im weiteren Verlauf der global optimale Ladezustand weiter sinkt, reagiert die regalbasierte Betriebsstrategie hingegen aufgrund des bis dahin gesunkenen Ladezustands mit einer Anpassung von Lambda. Der Darstellung der Betriebszustände ist zu entnehmen, dass hierdurch deutlich mehr im Hybridbetrieb gefahren wird und so der Ladezustand zunächst gehalten werden kann. In Anbetracht der Tatsache, dass im letzten Teil des Fahrzyklus eine Autobahnfahrt mit deutlich höheren Fahranforderungen folgt und hier – wie aus der global optimalen Betriebsweise hervorgeht – die für elektrische Fahrt eingesetzte Energie wieder effizient nachgeladen werden kann, gestaltet sich die Anpassung aus globaler Sicht nicht als optimal. Derartige Abweichungen vom globalen Optimum treten auf, da die regelbasierte Betriebsstrategie, im Gegensatz zur Dynamischen Programmierung, das zukünftige Fahrprofil nicht kennt.

Zudem ist anhand der Gegenüberstellung der Betriebszustände zu sehen, dass im Autobahnteil die regelbasierte Betriebsstrategie in einigen Situationen im Hybridbetrieb bleibt, während die Dynamische Programmierung in die elektrische Fahrt wechselt. Der Grund hierfür liegt in den zusätzlichen Regeln, anhand derer entschieden wird, ob ein Wechsel ausgeführt werden soll. Basierend auf der Korrelation, dass in Fahrsituationen, in denen die Differenz zwischen Fahrwiderstandsleistung und E-Fahrt-Grenze gering ist, sich der Wechsel in die elektrische Fahrt mit hoher Wahrscheinlichkeit nicht lohnt (vgl. Abbildung 6.20), auch wenn diese aus lokaler Sicht günstiger wäre, wird in diesen Situationen die elektrische Fahrt unterbunden. Was anhand dieser Darstellung nicht zu sehen ist, sind die Situationen, in denen hierdurch Wechsel, die sich nicht lohnen, verhindert werden. Wie bereits in Kapitel 6.3.2 gezeigt, überwiegen diese deutlich gegenüber den hier ersichtlichen Situationen, in denen die Entscheidung nicht optimal getroffen wird, woraus sich, wie gezeigt, in den meisten Fahrprofilen ein Vorteil hinsichtlich des Kraftstoffverbrauchs ergibt.

Wie groß die Auswirkungen auf den Kraftstoffverbrauch durch die herausgestellten Unterschiede in der Betriebsweise sind, ist in Tabelle 7.1 dargestellt. Der Tabelle ist zu entnehmen, dass die regelbasierte Betriebsstrategie je nach Fahrprofil lediglich zwischen 1,2 und 2,5 Prozent schlechter gegenüber der global optimalen Betriebsweise ist. Die Auswirkungen sind dabei relativ gering, da durch einen vom Optimum abweichenden Lambda-Wert zunächst die Situationen betroffen sind, in welchen der Unterschied zwischen der elektrischen Fahrt und dem Hybridbetrieb am geringsten ist. Dasselbe gilt auch für die Unterschiede der Wechsel zwischen der elektrischen Fahrt und dem Hybridbetrieb. Wie in Kapitel 6.3.2 bereits herausgestellt, gehen die meisten Unterschiede gegenüber

7.1 Vergleich mit der global optimalen Betriebsweise

der global optimalen Betriebsweise auf Situationen zurück, in denen die elektrische Fahrt und der Hybridbetrieb sehr nahe beieinander liegen.

Tabelle 7.1: Vergleich des Kraftstoffverbrauchs und der Anzahl der Verbrennungsmotorstarts der erweiterten regelbasierten Betriebsstrategie mit dem globalen Optimum der Dynamischen Programmierung

Fahrprofil	Global optimal		Regelbasiert	
	B_{korr} [l/100km]	N_{Start} [-]	B_{korr} [l/100km]	N_{Start} [-]
Artemis	5,96	49	6,06 (+1,7%)	55
Stadt-Umland	5,02	40	5,10 (+1,6%)	42
Stadt-Autobahn	7,30	57	7,39 (+1,2%)	57
Stadt (voraus.)	4,28	23	4,35 (+1,6%)	23
Überland (voraus.)	4,87	51	4,99 (+2,4%)	67
Überland (dyn.)	7,49	118	7,68 (+2,5%)	136

In Abbildung 7.3 ist beispielhaft für das vorausschauend gefahrene Stadt-Fahrprofil dargestellt, wie sich die einzelnen Aspekte auswirken und sich mit diesen aus dem Kraftstoffverbrauch des global optimalen Betriebs der Kraftstoffverbrauch des erweiterten regelbasierten Ansatzes ergibt. Das ausgewählte Fahrprofil stellt einen mittleren Fall der insgesamt betrachteten Fahrprofile dar.

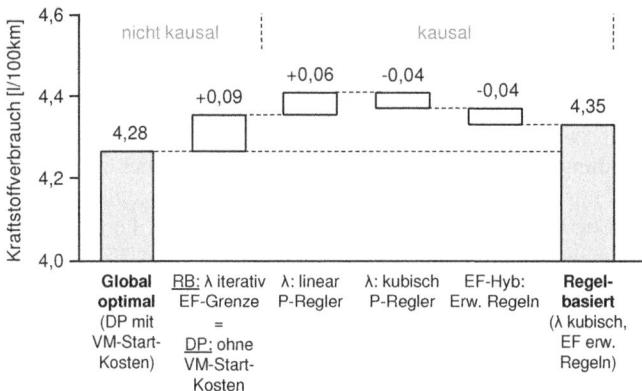

Abbildung 7.3: Darstellung der einzelnen Schritte und der Auswirkungen im Kraftstoffverbrauch von der global optimalen Betriebsweise bis zu der der erweiterten regelbasierten Betriebsstrategie

Betrachtet man die einzelnen Schritte, so führt die Gegebenheit, dass die Wechsel zwischen der elektrischen Fahrt und dem Hybridbetrieb nicht global optimal unter Einbeziehung der für den Verbrennungsmotorstart notwendigen Kraftstoffmenge ausgeführt werden, sondern lokal optimal anhand der E-Fahrt-Grenzen, zu einer Verschlechterung des Kraftstoffverbrauchs von 0,09 l/100km. Wie im vorherigen Kapitel gezeigt, wird diese nicht kausale Betriebsweise sowohl mit der regelbasierten Basis-Betriebsstrategie unter iterativer Bestimmung von Lambda als auch mit der Dynamischen Programmierung ohne Berücksichtigung von Verbrennungsmotorstartkosten in der Optimierung erreicht. Wird Lambda zudem nicht iterativ bestimmt sondern kausal über einen linearen P-Regler in Abhängigkeit vom Ladezustand angepasst, erhöht sich der Kraftstoffverbrauch um weitere 0,06 l/100km. Da im Rahmen dieser Arbeit allerdings kein linearer sondern ein kubischer P-Regler und die auf den statistischen Analysen basierenden Regeln zusätzlich für die Entscheidung zwischen elektrischer Fahrt und Hybridbetrieb zur Anwendung kommen, reduziert sich der Kraftstoffverbrauch um jeweils 0,04 l/100km, vgl. Tabelle 6.2 und Tabelle 6.4. Die mit der erweiterten regelbasierten Betriebsstrategie in dem Stadt-Fahrprofil erzielte Betriebsweise weist so schlussendlich einen um 0,07 l/100km bzw. 1,6 Prozent höheren Kraftstoffverbrauch auf. Wie sich dies in Relation zu anderen kausalen Betriebsstrategien darstellt, wird im nächsten Kapitel betrachtet.

7.2 Vergleich mit kausalen Betriebsstrategien

Nachdem der regelbasierte Betriebsstrategieansatz im vorherigen Kapitel der nicht kausalen, global optimalen Betriebsweise gegenübergestellt wurde, wird dieser im Folgenden mit anderen kausalen Betriebsstrategien verglichen. Da, wie in Kapitel 3 erläutert, zu den meisten kausalen Betriebsstrategien sehr wenig bzw. nur die prinzipielle Funktionsweise veröffentlicht ist, beschränkt sich der Vergleich auf zwei Betriebsstrategieansätze, von denen ausreichend Details für eine Nachbildung und spezifische Auslegung für den hier zugrunde liegenden Hybridantriebsstrang bekannt sind. Die erste Betriebsstrategie stellt der in Kapitel 3.3 erläuterte regelbasierte Ansatz aus [30], [70], bei dem die Betriebsstrategieentscheidungen anhand der spezifischen Kosten und Ersparnisse getroffen werden, dar. Als zweites wird der zu den optimierungsbasierten Betriebsstrategien zählende – aufgrund seiner lokalen Minimierung jedoch trotzdem kausale – Ansatz der ECMS herangezogen. Hierbei wird die auf das Pontrjaginsche Minimumprinzip zurückgehende Form mit einem Äquivalenzfaktor verwendet, vgl. Kapitel 3.2. Die beiden kausalen Betriebsstrategien sind dabei diejenigen, welche aufgrund ihrer Funktionsweise am nächsten an die optimale Betriebsweise heranreichen, wonach der folgende Vergleich eine Grenzbetrachtung darstellt.

Die Funktionsweise der beiden zum Vergleich herangezogenen Betriebsstrategien ist dabei so, dass auch hier die Entscheidungen basierend auf einem Faktor (ECMS: Äquivalenzfaktor *s*; Spez. Kosten: Grenzwert *G*) – analog zum Lambda-Faktor – getroffen werden. Wie in Kapitel 3 erläutert, werden diese ebenfalls entweder iterativ oder kausal über einen Regler in Abhängigkeit des Ladezustands bestimmt. Des Weiteren wird die Entscheidung zwischen der elektrischen Fahrt und dem Hybridbetrieb bei beiden Betriebsstrategien ohne Berücksichtigung der für den Verbrennungsmotorstart notwendigen Kraftstoffmenge getroffen. Mit dem Ziel, ein ständiges Zu- und Abschalten des Verbrennungsmotors zu verhindern, wird je nach Ausführung einer der in Kapitel 6.3 vorgestellten Ansätze (Totzeit, Hysterese, Mindestlaufzeit) verwendet. Da deren Einfluss sowie der Einfluss der verschiedenen Ansätze zur kausalen Anpassung des Faktors bereits in Kapitel 6.2.1 und Kapitel 6.3.2 untersucht wurden und keine Unterschiede bei einer Verwendung in anderen Betriebsstrategien zu erwarten sind, werden der besseren Vergleichbarkeit wegen im Folgenden nur die Grundentscheidungen der Betriebsstrategien bewertet. Dazu werden die Faktoren aller drei Betriebsstrategien iterativ unter der Nebenbedingung eines ausgeglichenen Ladezustands bestimmt und keine zusätzlichen Regeln für die Entscheidung zwischen der elektrischen Fahrt und dem Hybridbetrieb angewandt. Hierdurch ist ein objektiver Vergleich der Grundentscheidungen der Betriebsstrategien möglich. Je nachdem, welcher Ansatz zur Bestimmung von Lambda und zur erweiterten Entscheidung zwischen der elektrischen Fahrt und dem Hybridbetrieb bei der jeweiligen Betriebsstrategie zur Anwendung kommt, sind die zusätzlichen Unterschiede (Kapitel 6.2.1 und Kapitel 6.3.2) entsprechend zu berücksichtigen.

7.2.1 Vergleich mit einer auf spezifischen Kosten und Ersparnissen basierenden Betriebsstrategie

Wie in Kapitel 3.3 erläutert, werden bei dieser Art der Betriebsstrategie die Entscheidung zwischen der elektrischen Fahrt und dem Hybridbetrieb sowie die Entscheidung, ob eine Lastpunktverschiebung ausgeführt werden soll, anhand der spezifischen Kosten und Ersparnisse getroffen. Sind die spezifischen Ersparnisse der elektrischen Fahrt unter den aktuellen Fahrbedingungen größer als der gesetzte Grenzwert, wird die elektrische Fahrt gewählt. Sind diese kleiner, fällt die Wahl auf den Hybridbetriebsmodus, in welchem dann wiederum anhand der spezifischen Kosten über eine Lastpunktanhebung entschieden wird, vgl. Abbildung 3.9 in Kapitel 3.3. Die Funktionsweise und der sich hieraus in den ersten 200 Sekunden des NEFZ ergebende Betrieb sind in Abbildung 7.4 vergleichend mit der regelbasierten Betriebsstrategie und dem Ergebnis der Dynamischen Programmierung dargestellt. Das obere Diagramm zeigt das Geschwindigkeitsprofil und die Phasen, in denen der Hybridbetrieb aktiv ist. In den beiden darunterliegenden Diagrammen sind die Verläufe der Größen, welche für die Entscheidungen verantwortlich sind, – getrennt für beide Betriebsstrategien – abgebildet. Im Fall der regelbasierten Basisbetriebsstrategie ist zu sehen, dass der Hybridbetrieb gewählt wird sobald die Drehmomentanforderung größer als die E-Fahrt-Grenze ist. Bei der Betriebsstrategie der spezifischen Kosten und Ersparnisse ist dies der Fall, wenn die spezifischen Ersparnisse der elektrischen Fahrt den Grenzwert unterschreiten. Vergleicht man die sich hieraus ergebenden Phasen des Hybridbetriebs im oberen Diagramm, ist zu sehen, dass der Hybridbetrieb bei der auf den spezifischen Kosten und Ersparnissen basierenden Betriebsstrategie in allen drei Fällen etwas früher und dementsprechend bei geringerer Drehmoment- bzw. Leistungsanforderung gewählt wird.

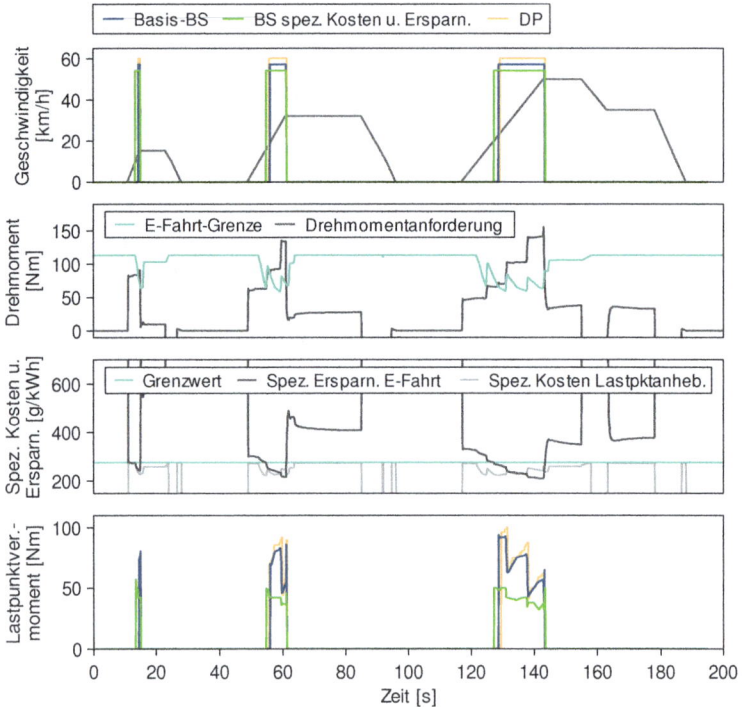

Abbildung 7.4: Vergleich der regelbasierten Basis-Betriebsstrategie mit der auf spezifischen Kosten und Ersparnissen basierenden Betriebsstrategie in den ersten 200 Sekunden des NEFZ

7.2 Vergleich mit kausalen Betriebsstrategien

Neben dem etwas früheren Wechsel in den Hybridbetrieb ist im unteren Diagramm in Abbildung 7.4 des Weiteren zu sehen, dass das Lastpunktverschiebungsmoment der Betriebsstrategie der spezifischen Kosten und Ersparnisse auf einem deutlich geringeren Niveau verläuft. Während bei dem im Rahmen dieser Arbeit entwickelten Betriebsstrategieansatz die Höhe der Lastpunktverschiebung über den Lambda-Faktor und damit entsprechend der Rentabilität der elektrischen Fahrt angepasst wird, erfolgt die Lastpunktverschiebung bei der Betriebsstrategie der spezifischen Kosten und Ersparnisse immer mit demselben Lastpunktverschiebungsmoment. Wie in Kapitel 3.3 erläutert, wird dieses aus der Forderung minimaler spezifischer Kosten bestimmt und die Lastpunktverschiebung immer dann ausgeführt, wenn die spezifischen Kosten geringer als der Grenzwert sind – was, wie in Abbildung 7.4 zu sehen, im NEFZ immer der Fall ist.

Welchen Einfluss die herausgestellten Unterschiede auf den Kraftstoffverbrauch haben, ist in Tabelle 7.2 sowohl für den NEFZ als auch für verschiedene reale Fahrprofile dargestellt. Während sich der Unterschied im NEFZ auf 1,2 Prozent beläuft, beträgt dieser in den realen Fahrprofilen bis zu 3,0 Prozent. Kommt zusätzlich zu der standardmäßigen Nebenverbraucherleistung ein elektrischer Leistungsbedarf der Klimaanlage von 3 kW hinzu, steigt der Unterschied im Kraftstoffverbrauch, wie anhand des Stadt-Umland-Fahrprofils in Tabelle 7.2 ersichtlich ist, weiter an. Der Grund hierfür liegt in der Höhe des Lastpunktverschiebungsmoments. Da dieses immer mit minimalen spezifischen Kosten durchgeführt wird, muss der höhere elektrische Energiebedarf vollständig durch zusätzliche Hybridbetriebsphasen ausgeglichen werden. Im Fall des im Rahmen

Tabelle 7.2: Vergleich des Kraftstoffverbrauchs der regelbasierten Basis-Betriebsstrategie mit der auf den spezifischen Kosten und Ersparnissen basierenden Betriebsstrategie

Fahrprofil	Regelb. Basis-BS		Spez. Kosten u. Erspar.	
	B_{korr} [l/100km]	N_{Start} [-]	B_{korr} [l/100km]	N_{Start} [-]
NEFZ	5,15	15	5,21 (+1,2%)	15
Stadt-Umland	5,10	68	5,19 (+1,8%)	81
Stadt-Umland mit AC	7,90	85	8,24 (+4,3%)	98
Stadt-Autobahn	7,34	144	7,36 (+0,3%)	130
Artemis Mix	5,46	176	5,53 (+1,3%)	197
Überland (voraus.)	5,02	102	5,17 (+3,0%)	126
Überland (dyn.)	7,63	159	7,68 (+0,7%)	169

dieser Arbeit entwickelten Ansatzes bzw. der mittels Dynamischer Programmierung berechneten Betriebsweise erfolgt der Ausgleich hingegen sowohl durch eine Erhöhung des Lastpunktverschiebungsmoments als auch durch Reduktion der elektrischen Fahrt.

7.2.2 Vergleich mit der ECMS

Wie eingangs des Kapitels 7.2 erläutert, wird im Folgenden die ECMS-Variante mit einem Äquivalenzfaktor, welche auf das Pontrjaginsche Minimumprinzip zurückgeht, zum Vergleich herangezogen. Betrachtet man die Funktionsweise des regelbasierten Betriebsstrategieansatzes und der ECMS, werden in beiden Ansätzen die Drehmomentaufteilung und die Entscheidung zwischen der elektrischen Fahrt und dem Hybridbetrieb lokal, anhand des aktuellen Fahrzustands getroffen. Bei der ECMS wird hierzu in jedem Zeitschritt über einen Minimierungsalgorithmus diejenige Drehmomentaufteilung (inklusive dem Fall der elektrischen Fahrt) bestimmt, bei welcher der äquivalente Kraftstoffmassenstrom, aus dem Kraftstoffmassenstrom des Verbrennungsmotors und der über den Äquivalenzfaktor gewichteten Leistung der Batterie, ein Minimum aufweist, vgl. Kapitel 3.2. Hierdurch ist die ECMS bei optimalem Äquivalenzfaktor (iterative Bestimmung für bekanntes Fahrprofil) in der Lage, die optimale Betriebsweise zu liefern – ohne Berücksichtigung der für den Verbrennungsmotorstart notwendigen Kraftstoffmenge. In Kapitel 7.1 wurde anhand des Vergleichs mit dem Ergebnis der Dynamischen Programmierung gezeigt, dass dasselbe auch für den regelbasierten Betriebsstrategieansatz gilt. Wie sich hieraus unschwer schlussfolgern lässt, liefern beide somit dieselbe optimale Betriebsweise. In Abbildung 7.5 ist dies für das Stadt-Umland-Fahrprofil dargestellt. Sowohl anhand des Verlaufs des Ladezustands *SOC* als auch der Hybridbetriebsphasen

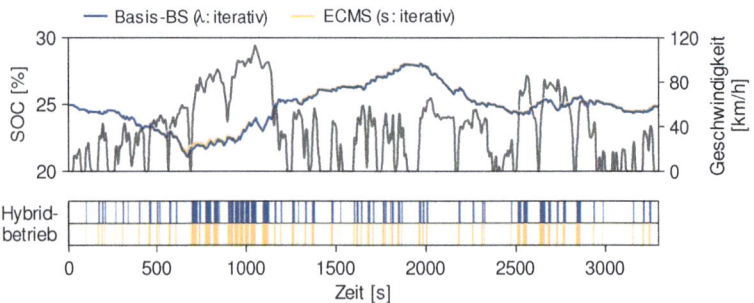

Abbildung 7.5: Vergleich der regelbasierten Basis-Betriebsstrategie mit der ECMS im Stadt-Umland-Fahrprofil (Lambda und Äquivalenzfaktor iterativ bestimmt)

7.2 Vergleich mit kausalen Betriebsstrategien

geht hervor, dass die sich ergebende Betriebsweise beider Betriebsstrategien identisch ist. Da beide Betriebsstrategien mit dem vorwärtsgerichteten Modell simuliert wurden, treten, im Gegensatz zum vorherigen Vergleich mit der Dynamischen Programmierung, keine durch die unterschiedlichen Simulationsmodelle bedingten Abweichungen auf.

Vergleicht man die beiden Betriebsstrategien nicht nur anhand der Betriebsweise, sondern auch mathematisch, zeigt sich, dass die in Kapitel 5 hergeleiteten Beziehungen, anhand derer die E-Fahrt-Grenzen und Lastpunktverschiebungskennfelder berechnet wurden, sich auf die ECMS bzw. das Pontrjaginsche Minimumprinzip zurückführen lassen. Bei der ECMS wird der Betriebszustand der elektrischen Fahrt gewählt, wenn der äquivalente Kraftstoffmassenstrom für den Fall, dass der Verbrennungsmotor ausgeschaltet ist und die gesamte Antriebsleistung elektrisch aufgebracht wird, kleiner als der äquivalente Kraftstoffmassenstrom jeglicher Drehmomentaufteilung im Hybridbetrieb ist. Wobei nicht jede Drehmomentaufteilung betrachtet werden muss, sondern nur die mit dem geringsten äquivalenten Kraftstoffmassenstrom. Definitionsgemäß liegt hier das optimale Lastpunktverschiebungsmoment vor. Betrachtet man den Grenzfall, in welchem der äquivalente Kraftstoffmassenstrom der elektrischen Fahrt $\dot{m}_{äqv,EF}$ gleich dem minimalen äquivalenten Kraftstoffmassenstrom des Hybridbetriebs $\dot{m}_{äqv,Hyb}$ ist:

$$\dot{m}_{äqv,EF} = \dot{m}_{äqv,Hyb}, \qquad (7.1)$$

und setzt die Definition des äquivalenten Kraftstoffmassenstroms aus (3.15) für die elektrische Fahrt und den Hybridbetrieb ein:

$$s \cdot P_{Batt}(T_{Anf} + T_{NAK}, n) \\ = \dot{m}_{KS}(T_{Anf} + T_{LPV,opt}, n) + s \cdot P_{Batt}(T_{LPV,opt}, n) \qquad (7.2)$$

ergibt sich durch Umformen folgender Zusammenhang:

$$s = \frac{\dot{m}_{KS}(T_{Anf} + T_{LPV,opt}, n)}{P_{Batt}(T_{Anf} + T_{NAK}, n) - P_{Batt}(T_{LPV,opt}, n)}. \qquad (7.3)$$

Der Zusammenhang in (7.3) stellt denselben dar, der in Kapitel 5.3 bei den Untersuchungen zur kraftstoffoptimalen elektrischen Fahrt für die Grenze zwischen der elektrischen Fahrt und dem Hybridbetrieb aufgestellt wurde. Der rechte Teil von (7.3) wurde in Kapitel 5.3 als spezifische Kraftstoffersparnisse unter Berücksichtigung der Lastpunktverschiebung $b_{EF\text{-}LPV}$ eingeführt. Es wurde gezeigt, dass im kraftstoffoptimalen Fall die E-Fahrt-Grenze genau dort verläuft, wo diese spezifischen Kraftstoffersparnisse gleich dem Lambda-Wert sind (vgl. Abbildung 5.21).

Wie bereits erwähnt, lässt sich nicht nur der Zusammenhang der E-Fahrt-Grenzen, sondern auch der für die optimale Lastpunktverschiebung aufgestellte Zusammenhang auf die ECMS bzw. das Pontrjaginsche Minimumprinzip zurückführen. Um dies zu zeigen, wird die Bedingung betrachtet, nach der die optimale Drehmomentaufteilung im Hybridbetrieb bei der ECMS festgelegt wird. Wie oben erläutert, wird von der ECMS immer diejenige Drehmomentaufteilung mit dem minimalen äquivalenten Kraftstoffmassenstrom gewählt. Entsprechend der notwendigen Bedingung für ein Minimum ist bei dieser Drehmomentaufteilung die Ableitung des äquivalenten Kraftstoffmassenstroms nach der Steuergröße der Drehmomentaufteilung u_{TS} Null:

$$\frac{d\dot{m}_{äqv}}{du_{TS}} = 0. \tag{7.4}$$

Setzt man auch hier die Definition des äquivalenten Kraftstoffmassenstroms aus (3.15) ein:

$$\frac{d\dot{m}_{äqv}}{du_{TS}} = \frac{d\dot{m}_{KS}}{du_{TS}} + s \cdot \frac{dP_{Batt}}{du_{TS}} = 0 \tag{7.5}$$

und formt dies um, ergibt sich der in Kapitel 5.2 für die optimale Lastpunktverschiebung aufgestellte Zusammenhang:

$$\frac{d\dot{m}_{KS}}{dP_{Batt}} = -s. \tag{7.6}$$

Nachdem soeben gezeigt wurde, dass die mit der regelbasierten Betriebsstrategie und der ECMS erzielten Betriebsweisen identisch sind und die beiden Prinzipien mathematisch ineinander übergeführt werden können, wird im Folgenden kurz auf die weiteren Gemeinsamkeiten und Unterschiede eingegangen.

Ein wesentlicher Unterschied zwischen der regelbasierten Betriebsstrategie und der online optimierenden ECMS liegt in der Funktionsweise und dem damit zusammenhängenden Rechenbedarf. Während beim regelbasierten Ansatz lediglich Werte aus Kennfeldern ausgelesen werden, muss bei der ECMS in jedem Zeitschritt der äquivalente Kraftstoffmassenstrom berechnet und dessen Minimum gesucht werden. Wie in Kapitel 3.3 erläutert kann dies allerdings durch einen kennfeldbasierten Ansatz der ECMS umgangen werden. Bei diesem wird die ECMS offline für den gesamten Lösungsraum verschiedener Eingangsgrößen

7.2 Vergleich mit kausalen Betriebsstrategien

berechnet und die sich ergebenden Steuergrößen in Abhängigkeit der Eingangsgrößen in Kennfeldern abgelegt. Je nach Diskretisierung der Eingangsgrößen sind der Rechen- und Speicherbedarf hierbei annährend gleich wie beim regelbasierten Ansatz.

Ein weiterer Unterschied besteht in der besseren Nachvollziehbarkeit der Betriebsstrategieentscheidungen des regelbasierten Ansatzes. Da hier die Entscheidungen auf zwei intuitiv verständliche Zusammenhänge zurückgehen, welche anhand einer Analyse der optimalen elektrischen Fahrt und Lastpunktverschiebung hergeleitet wurden, sind diese deutlich besser nachvollziehbar als die Entscheidungen der ECMS. Hierdurch können nicht zuletzt Fehler, aufgrund einer Unstetigkeit in den zur Berechnung verwendeten Verbrennungsmotor- oder E-Maschinen-Kennfeldern besser erkannt werden. Zudem ist eine Modifikation um bspw. in bestimmten Fahrsituationen deutlich mehr elektrisch fahren zu können – aufgrund von Anforderungen, welche über den Kraftstoffverbrauch hinausgehen – über die E-Fahrt-Grenzen und Lastpunktverschiebungskennfelder wesentlich einfacher umsetzbar.

Darüber hinaus besteht der Vorteil, dass beim regelbasierten Betriebsstrategieansatz das Grenzdrehmoment der optimalen elektrischen Fahrt direkt zur Verfügung steht. Wie in Kapitel 6.3.2 gezeigt, kann die E-Fahrt-Grenze hierdurch über zusätzliche Regeln in gewissen Fahrsituationen angehoben oder abgesenkt werden, um bei einem geringfügigen und kurzen Über- oder Unterschreiten der Grenze einen Wechsel zwischen elektrischer Fahrt und Hybridbetrieb zu verhindern. Bei der ECMS ist dies nicht ohne weiteres möglich da hier standardmäßig nur die Entscheidung vorliegt, ob elektrisch oder im Hybridbetrieb gefahren werden soll, allerdings nicht das Grenzdrehmoment.

8 Zusammenfassung und Ausblick

Um das Kraftstoffeinsparungspotential von Hybridfahrzeugen, welches ganz wesentlich auf die Betriebsstrategie zurückgeht, möglichst optimal ausschöpfen zu können, wurde im Rahmen dieser Arbeit die kraftstoffoptimale Betriebsweise gesamtheitlich untersucht, deren Zusammenhänge hergeleitet und darauf basierend ein kraftstoffoptimaler, regelbasierter Betriebsstrategieansatz entwickelt.

Bei den Untersuchungen wurde in einem ersten Schritt anhand der spezifischen Energiekosten und Kraftstoffersparnisse analysiert, in welchen Betriebspunkten die elektrische Fahrt und die Lastpunktverschiebung bei einem P2-Hybridfahrzeug am effizientesten sind. Hierbei zeigte sich, dass die spezifischen Kraftstoffersparnisse der elektrischen Fahrt in den niedrigsten Betriebspunkten am größten sind und die Kraftstoffersparnisse mit steigender Drehmomentanforderung und Drehzahl monoton abnehmen. Die Abnahme über der Drehmomentanforderung konnte sowohl auf die annährend quadratisch mit dem Strom – und dementsprechend dem Drehmoment – ansteigenden elektrischen Verluste der E-Maschine und Batterie als auch auf den mit steigendem Drehmoment besser werdenden Wirkungsgrad des Verbrennungsmotors zurückgeführt werden.

Bei der Lastpunktanhebung zeigte sich, dass die spezifischen Energiekosten sowohl mit der Drehmomentanforderung als auch mit steigendem Lastpunktverschiebungsmoment ansteigen. Demnach muss sowohl bei einer Lastpunktverschiebung ausgehend von höheren Betriebspunkten als auch bei einer stärkeren Lastpunktverschiebung mehr Kraftstoff pro erzielte Energie in der Batterie eingesetzt werden. In Zusammenhang mit dem Anstieg über der Drehmomentanforderung wurde gezeigt, dass dieser Anstieg in erster Linie auf die mit steigender Drehmomentanforderung steiler verlaufenden Willans-Linien des Verbrennungsmotors zurückgeht. Durch den steileren Verlauf der Willans-Linien ist bei einer höheren Drehmomentanforderung ein größerer zusätzlicher Kraftstoffmassenstrom für die gleiche zusätzliche effektive Leistung notwendig. Bezüglich dem Verlauf über dem Lastpunktverschiebungsmoment wurde gezeigt, dass sich im Unterschied zu bspw. [32], [70], [88] ein streng monotoner Anstieg, ohne anfänglichen Abfall auf ein Minimum, ergibt, wenn die Nullleistungsverluste der E-Maschine bei der Berechnung berücksichtigt werden. Dies wurde hier über einen abgewandelten Berechnungsansatz der spezifischen Energiekosten und Kraftstoffersparnisse umgesetzt.

Mit der Erkenntnis, dass die spezifischen Energiekosten der Lastpunktverschiebung sowohl von dem Betriebspunkt, von dem die Lastpunktverschiebung aus erfolgt, als auch von der Höhe des Lastpunktverschiebungsmoments abhängen, wurde in einem zweiten Schritt der Fragestellung nachgegangen, wie sich die Lastpunktverschiebung bei mehreren Betriebspunkten im kraftstoffoptimalen Fall darstellt. Hierbei konnte der Zusammenhang aufgestellt werden, dass bei einer kraftstoffoptimalen Lastpunktverschiebung jeder Betriebspunkt so verschoben wird, dass die mit Lambda bezeichnete Ableitung des zusätzlichen Kraftstoffmassenstroms nach dem Delta der Batterieleistung in allen Betriebspunkten gleich ist. Der Zusammenhang wurde anhand einer vereinfachten Betrachtungsweise in zwei Betriebspunkten hergeleitet und anschließend dessen Allgemeingültigkeit mathematisch bewiesen. Im Hinblick auf die Auslegung regelbasierter Betriebsstrategien ist es über diesen Zusammenhang möglich, das optimale Lastpunktverschiebungsmoment für jeden Betriebspunkt in Abhängigkeit von Lambda zu berechnen und als Lastpunktverschiebungskennfelder abzuspeichern.

Nachdem hiermit ein Zusammenhang zur Beschreibung der optimalen Drehmomentaufteilung im Hybridbetrieb aufgestellt wurde, wurde in einem weiteren Schritt die zweite Entscheidung der Betriebsstrategie eines P2-Hybridfahrzeugs zwischen der elektrischen Fahrt und dem Hybridbetrieb untersucht. Dabei konnte herausgefunden werden, dass die elektrische Fahrt genau bis zu der Drehmomentgrenze kraftstoffoptimal ist, bei der die spezifischen Kraftstoffersparnisse mit Berücksichtigung der Lastpunktverschiebung gleich dem zuvor eingeführten Lambda-Wert der Lastpunktverschiebung sind. Dieser zunächst wieder anhand einer vereinfachten Betrachtung hergeleitete Zusammenhang wurde anschließend mittels Dynamischer Programmierung für den allgemeinen Fall bewiesen. Wie bei der Lastpunktverschiebung ermöglicht dieser Zusammenhang im Hinblick auf die Auslegung regelbasierter Betriebsstrategien, das Grenzdrehmoment der optimalen elektrischen Fahrt für jede Drehzahl in Abhängigkeit von Lambda zu berechnen und in Form von Kennfeldern abzuspeichern.

Nach der Analyse der kraftstoffoptimalen Betriebsweise und Herleitung der zugrunde liegenden Zusammenhänge wurde im zweiten Teil der Arbeit gezeigt, wie anhand dieser Zusammenhänge eine regelbasierte Betriebsstrategie für ein P2-Hybridfahrzeug umgesetzt werden kann. Das Steuerungsprinzip der Betriebsstrategie ist dabei so aufgebaut, dass, in Abhängigkeit verschiedener kausaler Eingangsgrößen (Drehzahl, Drehmomentanforderung, Temperaturen, etc.) sowie abhängig von Lambda, aus den zuvor berechneten Kennfeldern das Grenzdrehmoment der elektrischen Fahrt und das Lastpunktverschiebungsmoment ausgelesen werden. Zusammen mit der Drehmomentanforderung des Fahrers wird damit in jedem Zeitschritt entschieden, ob elektrisch oder im Hybridbetrieb gefahren wird bzw. wie das Drehmoment im Hybridbetrieb auf die beiden Antriebssysteme verteilt werden soll. Wie anhand eines Vergleichs mit Ergebnissen der Dy-

8 Zusammenfassung und Ausblick

namischen Programmierung gezeigt wurde, wird hierdurch bei vorgegebenem Lambda-Wert die optimale Betriebsweise erreicht. Des Weiteren ergab ein Vergleich mit der ECMS, dass die zugrunde liegenden Prinzipien mathematisch ineinander übergeführt werden können und somit beide Ansätze äquivalent sind. Der regelbasierte Ansatz weist indessen deutliche Vorteile hinsichtlich der Nachvollziehbarkeit der Betriebsstrategieentscheidungen und des Rechenbedarfs (je nach Ausführung der ECMS) auf.

Da Lambda allerdings nur mit a priori Kenntnis des Fahrprofils genau bestimmt werden kann – analog zum Äquivalenzfaktor der ECMS –, diese im realen Fahrbetrieb jedoch nicht vorliegt, wurde zur Bestimmung von Lambda ein Ansatz gewählt, bei dem Lambda ausgehend von einem initialen Wert in Abhängigkeit des Ladezustands angepasst wird. In der Arbeit wurden hierzu verschiedene Regler in unterschiedlichen realen Fahrsituationen bewertet. Den besten Kompromiss zwischen dem Kraftstoffverbrauch und der Fähigkeit, den Ladezustand zuverlässig innerhalb der vorgegebenen Grenzen zu halten, stellte hierbei die Verwendung eines P-Reglers mit kubischer Abhängigkeit dar.

In Anbetracht der Tatsache, dass es unter realen Fahrbedingungen mit der alleinigen Entscheidungsgrundlage der E-Fahrt-Grenzen zu häufigen unrentablen Wechseln zwischen der elektrischen Fahrt und dem Hybridbetrieb kommt, wurden in einem weiteren Schritt Ansätze untersucht, um kurze Zustandswechsel zu vermeiden. Hierbei zeigte sich, dass mit den im Rahmen dieser Arbeit entwickelten Ansätzen sehr gute Ergebnisse erzielt werden können. Im Unterschied zu bereits bekannten Ansätzen werden hierbei nicht alle Zustandswechsel beeinflusst, sondern basierend auf statistischen Daten nur die in den Fahrsituationen, in denen mit hoher Wahrscheinlichkeit ein unrentabler Wechsel auftritt. Des Weiteren werden die Zustandswechsel nicht vollständig unterbunden, sondern die E-Fahrt-Grenze angehoben bzw. abgesenkt, so dass bei einer Fahranforderung entgegen der Erwartungen der Wechsel trotzdem ausgeführt wird.

Anhand von Simulationen in verschiedenen realen Fahrprofilen wurde gezeigt, dass so mit dem regelbasierten Betriebsstrategieansatz Kraftstoffverbräuche innerhalb von 2,5 Prozent der global optimalen Betriebsweise erreicht werden. Die Differenz geht dabei allerdings lediglich auf die Informationen des vorausliegenden Fahrprofils zurück. Da diese ausschließlich bei der Berechnung der global optimalen Betriebsweise vorliegen, kann eine kausale Betriebsstrategie im besten Fall lokal optimal entscheiden. Wie gezeigt wurde, wird dies von dem regelbasierten Betriebsstrategieansatz in allen Fahrsituationen erreicht. Die entwickelte regelbasierte Betriebsstrategie ist demnach in der Lage das mit den ihr vorliegenden Informationen mögliche Kraftstoffeinsparungspotential des Hybridfahrzeugs vollständig auszuschöpfen. Ein weiteres Einsparungspotential ergibt sich lediglich durch die Verwendung von Informationen über das vorausliegende

Fahrprofil. Wie dies auf regelbasierte Weise eingebunden werden kann, ist in einem weiteren Schritt zu untersuchen.

Dank der regelbasierten Struktur kann diese Betriebsstrategie im Unterschied zu anderen, ebenfalls kraftstoffoptimalen Ansätzen auf einfache Weise umgesetzt werden. Die Auslegung ist dabei aufgrund der automatisierten Berechnung der Kennfelder ohne großen Applikationsaufwand möglich. Somit kann die kraftstoffoptimale Betriebsweise und dementsprechend das größtmögliche Einsparungspotential bzgl. des Kraftstoffverbrauchs in Serienhybridfahrzeugen realisiert werden.

A Anhang

A.1 Fahrzeug- und Antriebsstrangdaten

Tabelle A.1: Fahrzeugdaten des zugrunde liegenden Hybridfahrzeugs [52], [97]

Beschreibung	
Fahrzeugtyp	Oberklassefahrzeug (Hinterradantrieb)
Hybridantriebsstrang	P2-Hybrid
Fahrzeugmasse	2300 kg
$c_w A$	0,62 m²
Getriebetyp	Automatgetriebe (ohne Drehmomentwandler)
Anzahl der Gänge	7
Kupplung	Nasse Anfahrkupplung
Anzahl der Kupplungslamellen	6
Verbrennungsmotor	DI-Turbo-Ottomotor
Zylinderanzahl	6
Hubvolumen	2996 cm³
Leistung des Verbrennungsmotors	245 kW
Maximales Drehmoment des Verbrennungsmotors	480 Nm
E-Maschine	Permanenterregte Synchronmaschine
Leistung der E-Maschine	80 kW
Maximales Drehmoment der E-Maschine	340 Nm
Batterie	Lithium-Ionen
Anzahl der Zellen	120
Batteriespannung	325 V
Batteriekapazität	22 Ah
Verwendeter SOC-Bereich	10 - 40 Prozent (Charge-Sustaining)

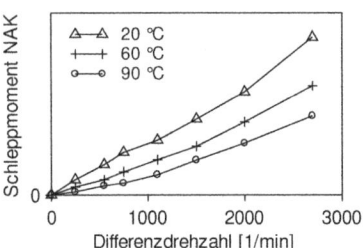

Abbildung A.1: Verlauf des Schleppmoments der verwendeten nassen Anfahrkupplung (NAK) über der Differenzdrehzahl für verschiedene Temperaturen

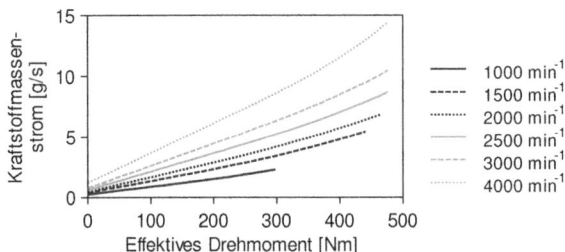

Abbildung A.2: Kraftstoffmassenstrom des verwendeten 6-Zylinder Ottomotors über dem effektiven Drehmoment für verschiedene Drehzahlen (Willans-Linien)

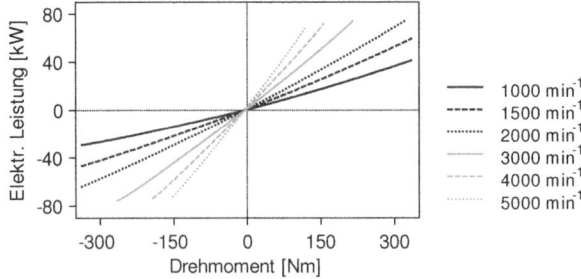

Abbildung A.3: Elektrische Leistung der verwendeten E-Maschine inkl. Leistungselektronik als Funktion des Drehmoments und der Drehzahl

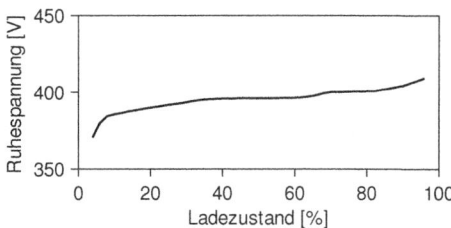

Abbildung A.4: Verwendeter Verlauf der Ruhespannung über dem Ladezustand der Hochvoltbatterie

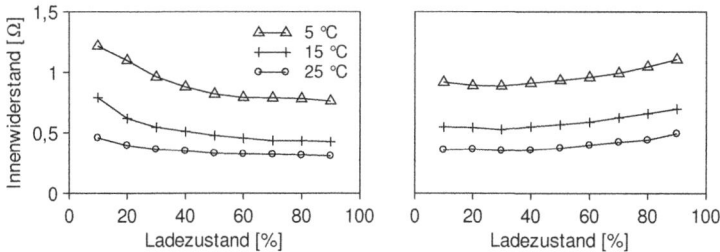

Abbildung A.5: Verwendeter Innenwiderstand der Hochvoltbatterie (10s-Werte) für Entladen (links) und Laden (rechts)

A.2 Vergleich der Willans-Linien der verwendeten Verbrennungsmotoren

In Abbildung A.6 und Abbildung A.7 sind die Willans-Linien der beiden in Kapitel 5.1.4 zum Vergleich herangezogenen Verbrennungsmotoren mit deren Steigung für verschiedene Drehzahlen dargestellt.

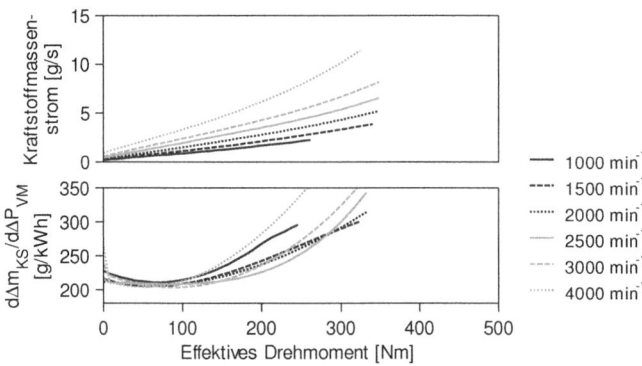

Abbildung A.6: Willans-Linien des 2,0 Liter 4-Zylinder Ottomotors

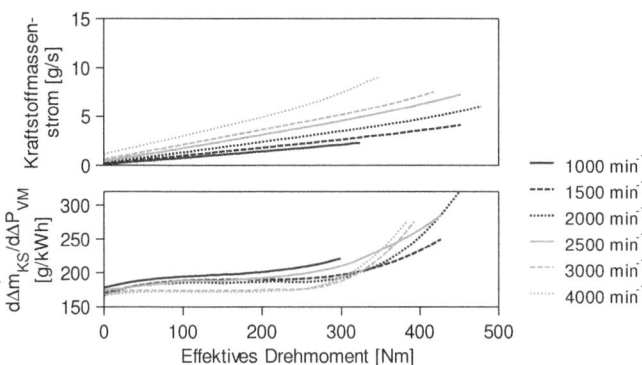

Abbildung A.7: Willans-Linien des 2,2 Liter 4-Zylinder Dieselmotors

A.3 Unterschied des differentiellen und effektiven Wirkungsgrads

Im Folgenden wird der Unterschied des differentiellen und effektiven Wirkungsgrads anhand des Verbrennungsmotors kurz erläutert. In Abbildung A.8 ist hierzu der die zugeführte, chemische Leistung repräsentierende Kraftstoffmassenstrom über der effektiven, an der Kurbelwelle abgegebenen Leistung für eine Drehzahl (Willans-Linien) dargestellt. Zusätzlich sind die zur Berechnung der beiden Wirkungsgrade verwendeten Größen eingetragen.

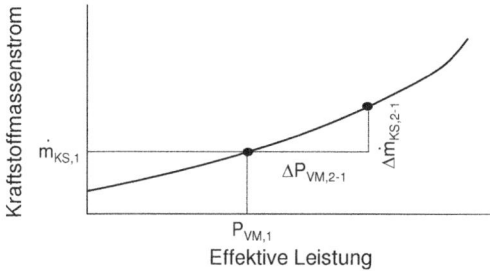

Abbildung A.8: Darstellung des Unterschieds des differentiellen und effektiven Wirkungsgrads

Der effektive Wirkungsgrad berechnet sich für den Betriebspunkt 1 wie folgt aus der effektiven Leistung des Verbrennungsmotors P_{VM} und dem dafür notwendigen Kraftstoffmassenstrom $\dot{m}_{KS}$:

$$\eta_{VM} = \frac{P_{ab}}{P_{zu}} = \frac{P_{VM,1}}{\dot{m}_{KS,1} \cdot H_u} \qquad (A.1)$$

mit dem unteren Heizwert des Kraftstoffs H_u.

Während der effektive Wirkungsgrad den Quotienten der gesamten zugeführten und abgeführten Leistung darstellt, berechnet sich der differentielle Wirkungsgrad zweier Betriebspunkte anhand des zusätzlich zugeführten Kraftstoffmassenstroms $\Delta \dot{m}_{KS}$ und der zusätzlich abgegebenen Leistung ΔP_{VM} wie folgt:

$$\Delta \eta_{VM} = \frac{\Delta P_{ab}}{\Delta P_{zu}} = \frac{\Delta P_{VM,2-1}}{\Delta \dot{m}_{KS,2-1} \cdot H_u}. \qquad (A.2)$$

Wie anhand der Abbildung A.8 zu sehen ist, unterscheiden sich die beiden im Wesentlichen durch die Nullleistungsverluste, welche nur im effektiven Wirkungsgrad enthalten sind, während der differentielle die Steigung repräsentiert.

A.4 Spezifische Energiekosten und Kraftstoffersparnisse über Wirkungsgrade

Berechnungsgleichung der spezifischen Energiekosten der Lastpunktanhebung aus (5.1) umformuliert als Gleichung mit Wirkungsgraden:

$$b_{LPan} = \frac{\Delta \dot{m}_{KS}}{\Delta P_{Batt}} = \frac{\Delta \dot{m}_{KS}}{\Delta P_{VM}} \cdot \frac{\Delta P_{VM}}{\Delta P_{EMel}} \cdot \frac{\Delta P_{EMel}}{\Delta P_{Batt}}$$
$$= \frac{1}{\Delta \eta_{VM}} \cdot \frac{1}{\Delta \eta_{EM,gen}} \cdot \frac{1}{\Delta \eta_{Batt,lad}} \quad \text{(A.3)}$$

mit dem differentiellen Wirkungsgrad des Verbrennungsmotors $\Delta \eta_{VM}$, dem differentiellen Wirkungsgrad der E-Maschine im generatorischen Betrieb $\Delta \eta_{EM,gen}$ und dem differentiellen Ladewirkungsgrad der Batterie $\Delta \eta_{Batt,lad}$.

Berechnungsgleichung der spezifischen Kraftstoffersparnisse der elektrischen Fahrt aus (5.3) umformuliert als Gleichung mit Wirkungsgraden:

$$b_{EF} = \frac{\dot{m}_{KS}}{\Delta P_{Batt}} = \frac{\dot{m}_{KS}}{P_{VM}} \cdot \frac{P_{VM}}{\Delta P_{EMel}} \cdot \frac{\Delta P_{EMel}}{\Delta P_{Batt}}$$
$$= \frac{1}{\eta_{VM}} \cdot \Delta \eta_{EM,mot} \cdot \Delta \eta_{Batt,entlad} \quad \text{(A.4)}$$

mit dem Wirkungsgrad des Verbrennungsmotors η_{VM}, dem differentiellen Wirkungsgrad der E-Maschine im motorischen Betrieb $\Delta \eta_{EM,mot}$ und dem differentiellen Entladewirkungsgrad der Batterie $\Delta \eta_{Batt,entlad}$.

A.5 Ansatz zur Berechnung des ΔSOC-korrigierten Kraftstoffverbrauchs

Vor dem Hintergrund, dass der Ladezustand zu vergleichender Simulationen oft am Ende des Fahrprofils voneinander abweicht, ist es für die Vergleichbarkeit des Kraftstoffverbrauchs notwendig diesen um den Unterschied des Ladezustands zu korrigieren. Da der zum Ausgleich einer Ladezustandsdifferenz notwendige Kraftstoff bzw. der dadurch geringere Kraftstoffverbrauch, sehr stark von den Betriebspunkten abhängt, in denen die elektrische Energie geladen bzw. eingesetzt wird, muss die Korrektur entsprechend der Betriebspunkte des jeweiligen Fahrprofils erfolgen. Zumal sich des Weiteren die Entscheidung, in welchen Betriebspunkten elektrisch und in welchem im Hybridbetrieb gefahren wird, verschieben würde, ist eine exakte Umrechnung eines Delta Ladezustands in ein Delta Kraftstoff nur mit größerem Simulationsaufwand ausführbar. Aus diesem Grund wurde hier ein Ansatz verwendet, mit dem die Umrechnung in sehr guter Näherung ohne zusätzlichen Aufwand möglich ist.

Die Berechnung des korrigierten Kraftstoffverbrauchs B_{korr} erfolgt dabei nach folgender Gleichung:

$$B_{korr} = \left(m_{KS} + \bar{\lambda}_{Zyk} \cdot \frac{\Delta SOC}{100} \cdot E_{Batt}\right) \cdot \frac{100}{\rho_{KS} \cdot s_{Zyk}} \qquad (A.5)$$

mit dem Energieinhalt der Batterie E_{Batt}, der Dichte des Kraftstoffs ρ_{KS}, der Länge des Fahrprofils s_{Zyk} und dem gemittelten Lambda-Wert des Fahrprofils $\bar{\lambda}_{Zyk}$. Über den fahrprofilspezifischen Lambda-Wert, welcher für das jeweilige Fahrprofil angibt, wie viel Kraftstoff für eine zusätzliche elektrische Energie in der Batterie notwendig ist bzw. wie viel Kraftstoff bei Einsatz von elektrischer Energie eingespart werden kann, werden die Gegebenheiten des jeweiligen Fahrprofils berücksichtigt. Da der Zusammenhang zwischen Delta Ladezustand und Delta Kraftstoff allerdings aufgrund der zuvor erwähnten Verlagerung von elektrischer Fahrt und Hybridbetrieb sowie des sich mit der Höhe des Lastpunktverschiebungsmoments verändernden Wirkungsgrads der Lastpunktverschiebung nicht linear ist, gilt die sehr gute Näherung nur für kleine Ladezustandsdifferenzen. Bei größeren Differenzen muss beachtet werden, dass ein am Ende des Fahrprofil zu geringer Ladezustand mit der Umrechnung aus (A.5) tendenziell zu gut und ein zu hoher Ladezustand zu schlecht bewertet wird. Wie bereits erwähnt, ist eine dies berücksichtigende Korrektur nur mit größerem Aufwand möglich.

A.6 Verwendete reale Fahrprofile

Im Folgenden sind in Abbildung A.9 bis Abbildung A.14 die Geschwindigkeitsprofile der im Rahmen dieser Arbeit verwendeten realen Fahrprofile dargestellt. Zusätzlich sind in Tabelle A.2 der optimale Lambda-Wert λ_{opt} sowie der Kraftstoffverbrauch B_{korr} und die Anzahl der Verbrennungsmotorstarts N_{Start} der global optimalen Betriebsweise aufgelistet. Die Werte wurden mittels Dynamischer Programmierung berechnet.

Tabelle A.2: Lambda-Wert, Kraftstoffverbrauch und Anzahl der Verbrennungsmotorstarts der global optimalen Betriebsweise

Fahrprofil	λ_{opt} [g/kWh]	B_{korr} [l/100km]	N_{Start} [-]
Artemis	236	5,96	49
Artemis-Mix	241	5,37	85
Stadt-Umland	241	5,02	40
Stadt-Autobahn	220	7,30	57
Stadt (voraus.)	261	4,28	23
Überland (voraus.)	250	4,87	51
Überland (dyn.)	235	7,49	118

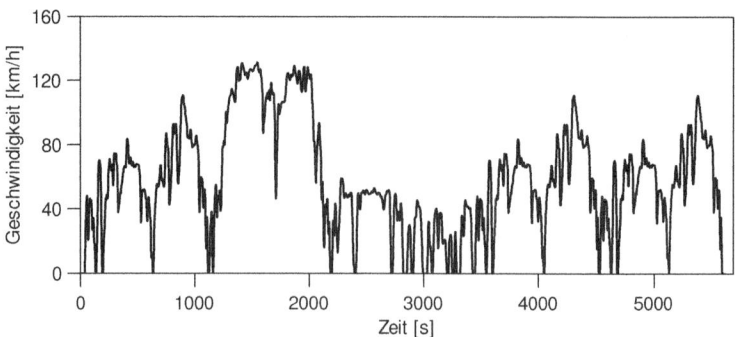

Abbildung A.9: Geschwindigkeitsprofil des Artemis-Mix-Fahrprofils

Anhang 171

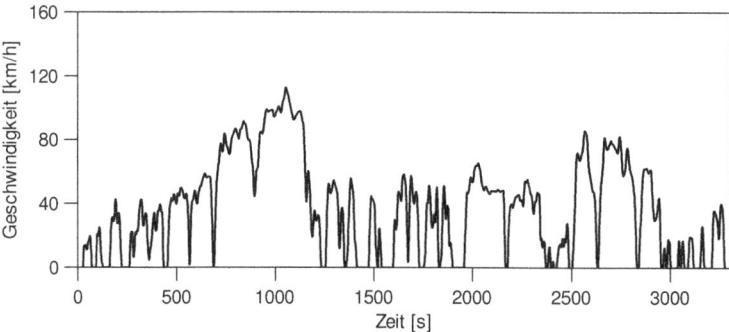

Abbildung A.10: Geschwindigkeitsprofil des Stadt-Umland-Fahrprofils

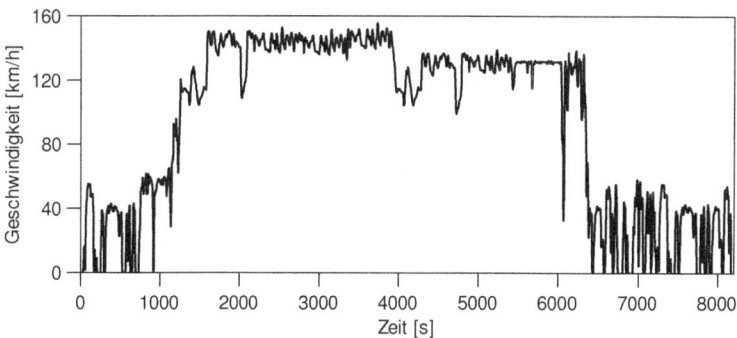

Abbildung A.11: Geschwindigkeitsprofil des Stadt-Autobahn-Fahrprofils

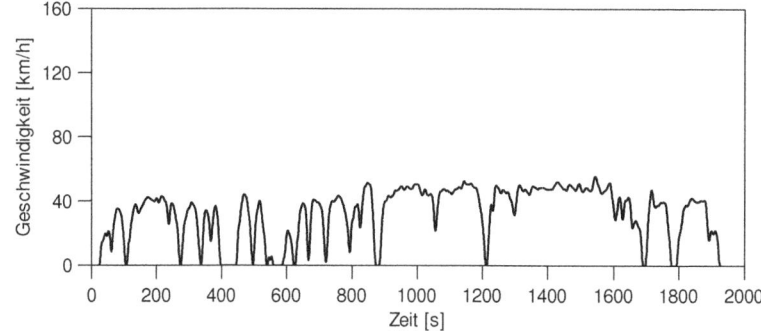

Abbildung A.12: Geschwindigkeitsprofil des vorausschauend gefahrenen Stadt-Fahrprofils

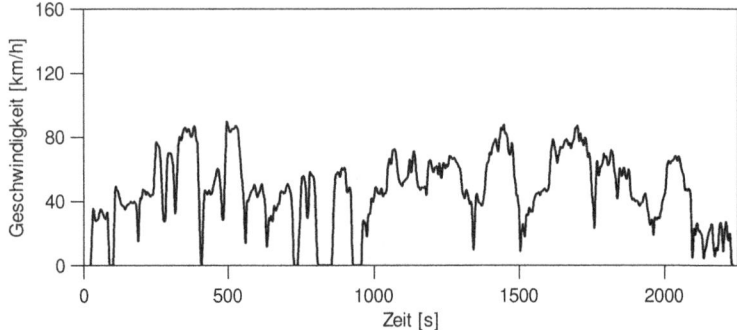

Abbildung A.13: Geschwindigkeitsprofil des vorausschauend gefahrenen Überland-Fahrprofils

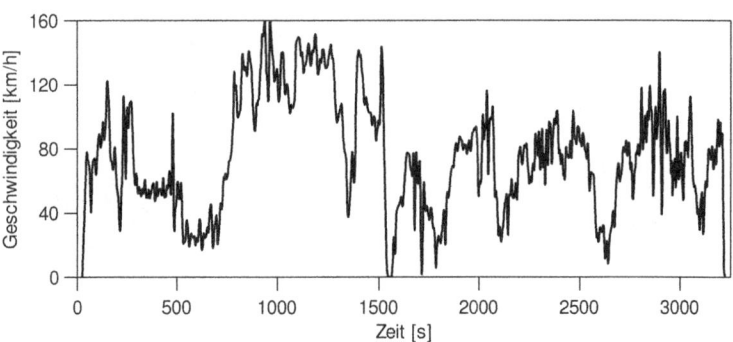

Abbildung A.14: Geschwindigkeitsprofil des dynamisch gefahrenen Überland-Fahrprofils

Literaturverzeichnis

[1] Ambühl, D., "Energy Management Strategies for Hybrid Electric Vehicles," Dissertation, ETH Zürich, 2009.

[2] Ambühl, D. und Guzzella, L., "Predictive Reference Signal Generator for Hybrid Electric Vehicles," *IEEE Transactions on Vehicular Technology* 58(9):4730–4740, 2009.

[3] Ambühl, D., Sciarretta, A., Onder, C., Guzzella, L. et al., "A causal operation strategy for hybrid electric vehicles based on optimal control theory," *Proceedings of the 4th Symposium on Hybrid Vehicles and Energy Management*:317–331, Braunschweig, 2007.

[4] Ambühl, D., Sundström, O., Sciarretta, A., und Guzzella, L., "Explicit optimal control policy and its practical application for hybrid electric powertrains," *Control Engineering Practice* 18(12):1429–1439, 2010.

[5] Auerbach, M., "Phlegmatisierung des Dieselmotors im Hybridverbund," Dissertation, Universität Stuttgart, 2012.

[6] Basshuysen, R., "Handbuch Verbrennungsmotor: Grundlagen, Komponenten, Systeme, Perspektiven," 7. Auflage, Springer Vieweg, Wiesbaden, 2015.

[7] Bellman, R.E., "Dynamic Programming," Princeton University Press, Princeton, NJ, 1957.

[8] Bertsekas, D.P., "Dynamic programming and optimal control," 3. Auflage, Athena Scientific, Belmont, MA, 2007.

[9] Bianchi, D., Rolando, L., Serrao, L., Onori, S. et al., "Layered control strategies for hybrid electric vehicles based on optimal control," *International Journal of Electric and Hybrid Vehicles* 3(2):191–217, 2011.

[10] Biasini, R., Onori, S., und Rizzoni, G., "A near–optimal rule–based energy management strategy for medium duty hybrid truck," *International Journal of Powertrains* 2(2):232–261, 2013.

[11] Binder, A., "Elektrische Maschinen und Antriebe: Grundlagen, Betriebsverhalten," Springer, Berlin, Heidelberg, 2012.

[12] Böckl, M., "Adaptives und prädiktives Energiemanagement zur Verbesserung der Effizienz von Hybridfahrzeugen," Dissertation, Technische Universität Wien, 2008.

[13] Boehme, T.J., Schori, M., Rabba, H., und Schultalbers, M., "Analytical Calibration of Map-Based Energy Managements of Parallel Hybrid Vehicles," *SAE Technical Paper* 2014-01-1902, 2014.

[14] Borhan, H., Vahidi, A., Phillips, A.M., Kuang, M.L. et al., "MPC-Based Energy Management of a Power-Split Hybrid Electric Vehicle," *IEEE Transactions on Control Systems Technology* 20(3):593–603, 2012.

[15] Brahma, A., Guezennec, Y., und Rizzoni, G., "Optimal energy management in series hybrid electric vehicles," *Proceedings of the 2000 American Control Conference*:60–64, 2000.

[16] Bücherl, D., Herzog, H.-G., und Engstle, A., "Energetische Betrachtung der Lastpunktanhebung als Maßnahme zur Kraftstoffreduktion in Hybridfahrzeugen," *3. VDE/VDI-Fachtagung Elektrisch-mechanische Antriebssysteme*, Böblingen, 2008.

[17] Bundesministerium für Umwelt, Naturschutz, Bau und Reaktorsicherheit und Umweltbundesamt, "Umweltbewusstsein in Deutschland 2014 - Ergebnisse einer repräsentativen Bevölkerungsumfrage," 2015.

[18] Busch, R., "Entwicklung und Realisierung einer vollautomatischen Betriebsstrategie für einen leistungsorientierten Hybridantrieb," Dissertation, RWTH Aachen, 1997.

[19] Buschhaus, W., "Entwicklung eines leistungsorientierten Hybridantriebs mit vollautomatischer Betriebsstrategie," Dissertation, RWTH Aachen, 1994.

[20] Chasse, A., Corde, G., Del Mastro, A., und Perez, F., "Online optimal control of a parallel hybrid with after-treatment constraint integration," *IEEE Vehicle Power and Propulsion Conference (VPPC)*, 2010.

[21] Chasse, A., Sciarretta, A., und Chauvin, J., "Online Optimal Control of a Parallel Hybrid with Costate Adaptation Rule," *Proceedings of the 6th IFAC Symposium Advances in Automotive Control*:99–104, 2010.

[22] Chehab, C., Le Neindre, Y., Deutrich, K., Küsell, M. et al., "Der elektrische Achs-Hybrid von PSA und Bosch," *32. Internationales Wiener Motorensymposium*, 2011.

[23] Choi, G. und Jahns, T.M., "Design of electric machines for electric vehicles based on driving schedules," *IEEE International Electric Machines & Drives Conference (IEMDC)*:54–61, 2013.

[24] Cipollone, R. und Sciarretta, A., "Analysis of the potential performance of a combined hybrid vehicle with optimal supervisory control," *Proceedings of the 2006 IEEE International Conference on Control Applications*:2802–2807, 2006.

[25] Colotti, A., "Feldschwächung bei Synchronmaschinen," *A&D Kompendium 2005/2006*:118–121, 2006.

[26] Delprat, S., Guerra, T. M., und Rimaux, J., "Control strategies for hybrid vehicles: synthesis and evaluation," *IEEE Vehicular Technology Conference (VTC)* 5:3246–3250, 2003.

[27] Delprat, S., Lauber, J., Guerra, T.-M., und Rimaux, J., "Control of a parallel hybrid powertrain: optimal control," *IEEE Transactions on Vehicular Technology* 53(3):872–881, 2004.

[28] Elbert, P., Ebbesen, S., und Guzzella, L., "Implementation of Dynamic Programming for n-Dimensional Optimal Control Problems With Final State Constraints," *IEEE Transactions on Control Systems Technology* 21(3):924–931, 2013.

[29] European Environment Agency, "EEA Greenhouse Gas - Data Viewer," http://www.eea.europa.eu/data-and-maps/data/data-viewers/greenhouse-gases-viewer, 27.06.2015.

[30] Fehres, F., Rüden, K. von, Mertins, F., und Gerson, S., "Cycle independent hybrid strategy adapted to driving situation (IAV Optybrid+)," *Proceedings of the 11th Symposium on Hybrid and Electric Vehicles*:343–357, Braunschweig, 2014.

[31] Fesefeldt, T.F., "Ganzheitliche Betrachtung zur Auswahl der Starteinrichtung des Verbrennungsmotors eines Parallel-Hybrids mit Trennkupplung," Dissertation, Technische Universität Darmstadt, 2010.

[32] Fleckner, M., "Strategien zur Reduzierung des Kraftstoffverbrauchs für ein Vollhybridfahrzeug," Dissertation, RWTH Aachen, 2010.

[33] Geering, H.P., "Optimal control with engineering applications," Springer, Berlin, Heidelberg, 2007.

[34] Gomes, A.M., "Optimale Betriebsstrategien für ein Parallel-Hybridfahrzeug (HEV) bei konstanter Fahrt," Dissertation, RWTH Aachen, 2010.

[35] Görke, D., Bargende, M., Keller, U., Ruzicka, N. et al., "Kraftstoffoptimale Auslegung regelbasierter Betriebsstrategien für Parallelhybridfahrzeuge unter realen Fahrbedingungen," *Tag des kooperativen Promotionskollegs HYBRID*, Stuttgart, 2014.

[36] Görke, D., Bargende, M., Keller, U., Ruzicka, N. et al., "Research on the fuel-efficiency of parallel hybrid vehicles as a basis for the design of rule-based operating strategies," *14. Internationales Stuttgarter Symposium*:329–350, 2014.

[37] Görke, D., Bargende, M., Keller, U., Ruzicka, N. et al., "Optimal Control based Calibration of Rule-Based Energy Management for Parallel Hybrid Electric Vehicles," *SAE Int. J. Alt. Power.* 4(1):178–189, 2015.

[38] Graichen, K., "Methoden der Optimierung und optimalen Steuerung," Vorlesungsskript, Universität Ulm, WS 2012/13.

[39] Griebel, C.-O., Rabenstein, F., Klüting, M., Kessler, F. et al., "Der Vollhybrid-Antrieb des neuen BMW ActiveHybrid 5," *20. Aachener Kolloquium Fahrzeug- und Motorentechnik*, 2011.

[40] Gu, B. und Rizzoni, G., "An Adaptive Algorithm for Hybrid Electric Vehicle Energy Management Based on Driving Pattern Recognition," *Proceedings of the 2006 ASME International Mechanical Engineering Congress and Exposition*:249–258, 2006.

[41] Guzzella, L. und Sciarretta, A., "Vehicle Propulsion Systems: Introduction to modeling and optimization," 3. Auflage, Springer, Berlin, Heidelberg, 2013.

[42] Hofman, T., Steinbuch, M., van Druten, R., und Serrarens, A., "Rule-based energy management strategies for hybrid vehicles," *International Journal of Electric and Hybrid Vehicles* 1(1):71–94, 2007.

[43] Hofmann, P., "Hybridfahrzeuge: Ein alternatives Antriebssystem für die Zukunft," 2. Auflage, Springer, Wien, 2014.

[44] Intergovernmental Panel on Climate Change, "Climate Change 2014 - Synthesis Report," 2014.

[45] International Council on Clean Transportation, "European Vehicle Market Statistics - Pocketbook 2014," 2014.

[46] Jalil, N., Kheir, N.A., und Salman, M., "A rule-based energy management strategy for a series hybrid vehicle," *Proceedings of the 1997 American Control Conference*:689–693, 1997.

[47] Johannesson, L., Asbogard, M., und Egardt, B., "Assessing the Potential of Predictive Control for Hybrid Vehicle Powertrains Using Stochastic Dynamic Programming," *IEEE Transactions on Intelligent Transportation Systems* 8(1):71–83, 2007.

[48] Johannesson, L. und Egardt, B., "Approximate dynamic programming applied to parallel hybrid powertrains," *Proceedings of the 17th IFAC World Congress*:3374–3379, 2008.

[49] Johannesson, L., Pettersson, S., und Egardt, B., "Predictive energy management of a 4QT series-parallel hybrid electric bus," *Control Engineering Practice* 17(12):1440–1453, 2009.

[50] Jörg, A., "Optimale Auslegung und Betriebsführung von Hybridfahrzeugen," Dissertation, Technische Universität München, 2009.

[51] Jossen, A., "Moderne Akkumulatoren richtig einsetzen," Reichardt, Untermeitingen, 2006.

[52] Keller, U., Back, M., Nietfeld, F., Mürwald, M. et al., "PLUG-IN Hybrid von Mercedes-Benz - Der Antriebsstrang des S500 Plug-In Hybrid," *35. Internationales Wiener Motorensymposium*, 2014.

[53] Keller, U., Gödecke, T., Weiss, M., Enderle, C. et al., "Diesel Hybrid - The Next Generation of Hybrid Powertrains by Mercedes-Benz," *33. Internationales Wiener Motorensymposium*, 2012.

[54] Keller, U., Schmiedler, S., Strenkert, J., Ruzicka, N. et al., "PLUG-IN Hybrid from Mercedes-Benz - The next generation PLUG-IN Hybrid with 4-cylinder gasoline engine," *15. Internationales Stuttgarter Symposium*, 2015.

[55] Kessels, J., Koot, M., van den Bosch, P. P. J., und Kok, D., "Online Energy Management for Hybrid Electric Vehicles," *IEEE Transactions on Vehicular Technology* 57(6):3428–3440, 2008.

[56] Kim, N., Cha, S., und Peng, H., "Optimal Control of Hybrid Electric Vehicles Based on Pontryagin's Minimum Principle," *IEEE Transactions on Control Systems Technology* 19(5):1279–1287, 2011.

[57] Kirschen, D.S., "Fundamentals of power system economics," Wiley, Chichester, 2010.

[58] Kleinmaier, A., "Optimale Betriebsführung von Hybridfahrzeugen," Dissertation, Technische Universität München, 2003.

[59] Koot, M., Kessels, J., Jager, B. de, Heemels, W. et al., "Energy management strategies for vehicular electric power systems," *IEEE Transactions on Vehicular Technology* 54(3):771–782, 2005.

[60] Kum, D., Peng, H., und Bucknor, N., "Modeling and Control of Hybrid Electric Vehicles for Fuel and Emission Reduction," *Proceedings of the 2008 ASME Dynamic Systems and Control Conference*:553–560, 2008.

[61] Kutter, S., "Eine prädiktive und optimierungsbasierte Betriebsstrategie für autarke und extern nachladbare Hybridfahrzeuge," Dissertation, Technische Universität Dresden, 2013.

[62] Kutter, S. und Bäker, B., "Predictive online control for hybrids: Resolving the conflict between global optimality, robustness and real-time capability," *IEEE Vehicle Power and Propulsion Conference (VPPC)*, 2010.

[63] Kutter, S. und Bäker, B., "An iterative algorithm for the global optimal predictive control of hybrid electric vehicles," *IEEE Vehicle Power and Propulsion Conference (VPPC)*, 2011.

[64] Lampe, A., "Regelbasierte Betriebsstrategie zur Vorauslegung von Hybridantriebssträngen," *ATZ - Automobiltechnische Zeitschrift* 116(3):76-82, 2014.

[65] Lee, H.-D. und Sul, S.-K., "Fuzzy-logic-based torque control strategy for parallel-type hybrid electric vehicle," *IEEE Transactions on Industrial Electronics* 45(4):625–632, 1998.

[66] Lin, C.-C., Peng, H., und Grizzle, J.W., "A stochastic control strategy for hybrid electric vehicles," *Proceedings of the 2004 American Control Conference*:4710–4715, 2004.

[67] Lin, C.-C., Peng, H., Grizzle, J.W., und Kang, J.-M., "Power management strategy for a parallel hybrid electric truck," *IEEE Transactions on Control Systems Technology* 11(6):839–849, 2003.

[68] Liu, J. und Peng, H., "Modeling and Control of a Power-Split Hybrid Vehicle," *IEEE Transactions on Control Systems Technology* 16(6):1242–1251, 2008.

[69] Malikopoulos, A.A., "Supervisory Power Management Control Algorithms for Hybrid Electric Vehicles: A Survey," *IEEE Transactions on Intelligent Transportation Systems* 15(5):1869–1885, 2014.

[70] Mertins, F., "Energetische Bewertung von Betriebsstrategien im Hybrid-Antriebsstrang," In: Isermann, R. (Hrsg.), *Elektronisches Management motorischer Fahrzeugantriebe*, Vieweg+Teubner Verlag, Wiesbaden:308–327, 2010.

[71] Michel, M., "Leistungselektronik: Einführung in Schaltungen und deren Verhalten," 5. Auflage, Springer, Berlin, Heidelberg, 2011.

[72] Millo, F., Rolando, L., und Servetto, E., "Development of a Control Strategy for Complex Light-Duty Diesel-Hybrid Powertrains," *SAE Technical Paper* 2011-24-0076, 2011.

[73] Montazeri-Gh, M., Poursamad, A., und Ghalichi, B., "Application of genetic algorithm for optimization of control strategy in parallel hybrid electric vehicles," *Modeling, Simulation and Applied Optimization* 343(4–5):420–435, 2006.

[74] Musardo, C., Rizzoni, G., Guezennec, Y., und Staccia, B., "A-ECMS: An Adaptive Algorithm for Hybrid Electric Vehicle Energy Management," *European Journal of Control* 11(4–5):509–524, 2005.

[75] Neusser, H.-J., Jelden, H., Bühring, K., und Philipp, K., "Der Antriebsstrang des Jetta Hybrid von Volkswagen," *MTZ - Motortechnische Zeitschrift* 74(1):10-19, 2013.

[76] Nüesch, T., "Energy Management of Hybrid Electric Vehicles," Dissertation, ETH Zürich, 2014.

[77] Nüesch, T., Wang, M., Isenegger, P., Onder, C.H. et al., "Optimal energy management for a diesel hybrid electric vehicle considering transient PM and quasi-static NOx emissions," *Control Engineering Practice* 29:266–276, 2014.

[78] Onori, S. und Serrao, L., "On Adaptive-ECMS strategies for hybrid electric vehicles," *Proceedings of the Int. Scient. Conf. on hybrid and electric vehicles - RHEVE 2011*:1–7, 2011.

[79] Onori, S., Serrao, L., und Rizzoni, G., "Adaptive equivalent consumption minimization strategy for hybrid electric vehicles," *Proceedings of the 2010 ASME Dynamic Systems and Control Conference*:499–505, 2010.

[80] Pachernegg, S.J., "A Closer Look at the Willans-Line," *SAE Technical Paper* 690182, 1969.

[81] Paganelli, G., Ercole, G., Brahma, A., Guezennec, Y. et al., "General supervisory control policy for the energy optimization of charge-sustaining hybrid electric vehicles," *JSAE Review* 22(4):511–518, 2001.

[82] Paganelli, G., Guerra, T. M., Delprat, S., Santin, J.-J. et al., "Simulation and assessment of power control strategies for a parallel hybrid car," *Proceedings of the Institution of Mechanical Engineers, Part D: Journal of Automobile Engineering* 214(7):705–717, 2000.

[83] Pérez, L.V., Bossio, G.R., Moitre, D., und García, G.O., "Optimization of power management in an hybrid electric vehicle using dynamic programming," *Mathematics and Computers in Simulation* 73(1–4):244–254, 2006.

[84] Piccolo, A., Ippolito, L., zo Galdi, V., und Vaccaro, A., "Optimisation of energy flow management in hybrid electric vehicles via genetic algorithms," *Proceedings of the 2001 IEEE/ASME International Conference on Advanced Intelligent Mechatronics*(1):434–439, 2001.

[85] Pisu, P. und Rizzoni, G., "A Comparative Study Of Supervisory Control Strategies for Hybrid Electric Vehicles," *IEEE Transactions on Control Systems Technology* 15(3):506–518, 2007.

[86] Reif, K., Noreikat, K.-E., und Borgeest, K., "Kraftfahrzeug-Hybridantriebe: Grundlagen, Komponenten, Systeme, Anwendungen," Vieweg+Teubner Verlag, Wiesbaden, 2012.

[87] Riemer, T., "Vorausschauende Betriebsstrategie für ein Erdgashybridfahrzeug," Dissertation, Universität Stuttgart, 2012.

[88] Ruf, M., "Potentiale des Dieselhybrids durch optimierte Betriebsstrategie," Dissertation, Universität Stuttgart, 2013.

[89] Salcher, T., "Optimierte Betriebsstrategie hybrider Antriebssysteme für den Serieneinsatz," Dissertation, Technische Universität München, 2013.

[90] Salcher, T., Neumann, L., Kramer, G., und Herzog, H., "Fuel-efficient state of charge control in hybrid electric vehicles," *IEEE Vehicle Power and Propulsion Conference (VPPC)*, 2010.

[91] Salmasi, F.R., "Control Strategies for Hybrid Electric Vehicles: Evolution, Classification, Comparison, and Future Trends," *IEEE Transactions on Vehicular Technology* 56(5):2393–2404, 2007.

[92] Schori, M., Boehme, T.J., Frank, B., und Schultalbers, M., "Calibration of Parallel Hybrid Vehicles Based on Hybrid Optimal Control Theory," *Proceedings of the 9th IFAC Symposium on Nonlinear Control Systems* 9:476–480, 2013.

[93] Schori, M., Boehme, T.J., Frank, B., und Schultalbers, M., "Solution of a Hybrid Optimal Control Problem for a Parallel Hybrid Vehicle," *Proceedings of the 7th IFAC Symposium Advances in Automotive Control*:109–114, 2013.

[94] Schouten, N.J., Salman, M.A., und Kheir, N.A., "Energy management strategies for parallel hybrid vehicles using fuzzy logic," *Control Engineering Practice* 11(2):171–177, 2003.

[95] Schröder, D., "Elektrische Antriebe - Grundlagen," 5. Auflage, Springer Vieweg, Berlin, Heidelberg, 2013.

[96] Schröder, H., Böhm, T., und Ludwig, O., "Elektrifizierte Antriebskonzepte und Betriebsstrategien," *VDI-Fachkonferenz Der Antriebsstrang im Hybrid-Fahrzeug*, Raunheim, 2012.

[97] Schütz, M., Doll, G., Waltner, A., und Kemmler, R., "Der neue 3,0-l-V6-DI-Ottomotor mit Bi-Turbo von Mercedes-Benz," *MTZ - Motortechnische Zeitschrift* 74(6):462-471, 2013.

[98] Sciarretta, A., Back, M., und Guzzella, L., "Optimal Control of Parallel Hybrid Electric Vehicles," *IEEE Transactions on Control Systems Technology* 12(3):352–363, 2004.

[99] Sciarretta, A. und Guzzella, L., "Control of Hybrid Electric Vehicles," *IEEE Control Systems Magazine* 27(2):60–70, 2007.

[100] Seiler, J., "Betriebsstrategien für Hybridfahrzeuge mit Verbrennungsmotor unter Berücksichtigung von Kraftstoffverbrauch und Schadstoffemissionen während der Warmlaufphase," Dissertation, Technische Universität München, 2000.

[101] Seiler, J. und Schröder, D., "Hybrid vehicle operating strategies," *Proceedings of the 15th Electric Vehicle Symposium - EVS15*, 1998.

[102] Semmler, D., Kerner, J., Spiegel, L., Bitsche, O. et al., "Der Antriebsstrang des Porsche Panamera S E-Hybrid," *34. Internationales Wiener Motorensymposium*, 2013.

[103] Serrao, L., "Comparative Analysis of Energy Management Strategies for Hybrid Electric Vehicles," Dissertation, Ohio State University, 2009.

[104] Serrao, L., Onori, S., und Rizzoni, G., "ECMS as a realization of Pontryagin's minimum principle for HEV control," *Proceedings of the 2009 American Control Conference*:3964–3969, 2009.

[105] Serrao, L., Onori, S., und Rizzoni, G., "A Comparative Analysis of Energy Management Strategies for Hybrid Electric Vehicles," *Journal of Dynamic Systems, Measurement, and Control* 133(3), 2011.

[106] Serrao, L. und Rizzoni, G., "Optimal control of power split for a hybrid electric refuse vehicle," *Proceedings of the 2008 American Control Conference*:4498–4503, 2008.

[107] Sivanagaraju, S., "Power System Operation and Control," Pearson Education, 2009.

[108] Sivertsson, M., "Adaptive Control Using Map-Based ECMS for a PHEV," *E-COSM'12 - IFAC Workshop on Engine and Powertrain Control, Simulation and Modeling*:357–362, 2012.

[109] Sivertsson, M., Sundström, C., und Eriksson, L., "Adaptive Control of a Hybrid Powertrain with Map-based ECMS," *Proceedings of the 18th IFAC World Congress*:2949–2954, 2011.

[110] Spring, E., "Elektrische Maschinen: Eine Einführung," 3. Auflage, Springer, Berlin, Heidelberg, 2009.

[111] Sundstrom, O. und Guzzella, L., "A Generic Dynamic Programming Matlab Function," *IEEE Control Applications, (CCA) & Intelligent Control, (ISIC)*:1625–1630, 2009.

[112] Sundström, O., Ambühl, D., und Guzzella, L., "On implementation of dynamic programming for optimal control problems with final state constraints," *Oil & Gas Science and Technology—Revue de l'IFP* 65(1):91–102, 2010.

[113] Tate, E.D., Grizzle, J.W., und Peng, H., "Shortest path stochastic control for hybrid electric vehicles," *International Journal of Robust and Nonlinear Control* 18(14):1409–1429, 2008.

[114] Tschöke, H., "Die Elektrifizierung des Antriebsstrangs: Basiswissen," Springer Vieweg, Wiesbaden, 2015.

[115] van Keulen, T., Jager, B. de, und Steinbuch, M., "An adaptive suboptimal energy management strategy for hybrid drivetrains," *Proceedings of the 17th IFAC World Congress*:102–107, 2008.

[116] van Keulen, T., van Mullem, D., Jager, B. de, Kessels, J. et al., "Design, implementation, and experimental validation of optimal power split control for hybrid electric trucks," *Control Engineering Practice* 20(5):547–558, 2012.

[117] van Mullem, D., van Keulen, T., Kessels, J., Jager, B. de et al., "Implementation of an optimal control energy management strategy in a hybrid truck," *Proceedings of the 6th IFAC Symposium Advances in Automotive Control*, 2010.

[118] van Reeven, V., Hofman, T., Huisman, R., und Steinbuch, M., "Extending Energy Management in Hybrid Electric Vehicles with explicit control of gear shifting and start-stop," *Proceedings of the 2012 American Control Conference*:521–526, 2012.

[119] Vinot, E., Trigui, R., Cheng, Y., Bouscayrol, A. et al., "Optimal Management and Comparison of SP-HEV vehicles using the dynamic programming method," *IEEE Vehicle Power and Propulsion Conference (VPPC)*:944–949, 2012.

[120] Wallentowitz, H. und Ludes, R., "System control application for hybrid vehicles," *Proceedings of the 1994 IEEE International Conference on Control Applications*:639–650, 1994.

[121] Wang, R. und Lukic, S.M., "Dynamic programming technique in hybrid electric vehicle optimization," *IEEE International Electric Vehicle Conference (IEVC)*, 2012.

[122] Wilde, A., "Eine modulare Funktionsarchitektur für adaptives und vorausschauendes Energiemanagement in Hybridfahrzeugen," Dissertation, Technische Universität München, 2009.

[123] Winke, F. und Bargende, M., "Dynamische Simulation von Stadthybridfahrzeugen," *MTZ - Motortechnische Zeitschrift* 74(9):702-709, 2013.

[124] Wipke, K.B., Cuddy, M.R., und Burch, S.D., "ADVISOR 2.1: a user-friendly advanced powertrain simulation using a combined backward/forward approach," *IEEE Transactions on Vehicular Technology* 48(6):1751–1761, 1999.

[125] Wirasingha, S.G. und Emadi, A., "Classification and Review of Control Strategies for Plug-In Hybrid Electric Vehicles," *IEEE Transactions on Vehicular Technology* 60(1):111–122, 2011.

[126] Zhang, C. und Vahidi, A., "Route Preview in Energy Management of Plug-in Hybrid Vehicles," *IEEE Transactions on Control Systems Technology* 20(2):546–553, 2012.

[127] Zhu, Y., Chen, Y., Tian, G., Wu, H. et al., "A four-step method to design an energy management strategy for hybrid vehicles," *Proceedings of the 2004 American Control Conference*:156–161, 2004.

The manufacturer's authorised representative in the EU is Springer Nature Customer Service Centre GmbH, Europaplatz 3, 69115 Heidelberg, Germany. If you have any concerns regarding our products, please contact ProductSafety@springernature.com

Printed and bound by CPI Group (UK) Ltd, Croydon, CR0 4YY
25/03/2026
02078188-0002